徐 州 2022

绿色城市·美好生活

13th

Xuzhou, China
International Garden Expo

申 晨 等著

第十三届中国（徐州）国际园林博览会

园博园观止

中国建筑工业出版社

编著顾问

总 顾 问　杨保军

顾　　问　林 澎　潘 安　王向荣　孔令远　刘庭风　林留根　周国宁　何 昉
　　　　　张 浪　王香春　王 翔　贺风春

编著委员会

第一主任　宋乐伟

主　　任　王剑锋

副 主 任　赵立群　林 斌　王 军　陈 刚

成　　员　谢进才　仇玲柱　刘浩鹰　张元岭　肖 蕊　方成伟　司成明　单春生
　　　　　王向阳　杨学民　王友亮　王毓银　何付川　刘景元　孙昌举　高玉梅
　　　　　田 原　胡建钰　韩维纲　杨 斌　刘兆宏　祁化明

文字编著　申 晨　秦 飞　邵桂芳　刘禹彤　李旭冉　种宁利　言 华　刘晓露
　　　　　董 彬　刘玉石

摄影图片　仇少峰　郑 舟　仇 媛　陈晓东　梁 栋　刘小萌　刘振凯

资　　料　邱祥哲　尹晓东　梁 爽　李 昊　马虎明　李 培　孙 强　刘 峰
　　　　　孙小华　吴伟顺　朱晓波　王 震　赵利业　邱本军　李为祥　余 瑛
　　　　　樊勺江　郑 艳　刘 敏　商文浩　欧书芹　李 楠　邵 瑜　平 原
　　　　　刘 建　代弯弯

序 一

第十三届中国（徐州）国际园林博览会是以习近平新时代中国特色社会主义思想为指导，贯彻落实新发展理念和以人民为中心的发展思想，推动形成绿色发展方式和生活方式，综合展示国内外城市建设和城市发展新理念、新技术、新成果的国际性展会，由住房和城乡建设部、江苏省人民政府主办，徐州市人民政府、江苏省住房和城乡建设厅承办。

本届园博会围绕"绿色城市·美好生活"主题，秉承"生态园博、文化园博、智慧园博、共享园博、永续园博"五大定位，创造性提出了"全城园博"营城理念，采取"1+1+N"联动模式举办园博会，是园博会历史上一次重大的办会方式创新。一个主展园实景展现 34 个省级行政区共 39 个展园，9 个徐州国际友好城市展园，1 个上合组织友好园和 1 个展现"徐风汉韵"人文本底的徐州园；一个副展园举办"园林园艺进万家"活动，打造百姓园林园艺展示交流平台；N 个分展园突出惠民功能，分散于徐州城区多个采煤塌陷地和采石宕口等生态修复项目地、市民公园、历史街区和绿色社区，打造休闲健身、智慧街区、共享园林等各具特色的城市公共空间。

筹办期间，正值统筹推进新冠肺炎疫情防控和经济社会发展的关键时期，徐州市将承办中国国际园林博览会作为深入落实习近平总书记视察江苏、视察徐州重要指示的实际行动，致力于展示生态修复成果，引领城市绿色转型发展，推动新型城市建设理念落地生根。全市上下克服多重不利影响，集聚各类资源要素，争时间、抢进度、保质量，精心组织各项建设、邀展、布展工作，目前已按要求完成了各项筹办任务，形成了徐州经验，打造了"徐州样板"，成果来之不易。

徐州市人民政府组织出版《第十三届中国（徐州）国际园林博览会 园博园观止》一书，用 4 个篇章向读者全面展示"生态、创新、传承、可持续"的办会特色，系统总结了本届园博会经验做法，供大家学习参考。

是为序。

杨保军

住房和城乡建设部总经济师
第十三届中国（徐州）国际园林博览会
专家委员会主任委员

序　二

　　《第十三届中国（徐州）国际园林博览会　园博园观止》四篇十二章，阐述了本届园博园的新使命和特色。高水平的顶层谋划，对中国园林的流派尤其是对徐派园林的表述和展示，突出了园林的创新和可持续发展思想，更有多位院士大师们的倾心力作。我为园博园大手笔的投入、壮美的园林作品、深厚的文化表达和无限美好的意境所深深折服。读书如游园，阅湖光染翠之工，山岚设色之妙；赏花态柳情，山容水意，别是一种趣味。

　　园林以形媚道，以心证道，以行体道。体察生活，俯仰天地，感悟生命，天道自在人间。传承博大精深的中华园林之道，以人民为中心，在这个百年未有的变局时代，用开放的艺术视野，构建性的思想远见，探寻园林时代发展之道，开时代园林新风，是本届园博会的特征。

　　新时代，新园博，新使命，第十三届中国（徐州）国际园林博览会交出了完美的答卷。本次园博展会贯彻新发展理念，运用新技术、新材料、新成果，从一园园博到全城园博的创举，成为人们了解中国园林发展最新成就的窗口，也是阅读园林人心路历程的平台。

　　道心惟微，惟精惟一。不论是大师还是匠人，尽精微，致广大，奉献自己的精品力作。园林艺术是人的心灵历程、人的灵魂时空表达，体现时代的文化精神和生命哲学。从厚重清越的徐派园林到经世致用、巧夺天工的江南园林；从北国雪原到岭南西南，从中原大地到西北塞外，中华园林流派纷呈。从花宫清敞的现代园林到异域风情国际园，互学互融共同践行人类命运共同体的理念。推动绿色生态发展，弘扬民族优秀文化，中国园林迎来了大发展的时代，时势造英雄，审时度势开新篇，本次展览是中国园林各大流派的淮海论剑，也是各流派园林互相切磋、互相借鉴的舞台，实践证明，中国园林流派的形成和发展，同时促进了现代中国园林不断发展和成熟。

　　道不远人，营造充满大爱和愉悦宜人的园林环境，与宇宙和谐一致，建立起人与自然的内在联系，沐浴于大自然，享受大自然的恩赐，最终达到天人合一的境界，这是中国园林艺术的基点和高度，也是园博园追求的目标，无论是鸿图华构的院士大师作品，向新而生引领未来的探索之作，还是徐风汉韵波澜壮阔的华章，守正出新的中华园林流派，拓境扬道为世人奉献了完美的园林臻品。

周国宁

浙江省勘察设计协会园林分会副会长
浙江大学风景园林硕士生指导导师
杭州蓝天园林设计建设有限公司总工程师

吕梁赋

庚子季春，徐州获"第十三届中国国际园林博览会"承办权，于吕梁山麓装点山川，置景开园；以重扬汉韵，再振徐风。余闻而为赋，以襄其盛：

徐之一隅，域小而名不微；吕之遗址，日久而神不失。几千春秋，几多壮怀激烈；几庶寒暑，几度慷慨悲歌：境有王候纵横之迹，轩辕征战，大禹凿河；张良避祸，岳飞横戈。景有先哲赞叹之辞，吕梁洪"悬水三十仞""险或若三峡"；"流沫四十里""深或及九渊"。孔子临之而叹："逝者如斯夫，不舍昼夜"；庄子观之而惊："鼋鼍鱼鳖，所不能游"；苏东坡览之而赞："吕梁自古喉吻地，万倾一抹何由吞"；文天祥过之而悲："凄凉戏马台，憔悴玉佛峰"。水有漕运枢纽之功，东南之粟，溯泗水河而北；西北之货，经吕梁洪而南。千船竞渡，蓬帆南来北往，百轲争流，舟车两岸穿梭。景引观洪赋诗者，不绝于路；水引商旅舟泊者，不止于途。观者为观，不辞万里；商者为商，不惧风雨。洪前之盛，几与钱塘无异。

清入中原，黄泛泗水；土淤沙灌，梁沉谷底；水断流干，波消浪息。平坦坦，半条涸谷；空荡荡，一抹荒川。时日久，草疲丛弱；岁月长，花瘦叶黄。文不传，远者不知；墨不染，近者不识。萧萧然，山颓岚泣；凄凄然，峰孤岭单。

泗水竭，山川沉寂。

园博举，再现繁华。

园伴悬水，景傍三山。山水之间，"三园"互动；泉林之畔，"三廊"绵延。"主园"心高：一景一点，皆为天然本色；"副园"气傲：一厅一室，仅容细作精工；"分园"情深：一石一木，尽在抒困惠民。"秀满华夏廊"：亭台水榭，古月喷泉；南风礼乐，秀美花田。"徐风汉韵廊"：栈桥驿所，马道长车；流泉飞瀑，画像石刻。"运河文化廊"：泗河古渡，水坞花船；诗赋字屋，酒肆粮仓。"儿童友好中心"：林园木乐，野趣沙丘；卷玉蕙草，湿地荒滩。园与园间，大路环绕；廊与廊中，小径缠绵。"三园"一心，系之生态环境经贸民生；"三廊"同情，连之徐风汉韵文史古今。园与园交，天地人三位一体；廊与廊接，儒释道殊途同归。衬之以宕口夜宴，九色霓虹；浩月千里，万点繁星；智慧林园，雨落一云；琴瑟笙箫，天籁梵音。悠悠然，蓬莱之境；飘渺间，梦幻之中。斯时也，一隅之地，举国之展；半耸之山，万众之观。游者熙熙兮，日出登山戏水；观者攘攘兮，月下把酒临风！

吕梁山巅，一阁擎天；上插重霄，云霞辉映；下踏青山，绿波荡舟；前映悬水，形娇影俏；后裹长溪，鹤饮鹿鸣；风微微兮，轻抚湖面，水泛微澜；云淡淡兮，浅遮青山，竹卷丝帘；雾濛濛兮，弥漫堤岸，烟锁画船；溪潺潺兮，声伴风弦，鸟醉蝉眠。游者痴痴兮，宠辱皆忘；观者嘻嘻兮，桑梓不思！

吕梁山下，各省之园；南疆北国，东岳西川；冰山雪域，雨林椰风；高原峡谷，碧波瀚流；奇花异草，古木怪石；无不精仿细摩，深雕浅琢；惟妙惟肖，微缩其间。一日之间，可览多省之景；跬步之内，可瞰多险之山。游者欣欣兮，若微观天下；观者窈窈兮，似管窥神州！

　　一园之用，连通古今，何其高远！一届之展，跨越时空，何等弥深！形在园林，神在民生；园非园，林非林；意何在？愿何存？意在传承，愿在创新；贵在徐风新语，重在汉韵雏声；力在绿色城市，志在美妙人生。思之兮，可瞻前景；考之兮，可望未来！

　　一水一园，一衰一盛。天地无常，盛衰有因。求盛之道，顺天意合民心。逆之，伟业难昌；顺之，盛世恒久。吕梁如斯，天下亦如斯。夫子若在，必如是说也。

袁瑞良

前　言

在党的"推动绿色发展，促进人与自然和谐共生"的生态文明思想指引下，第十三届中国（徐州）国际园林博览会于 2022 年 11 月正式开幕了！这是中国国际园林博览会乃至中国园林史上的一件大事、喜事——首次"从园博会到城建展"的转型盛会，首次聚齐全国省、自治区、直辖市和特别行政区参展的盛会，首次在非省会地级市举办的盛会！

"绿色城市·美好生活"主题、"共同缔造""美丽宜居"理念、"生态、创新、传承、可持续"特色，彰显了本届园博会的宗旨，铸造了本届园博会的高度。为全面记录本届园博会的成就，在住房和城乡建设部、江苏省人民政府、江苏省住房和城乡建设厅有关领导和专家的指导下，我们组织编著了这本《第十三届中国（徐州）国际园林博览会　园博园观止》。全书共分 4 篇：谋划篇从办会理念入手，介绍了园博新使命、展园总体规划和各专项规划的特色；创新篇从住建行业新科技应用的角度，介绍了园博园建设应用的新技术、新材料、新工艺、新装备；特色篇重点从园林文化艺术的角度，介绍了各参展展园的造园特色和"四新"应用实例展示；可持续发展篇从展后运营的角度，介绍了园博园特色举措。

在住房和城乡建设部、江苏省委省政府的鼎力支持和坚强领导下，本届园博会得以圆满举办。在本书编写过程中，住房和城乡建设部副部长黄艳、张小宏、秦海翔，江苏省省委常委、常务副省长费高云给予了关怀和指导；原徐州市委书记、现江苏省人大财政经济委员会主任周铁根，原徐州市委书记、现江西省省委常委、宣传部部长庄兆林给予了大力支持；住房和城乡建设部司长王志宏、胡子健，副司长杨宏毅、韩煜，处长赵亚男和江苏省住房和城乡建设厅厅长周岚、副厅长陈浩东、处长于春等提供了有力帮助；汤飞、张成等同志及相关专家学者提出了宝贵意见。在此，谨向上述各位领导、专家学者表示深深的敬意和衷心的感谢！

下一步，我们将全面贯彻落实习近平新时代中国特色社会主义思想，牢固树立和践行"绿水青山就是金山银山"的理念，站在人与自然和谐共生的高度谋划发展，加快发展方式绿色转型，推进美丽中国建设。

园博园内容丰富，园林艺术博大精深，全面、准确地记述整个园博园的艺术创造与科技创新，需要多学科的综合能力。编著者限于能力，书中难免有论述不妥、征引疏漏讹误之处，恳切希望各界专家和同行的匡正。

编著委员会

2022 年 12 月

目录

第 2 篇

创新篇

120 — 145

第 3 篇

特色篇

146 — 313

第 4 篇

可持续发展篇

314 — 337

《礼记·中庸》记："哀公问政。子曰：'凡事豫（预）则立，不豫（预）则废。言前定则不跲，事前定则不困，行前定则不疚，道前定则不穷。'"从园博会到城建展，第十三届中国（徐州）国际园林博览会是一个庞大的系统工程。本届中国国际园林博览会以"园博新使命"为己任，遵照"以人民为中心"思想，突出开放共享、传承延续历史文脉主旨，创新"'1+1+N'全城园博"办展方式，全面绘制"绿色城市·美好生活""徐风汉韵，锦绣华夏"壮丽画卷，高水平规划出一届"不一样的园博会"。同时，本届园博会坚持世代传承，既要建设好、管理好，更要运营好，给子孙后代留下珍贵的自然遗产。

徐风汉韵山水徐州图

1

谋
划
篇

第1章 时代新歌：从园博会到"城建展"

中国国际园林博览会由住房和城乡建设部与省级人民政府共同举办、申办城市人民政府承办，至今已经举办了十二届。其中，第一届大连、第二届南京、第三届上海、第四届广州、第五届深圳、第六届厦门、第七届济南、第八届重庆、第九届北京、第十届武汉、第十一届郑州、第十二届南宁。第十三届中国（徐州）国际园林博览会于2022年11月开幕，是首次在非省会地级市举办的园博会。

第1节 园博新使命

2017年12月，习近平总书记在党的十九大后首次地方视察就历史性地选择了徐州，作出"只有恢复绿水青山，才能使绿水青山变成金山银山"的重要指示，明确指出"资源枯竭地区经济转型发展是一篇大文章，实践证明这篇文章完全可以做好。"2018年2月11日，习近平总书记赴四川视察，在天府新区调研时首次提出"公园城市"全新理念和城市发展新范式。2020年4月10日，习近平总书记《在中央财经委员会第七次会议上的讲话》中进一步指出："建设人与自然和谐共生的现代化，必须把保护城市生态环境摆在更加突出的位置，科学合理规划城市的生产空间、生活空间、生态空间，处理好城市生产生活和生态环境保护的关系，既提高经济发展质量，又提高人民生活品质。"

为贯彻习近平总书记的指示精神，住房和城乡建设部决定从第十三届中国国际园林博览会起，将以往的"园林绿化行业层次最高、规模最大的国际性盛会"，转型为"以习近平新时代中国特色社会主义思想为指导，贯彻落实新发展理念和以人民为中心的发展思想，推动形成绿色发展方式和生活方式，综合展示国内外城市建设和城市发展新理念、新技术、新成果的国际性展会。"

第十三届中国（徐州）国际园林博览会以落实习近平总书记视察徐州重要指示为指针，按照住房和城乡建设部要求，立足徐州城市建设与发展的实际，秉持"以人民为中心"思想和"共同缔造""美丽宜居"理念，彰显绿色生态发展成果，研究制定了"绿色城市·美好生活"展会主题，打造"生态、创新、传承、可持续"的"永不落幕的园博会"。

1 彰显绿色生态

1.1 展示生态修复成果

运用徐州城市工矿废弃地生态修复经验，对展园内采石宕口因地制宜进行修复治理，实现变废为宝（图1.1.1–1）。

图 1.1.1-1 从废弃采石场到"岩秀园"创意

　　坚持生态优先，尊重自然肌理，融入海绵城市理念，采用渗、滞、蓄、净、用、排等"海绵"技术，建设海绵园区，引领水资源节约利用。通过水土空间布局梳理、绿地斑块串联等景观水保学措施，做好园区内外"两篇水文章"：园区外是与城区水系的联系，8 条支流汇聚泄洪道进入故黄河；园区内对水系进行仔细梳理归纳，处理好园区内非汛期雨水的收集利用及汛期洪水的排泄，沟通园区水系与城区水系的联系，构建全园水韧性系统（图 1.1.1-2）。

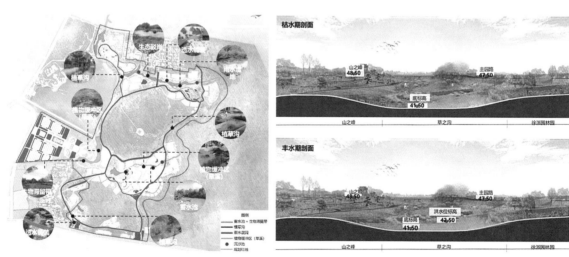

图 1.1.1-2 海绵绿地设计

　　以"人本主义 + 自然主义"完善展园山水林田湖草生态系统，构建分级保护区域，建立多样化生态系统。提升宕口价值，延续场址记忆，巧借地势建造综合展馆、宕口酒店等服务设施，创造场址文化与生态山林交融的宕口景观，将园博园建成为一块徐州城市绿地生态系统中高质量的永久绿地（图 1.1.1-3）。

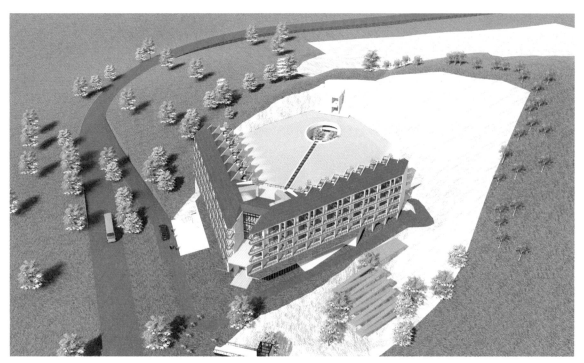

图 1.1.1-3　天池酒店设计效果图

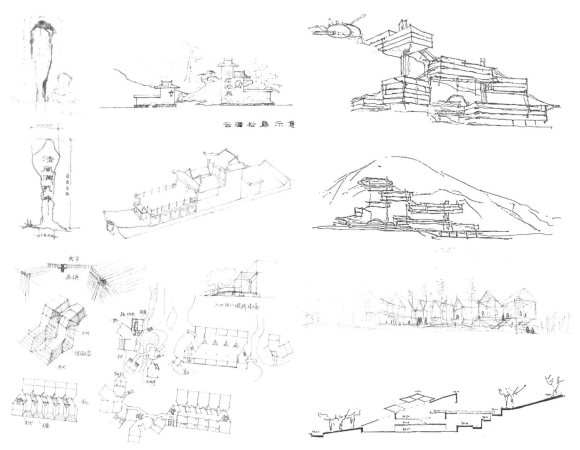

图 1.1.1-4　部分院士大师手稿组图

1.2　体现新时代建筑水平

园博会立足全面展示国际国内绿色建筑最新技术成果，遵循"适用、经济、绿色、美观"的建筑方针，充分利用改造存量建筑，新建展馆考虑后续利用，邀请院士大师担纲设计（图 1.1.1-4），采用绿色建筑、装配式建筑、智慧建筑等新型建造技术，建设综合展馆、创意园、企业馆等 4 万 hm^2，全面展示新时代城市建设新技术水平。

1.3　引领城市未来发展方向

园博会主展园综合馆和副展园共布设 2 万 hm^2 住房和城乡绿色高质量发展成就展，重点展示城市创新、协调、绿色、开放、共享发展的成果，展示新时代城市转型发展和城市美好生活，展示人居环境建设和城乡社区治理经验做法，展示美丽宜居、绿色生态、文化传承、智慧创新、安全韧性新型城市建设的示范案例，引领城市未来发展（图 1.1.1-5、图 1.1.1-6）。

图 1.1.1-5　主展园综合馆展示方案　　　　图 1.1.1-6　副展园展示方案

2　突出开放共享

2.1　展会建设多态联动

采取"1+1+N"多态联动模式建设多个全城园博城市更新基地。一个主展园建设 31 个省、自治区、直辖市和港澳台地区共 39 个展园，9 个徐州国际友好城市园，1 个上合组织友好园，5 个创意园，3 个企业园，6 个公共园及清趣园、徐州园（徐派园林园），凸显不同的地域风貌和城市特色，全面展示园林行业新技术、新工艺、新材料、新装备等"四新"成果。一个副展园举办"园林园艺进万家"活动，打造百姓园林园艺展示交流平台。N 个分展园打造各具特色、惠民便民的城市公共空间。

2.2 活动安排多元互动

结合展会主题开展高层论坛、院士对话、学术交流、技能竞赛、技艺展演等活动，为全国园林绿化行业职工技术交流创造高水平平台。设置共享花园、儿童乐园等特色板块，促进游人与展览互动、展园与生活互融。展会举办突出开放共享，邀请徐州国际友好城市前来参展、交流，共同打造一届携手共进、交融发展的国际展会。

3 传承历史文脉

"文化是民族生存和发展的重要力量。"[①] 园博园的规划建设强调了特色引领，推陈出新，以文化内核增强园博产业可持续发展。

3.1 展现我国悠久的文化积淀

在城乡建设中系统保护、利用、传承好历史文化遗产，对延续历史文脉、推动城乡建设高质量发展、坚定文化自信、建设社会主义文化强国具有重要意义。园博园以省级行政区（包含省、自治区、直辖市、特别行政区，以下简称省级行政单位或省区）为单位，汇聚各地专家的共同智慧，突出强化各省区的地域文化精华，提升中华园林文化内涵，打造风格各异的园林景观，不断丰富中华园林文化艺术体系，让游人多角度感受到传统文化的无穷魅力。

3.2 展现徐派园林风格

徐派园林是徐地或徐人营造的园林的概称，孕育于先秦，生成于秦汉，升华于两晋南北朝，成熟于唐宋明清，并在新世纪得到创新发展。作为北国锁钥、南国门户，徐州自古便是南北文化的交融集萃之地，在多种文化的丰富涵养下，徐派园林形成了徐风汉韵为魂，厚重清越为骨，景成山水为形，舒扬雄秀为姿的典型特征[②]。园博园以徐派园林的艺术风格为基底，兼具北方雄浑凝重和南方婉约灵秀，让宾客领略"舒展和顺、大气厚重、雄秀并呈"的独特艺术风格。

3.3 展现汉文化元素

徐州素有"两汉文化看徐州"的美誉。园博园把丰富的历史文化元素与自然山水、城市建筑有机融合，打造纵贯城市南北的文化轴，全面展现"徐风汉韵"的文化魅力。园博园内大到亭台楼阁、小到路灯栈道，充分融入汉文化元素；景观塑造、笔墨御风，雄浑大气又婉约润雅，饱满而不失空灵，呈现一派仰之弥高的心灵意境。

---

① 习近平 . 在文艺工作座谈会上的讲话 [M]. 北京：人民出版社，2015.
② 秦飞 . 徐派园林导论 [M]. 北京：中国林业出版社，2021.

4　推动永续利用

充分发挥区域带动功能。园博会闭幕后，主展园将按照保护优先、科学转型、区域联动、可持续发展的原则，与5A级旅游景区同步规划、同步建设，永久经营利用。

大力开发生态旅游。将展期公共设施建设与展后规划利用结合起来，主展园规划建设3个配套酒店，将综合展馆转换为会展中心，构建"园林+建筑+展示"综合平台（图1.1.4-1）。

图1.1.4-1　园博园宕口酒店及室内设计效果图

拓展"园博+"效应，推动区域资源共享。布局建设方特主题游乐园、野生动（植）物园等项目，与园博园"多园共生"。整合周边3个园博村等多种优质资源，因势利导推动一批高能级主题功能区块的构建，贯通黄河故道绿道，提升沿线湿地公园品质，形成以园博园超级驿站综合体为中心，相互引流、共赢发展的产品体系（图1.1.4-2）。通过设施转型、持续开发，针对性开辟和拓展文旅新业态，打造自主创新、自我造血、联动运营、可持续发展的园博会标杆。

图 1.1.4-2　园博园协同发展项目位置示意图

第 2 节　"1+1+N"全城园博

本届园博会坚持"促进区域绿色发展、建设人与自然和谐共生的美丽城市、打造绿色生态宜居的美丽乡村"的城乡一体化发展原则，创造性提出"'全城园博'便民惠民，'1+1+N'展陈卓越成就"的办会思路，推动城市生态环境质量的全面提升和国土空间布局的优化，将进一步完善淮海经济区中心城市功能，使徐州整体核心竞争力和影响力实现一次飞跃，为经济社会持续健康发展提供强大的内生动力。

1　主展园——带动城乡融合发展

本届园博会主展园选址于徐州市区东南38km（彭城广场起）处吕梁山区，是新城区、高铁商务区、空港经济区3区交汇处和全市生态系统的重要节点。

　　主展园总面积 203.18hm²，建设面积 134.16hm²。采用室外展和室内展两种形式实景展现国内外城市绿色发展、生态修复、特色小镇建设的典型成果。根据住房和城乡建设部《中国国际园林博览会管理办法》规定，规划其中 50hm² 为永久保留绿地。展园以打造自然风貌与人造景观相得益彰的 5A 级风景名胜景区为目标，针对往届园博会虽然参展城市数量多，但是参展园的面积偏小，参展水平参差不齐等缺憾，以省级行政单位组展、减少展园数量、提高展园品质，原则上一省级行政单位一园，集中各省级行政单位的优质资源，把每个展园都打造成精品（图 1.2.1-1）。

图 1.2.1-1　省级行政单位展园位置规划图

　　探索园博园永续利用与乡村振兴共融发展新路径。梳理、整合主展园周边现有民居和建筑，进行综合提升改造，改善当地居民居住条件，推动以园博园为核心的城市东南片区经济社会的转型发展。

2 副展园——园林园艺进万家

副展园展陈园林园艺新成果。展会期间举办"园林园艺进万家""第十三届中国（徐州）国际园林博览会园林园艺展览会"等活动，其中"园林园艺展览会"是园博会举办以来第一次同期举办的企业商业展，旨在贯彻落实新发展理念和以人民为中心的发展思想，推动形成绿色发展方式和生活方式，并彰显徐州生态修复技术优势，推进全民共享园博会办展成果。18个地级城市300余家企业参展，主要展示展销庭院与花园园艺、花卉园艺、雕塑及资材、立体花园等园林新成果，推动园林园艺成为市民百姓生活日常的一部分，促进园林绿化行业创新发展，让绿色发展理念和绿色生活方式深入人心。

3 分展园——惠民便民共享园博成果

分展园散布于全市采煤塌陷生态修复地、采石宕口、市民公园、城市更新、历史文化街区、无废社区等6类区域（图1.2.3-1）。

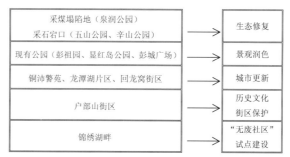

图 1.2.3-1 分展园提升改造途径

第3节 百姓园博

"发展为了人民、发展依靠人民、发展成果由人民共享。"让全体市民共享园博会成果，打造永不落幕的园博会，不仅是在园博园中规划建设共享花园、儿童友好中心等适合百姓参与体验的"百姓园"，也不仅仅是在工矿废弃地、历史文化街区等建设N个分展园，还在于通过园博会的举办，将先进的生态文明思想、先进的园林科学技术传递给广大市民，用互动参与、科普宣传等方式体现园林与百姓活动的密切关系，让百姓参与园博，让园博贴近百姓，传播园林让生活更美好的理念。

1 "三送"园林科技直通市民身边

坚持生态惠民、生态利民、生态为民，通过开展"送指导、送技术、送经验"的"三送"活动，引导、支持市民百姓"爱绿护绿"，让"养花种草"成为居家新时尚，推动居民身体力行，打造自我设计、自我建设、自我管养的"社区花园"和"阳台花园"，"绿色""生态"深入人心，形成全民"共建、共享、共治"的良好局面。

2 "园林植物120"全方位服务园林企业

在园博会效应带动下，徐州市注册成立了一批小微型园林服务企业，构建了直通企业的"园林植

图 1.3.2-1　"园林植物 120"

物 120"服务体系。通过线上线下门诊、公众号、网站等渠道定期推送园林前沿科技，为企业提供线上线下一体化、淘宝式政策咨询和技术服务，形成了全方位服务园林企业的工作闭环（图 1.3.2-1）。

3　职业技能竞赛平台激发专技人才能力提升

　　园林职工的成才既取决于自身的努力，也离不开环境的塑造。园林职业技能竞赛为贯彻人才强国战略，传承园林工匠精神，培养高素质园林专业技术人才提供了有效的平台。由中国风景园林学会、中国就业培训技术指导中心、中国农林水利气象工会全国委员会主办，江苏省风景园林协会、徐州市园林建设管理中心、徐州新盛园博园建设发展有限公司承办的 2021 年全国行业职业技能竞赛——"新盛杯"首届全国园林绿化职业技能竞赛在徐州隆重举行，不仅考察、选拔了一批理论扎实、技能过硬的园林人才，也激发出广大园林一线从业人员钻研业务、提高技术的学习热情，打开了园林队伍建设和发展的新局面，为园博会增光添彩（图 1.3.3-1）。徐州市住房和城乡建设局借园博会东风，联合市总工会、人力资源和社会保障局设立了"徐州市园林绿化职业技能竞赛"制度，徐州市园林建设管理中心具体承办，每年进行一次，通过理论考试和实操（花境营造）竞赛，有力提高了园林行业职工学习技术、钻研技术、享受技术的积极性，促进了全市园林行业技工队伍素质的提升（图 1.3.3-2）。

图 1.3.3-1　"新盛杯"首届全国园林绿化职业技能竞赛

徐州市园林绿化职业技能竞赛

"彭城山水"（邹凯，江苏智泉建设科技）

"印象大运河"（冯军统，邳州市园林管理服务中心）

"筑梦'心'城"（申威，徐州市花卉产业协会）

图 1.3.3-2　徐州市园林绿化职业技能竞赛

第2章 心象自然：园博园总体规划

"自然"是客观的物质存在，"心象"是内心物象的主观表达。"心象自然"即将自然内化于心，再由心外化为景观，最后达到"象为自然，与心相应"的设计理想。在园博园的规划设计中，因自然而得心象，从梳理场地自然条件出发，形成了"生态、文化、共享"的理念，又借自然而成心象，通过主要景区的具体设计，在原有山水格局中融入人的活动，进而把内心想要表达的理念呈现出来。

第1节 意在笔先 明旨立意

明旨即明确兴造园林之目的。

本届园博会主展园，不仅要全面展示国内外园林文化艺术，还要助力地方发展。明确了兴造目的，展园的规划设计就需要将中国各地区和国际的园林特色、徐州地方风格与吕梁乡情融为一体，营造面向未来的在国际国内有长期影响的经典园林。

明确了造园主旨即目的后需要立意。主展园意境的确立，需要建立在充分了解徐州地域人文特色、场地特色的基础上，运用形象思维，借助"比兴"的手法加以构思和表达。

首先是徐州①"地气"，前人对地名的解释，尤其是九州之名来源的阐释，多与当地独具的"地气"系连。《尚书正义·卷六·禹贡》引李巡注《尔雅》解州名云："淮海间，其气宽舒，禀性安徐，故曰徐。徐，舒也。"郭璞引《释名》为徐州作注曰："土气舒缓。"谓徐州因土气舒适平缓而得名。展园选址吕梁，其自然环境可谓"其气宽舒"的典型代表，此一"徐"也。

其次是人文基底，《韩非子·五蠹》记："（偃王）行仁义，割地而朝者三十有六国。"徐人亘古通今之仁义文化"禀性安徐"，此二"徐"也。

第三是"汉"之意，《水经·两水注》载："汉高祖入秦，项羽封为汉王。萧何曰：'天汉，美名也。'遂都南郑。"刘邦纳萧何谏而称善，不仅接受了"汉"的封号，而且还在临御天下后，定天下之号为"汉"②，并由此演化为此后直至现今中国主体民族的族称。

又《道德经》曰："有物混成，先天地生，寂兮寥兮，独立而不改，周行而不殆，可以为天下母。吾不知其名，字之曰道。"老子认为，道是"万物之奥"，其"渊兮似万物之宗"。世间万物由"道生之"，是"道生一，一生二，二生三，三生万物"的过程。新时代背景下，习近平总书记构建人类命运共同体的中国方案，更加丰富和发展了传承千年的中国智慧。

---

① 自禹别九州之时起至今数千年来，徐州的中心区域未曾有过大的变迁，始终与今日徐州之境大致相吻合。

② 胡阿祥. 刘邦汉国号考原 [J]. 史学月刊，2001，（6）：57-62.

因此，园博园因借人文与用地之宜立意，以"徐""汉"比兴，既体现地宜，又可令人联想到"汉文化催生之地""泱泱华夏，赫赫文明；仁风远播，大化周行"之意，全园基础景观总体意境"徐风汉韵"跃然纸上。在此文化基底之上，以"生生不息，大美大舒"为园博园生态规划理念。"生生不息"代表了徐州以问题为导向解决城市生态修复问题，实现"一城青山半城湖"的蝶变之路。《庄子·知北游》有"天地有大美而不言。"以"大美大舒"的理念充分展现天地大美与徐州舒朗风韵的性格。整个规划立足"徐风汉韵"之地气与文化精神，遵循"道法自然"原则，实践从"一生二，二生三，三生万物"的老子之道，到儒家协和万邦，再到"九九归一、天下大同"的人类命运共同体的核心价值。从绿色生态、文化传承和发展两个层面融入"生生不息"的理念。

第2节 人与天调 其气宽舒

总体规划充分运用"孟氏六边形"指导法则[①]，明旨立意，然后相继进行相地、问名、布局、理微等环节，通过阐释宏观层面——人与自然和谐共生、中观层面——东西方园林共通共融、微观层面——公共空间三个层面的地方实践，层层递进寻找设计切入点，最终着眼于人与自然共生体系下的"道法自然"，传承中国风景园林文化和营城理念，突出徐州地域特色和时代特征，体现徐州"尊礼重义、质朴正统、刚毅大气、开放豁达"的性格特征和"开明、开放、创新"的时代新风。从空间结构、建筑设计、景点区划、展园布设、展后延续等方面对理念进行表述。

1 规划从保护绿水青山开始

园博园"枕畔屏山围碧浪"，三面环山烟树，一面景瞰平川，内含一峰一湖，水佑山拥，呈二龙抱珠之势。环山最高峰（寨山）高程222.1m，中抱一峰高程132.7m，湖溪口高程45.5m，园区内地形起伏连绵，形态柔美，"其气宽舒"（图2.2.1-1）。整体布局尊重现状山水格局，"缘山梳景，入奥疏源，就低理池，顺势筑路，随境布园"，自然而然得绿水青山之趣。

首先"不削山"，就是竖向顺应地形，保护好场地的地形地貌整体性。全园竖向设计顺应现状地形特征，不做大的土石方迁移，使规划前后山形山势保持一致。

其次"不砍树"，就是对土层厚度在30cm以下、没有剖面发育、结构不良、营养成分贫乏、石砾含量大、岩石裸露的山体中上部成片山林实施全面保护。展园为石灰岩山地，森林植被为20世纪50~60年代营造的人工林，保护好这些树木，不仅是保护了场地的生态基调，而且还保存了场地的历史。

最后"'破坏区域'生态修复"。园博园选址内遗留数处宕口区，危崖乱石裸露，植被无存，岩体破碎、疮痍遍布。因此总体规划从修复宕口生态环境为切入点，通过地形整治工程和植被恢复

---

① 孟兆祯院士创立的中国园林规划设计"立意—相地—问名—借景—布局—理微—余韵"法理序列。

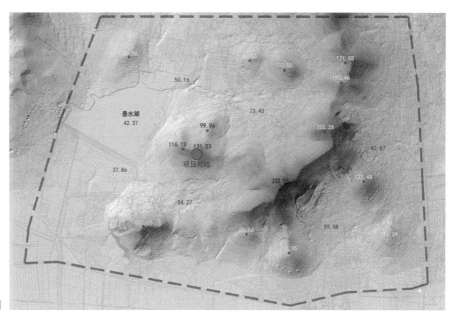

图 2.2.1-1　主展园地形图

工程，将生态修复和景观重建作为"一"，衍生出涅槃重生后的园博园公共园林和特色展园共融的"二"，进而联动周边、构建山水林田湖草形成区域生命共同体的"三"，最终以园博园为核心，联动片区发展形成徐州全城园博的"万物"。

2　规划由"和合"场地构形

展园空间结构规划在保护"一湖四岭"山水肌理与青山绿水、"和合"自然地形地貌的基础上，提炼出"一湖四岭三溪百池"的山水格局。即依据现有山体、水体特征及场地高程进行梳理规划形成的湖、溪、池（潭、塘）、堤、坝、岸等不同尺度、不同形态的水景，形成岭、溪、池、湖四大类山水景观系统，并在雨水收集、径流管理、行蓄泄洪、管网建设、平台搭建等方面与海绵理念相结合；在此基础上，结合园博需求进行设计要素的抽象提炼，打造"望山依泓""水韵汉风""诗画运河""台地花园""空中花园""岩秀园"等具有强烈徐州地域生境特色的基础景观系统（图 2.2.2-1）。

保护与开发的和合——规划道路选线因山就势设计。通过 GIS 分析，合理利用现状地形地貌，突出吕梁阁、主展馆和游客中心（主入口）建筑的地标性，其他建筑控制为小体量建筑形式，实现建筑与山体、植被、水系的有机融合。吕梁阁设在园中孤峰的峰顶，功能兼顾森林防火，阁高与山体相对高度比符合 0.618 黄金分割，即冈峦之体势。主展馆等中大型建筑物选址主要利用既有采石宕口，用建筑整体以向上生长的态势修补缺失的山体，最大限度还原原始地形特点，在实现功能目的的同时，完成人工对自然修补（图 2.2.2-2）。各参展园主要布置在山体下部和谷地，展园标高均依山就势，坡地式布置，展现出层花叠树、层楼叠榭的景观效果。

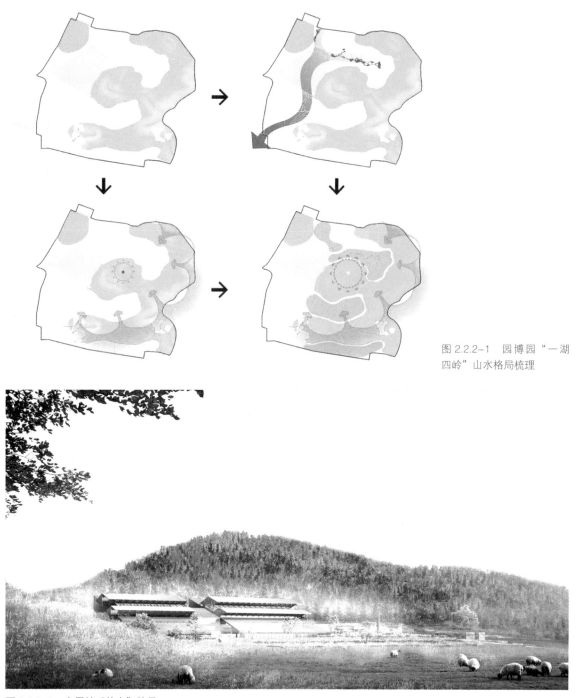

图 2.2.2-1　园博园"一湖四岭"山水格局梳理

图 2.2.2-2　主展馆"补山"效果

　　景观与雨洪的和合——建设区域位于山林谷地，规划设计以现有自然形成的汇水沟为基础，充分考虑各个山坡汇水面，规划台地水景、雨水花溪等内部景观水系，既有收集山体及场地汇水之功、又起提升景观之效。整修山脚和悬水湖（水库）泄洪道，建设生态驳岸，在生态化地解决场地的雨洪排放问题的同时，结合滨水景观营造，赋予园博园以文化内涵。规划设计突出水韧性设计、生态

图 2.2.2-3　清趣园山水梳理效果

修复技术，体现园林艺术和现代生态水保学理论与技术在新时期的演绎；以依山观湖、织补宕口、立体园林等设计手法，体现自然的东方气质，展现新时代生态园林新方式和新工艺，共同为行业和社会贡献传世之作（图 2.2.2-3）。

第 3 节　徐风汉韵　锦绣华夏

园林以文化为魂。"无论哪一个国家、哪一个民族，如果不珍惜自己的思想文化，丢掉了思想文化这个灵魂，这个国家、这个民族是立不起来的。[①]"本届园博会主展园以"徐风汉韵"地域文化为基底，统筹各展园展示的地域文化表现，充分彰显中华优秀传统文化的深厚内涵，显示出中华民族的"精气神"。

1　铸魂——徐风汉韵大风歌

得益于古徐州中北部地区从来不属于海域，且"其气宽舒"的优越自然环境，为古人类的定居与发展提供了良好的物质条件，成为中华历史上人类定居较早的地区之一，经过了旧、新石器时代，及至禹别九州，徐州据其一。之后的整个上古时期，徐州经济文化快速发展，并形成鲜明的地域特色，

---

① 习近平在纪念孔子诞辰 2565 周年国际学术研讨会暨国际儒学联合会第五届会员大会开幕会上的讲话。

特别是诞生了延续至今的中华传统文化核心价值观——"仁""礼""乐"文化[①]，使其成为中华文化重要的发源地之一。郭沫若在《历史人物·屈原研究》中提出：中国的真实文化期起源于殷代，殷商灭之后，殷文化的走向分为两大支，一支在周人手下在北部发展，一支在徐、楚人手下，在南方发展。西周三百六十余年间南北是抗争着的……显然，徐人的文明并不比周人初起的文明落后。徐是夏、商就存在的古国，具有相当的经济基础。吴越人的汉化一定受了徐、楚人影响，吴的支配者虽然是周人的伯夷仲雍……徐楚人和殷人的直系宋人是传播殷代文化在中国南部发展的[②]。到秦汉时期，项羽与刘邦名为"楚汉相争"，其实是楚（徐）人内部的同乡人竞争。以古徐州人为核心力量的西汉的创立和强盛，真正完成了华夏大地的文化统一进程[③]。

地据海、岱及淮"其气宽舒"，又淮泗交流、"悬水三十仞、流沫四十里"[④]波涛绝响之地的徐州人，在物竞天择之中，逐渐形成了独具特点的地域精神文化，"大风起兮云飞扬，威加海内兮归故乡，安得猛士兮守四方。"汉高祖刘邦的一曲千古绝唱，生动地传达了徐州地域文化精神的神韵——敢为天下先的王者之风和包举宇内的豪情、顺天应地的物情、忧以天下的真情。

2 勾勒——自然与文化交融

当今文化语境关注的生物多样性、人类文明多样性的价值理念与老子的有机整体性世界观相契合。自然界和社会一样，都是"和实生物，同则不继"（《国语·郑语》）。因此，园博园的规划理念从老子之道、到儒家"天下大同"以及如今的人类命运共同体思想为"一"，生出协和万邦、以共通共融的东西方园林文化布局特色为"二"，在丝绸之路、京杭大运河文化演绎至今的"一带一路"文化背景下，强调东方园林和西方园林在形式表达方面的共同特色引领公共园林布局成为一大创新；进而衍生出发端华夏文明初始、独具北雄南秀、传承至今的徐派园林特点为"三"，最终衍化形成以园博园为中心串联园区内外和展期展后的共享文化园博之"万物"。

展园布局遵循"风景式园区"营造手法，挖掘徐州"人杰地灵"和"山川形胜"的文脉地脉，在和合场地的基础上，梳理细化"一湖四岭"之间的谷地，按照弘扬徐风汉韵地域文化特色，彰显中华园林优秀传统和"天人合一"的理念，凸显徐州在运河城市发展带的时代角色三大文化主题，依山就势形成两条东西向谷地实体景观廊"运河文化廊""秀满华夏廊"和一条相对虚的串联南北岭湖的"徐风汉韵廊""三廊"，并设相对独立的儿童友好中心，共四大一级景区为主体的功能系统（图2.3.2-1、图2.3.2-2）。在此基础上，融合园区总体功能布局、东西方园林共通共融文化特色、地方园林文化特色等，形成包括徐风礼泉、望山依泓、徐州园、清趣园、运河史话、箸笠广场、园舍、竹技园、字屋、林园、企业园、一云落雨等20个一级景点和礼乐迎宾、滨湖马道、徐风生境、

---

① 在先秦，"仁"被理解为与爱相关的情感。《韩非子·五蠹》记："（偃王）行仁义，割地而朝者三十有六国。"徐偃王的仁政实践较孔子仁政理想早了五百年以上。又，彭祖在彭城定音律，调律吕，教雅乐，开乐津之风。

② 郭沫若. 历史人物 [M]. 北京：人民文学出版社，1979.

③ 王清淮，范垂娴. 汉代楚风索源 [J]. 大连大学学报，1991，1（2）：39–42，24.

④ 《列子·黄帝》记曰："孔子观于吕梁，悬水三十仞，流沫四十里，鼋鼍鱼鳖之所不能游也。"

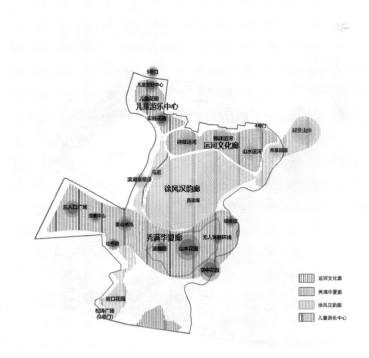

图 2.3.2-1　"三廊一心"规划

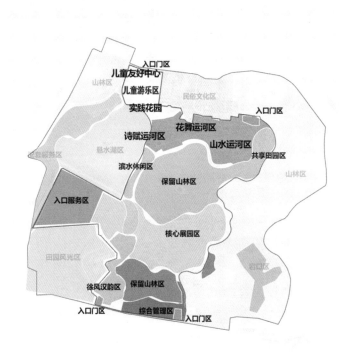

图 2.3.2-2　总体功能布局规划

吕梁汉韵、秀美花田、花语禅心、拥翠客舍、彭城水驿、洗心泉、石鱼知深、上善碧潭、烟霞秀媚、九州花舞、清泉石流、露天剧场、迷雾岩石、诗赋运河、锦肆运河、山水运河、水观台、悬水飞瀑、夹岸紫薇、共享蔬菜园、桥影烟柳、生态邗沟等 31 个二级景点（图 2.3.2-3）。省级行政区展园依据三大文化脉络格局，分为五个片区，共同诠释园博园主题和亮点。

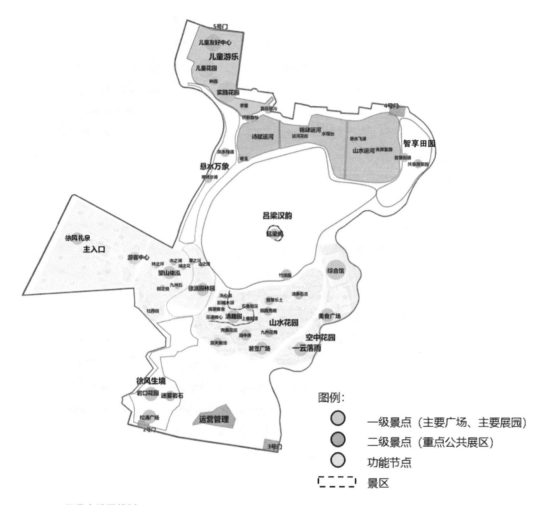

图 2.3.2-3　一、二级景点设置规划

2.1　徐风汉韵廊

　　"徐风汉韵廊"以徐州悠久的地域历史文化特色符号为表现元素，通过园林艺术创新手法，三段组景、多元融合，展现徐派园林的根脉。以商周时期古徐国都城——梁王城等考古发现的园林早期形态为依据，形成以徐王粮鼎为主要景观标志的台地城苑和中国最早的人工景观运河运女河、盼亭为主要景观标志的古徐文化序列。以著名汉画像"迎宾图"引出"马道长车"滨湖"汉世驰道"，汉画像"囿苑图""悬水亭榭图"引出汉代"一池三山"民间庭园，并植入徐州特色的石豹、铜雕、汉砖。中部山顶立"吕梁阁"，重现汉代建筑文化艺术的高潮。再向两端延伸，北撷取宋代徐派园林的假山艺术石刻，南取当代徐州生态修复"岩秀园"；从传世山水长卷中抽离形成独一无二的风景大写意，构成了大汉文化序列与湖光山色和地域文脉交织、历史文化与现代文明交融穿越的空间，充分展现了徐州地域生境和地域文化特征，整体景观舒展和顺、清扬拔俗、雄秀并呈（图 2.3.2-4）。

图 2.3.2-4　徐风汉韵廊主要文化节点规划

2.2　运河文化廊

历史上徐州是扼运河"由河转漕"的枢纽。运河文化廊以"千年运河，锦绣诗画"为主题，以现有自然泄洪沟为基础，通过流动的运河形态和游线，串联运河变化的景观空间。通过沿岸的景观标志，传承文化的脉络。通过流动的景点，打造连续的诗画景观，形成运河主轴——运河史话园，设计上根据地形水系自西向东暗合运河走势，西段明清画院等构成"诗赋运河"展示江南运河的诗情画意；中段宋韵商肆再现历史上运河热闹、繁荣的商贸景象；东段唐泗长洑、花溪杏林营造自然的运河景象。运河史话园两侧布置沿运河各省市的展园。清晨，满河朝霞，云帆高挂；入夜，桨声灯影，画楼笙箫……大运河滋养众生，涵养风情的表象与和衷共济、守望相助、坚韧顽强、生生不息的内在精神融为一体，映照着历史星空（图 2.3.2-5）。

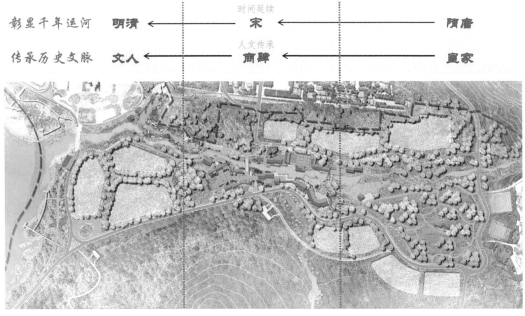

图 2.3.2-5　运河文化廊主要文化节点规划

运河文化廊在街区营建手法上突出情景相融、主题特色、人居环境建设成果示范等内容，将垃圾分类、绿色建筑、雨水利用、共谋共享等概念运用至设计过程，规划把运河文化廊打造为展示城市建设与街道建设的样板，让逛园博的市民把现代先进理念带回家，同时，也体现了"以园博会展示新时代城市转型发展和城市美好生活"的设计主旨。

2.3 秀满华夏廊

"秀满华夏廊"以"徐徐迎来，锦绣山溪，天下大同"展现一幅山溪画卷。"徐徐迎来"主入口广场以彭祖教尧帝奏南风曲为设计之源，作"徐风礼泉"之景，达"礼乐迎宾"之意。门后以"山水林田湖草"为构思，构"望山依泓"的生态之境，释"天人合一"生命共同体。向上与"景成山水舒扬雄秀"的"徐州园"相交后，孟兆祯院士设计的"清趣园"成为"秀满华夏廊"高潮景点。继而向上布置非大运河沿线各省级行政区代表城市展园，邻近区域布置创意园、企业园、国际园等，形成中西结合、新颖独特的"空中花园"，起承转合，景观层层递进，展现一幅以中华文化为基底、中西荟萃的山溪画卷（图2.3.2-6）。

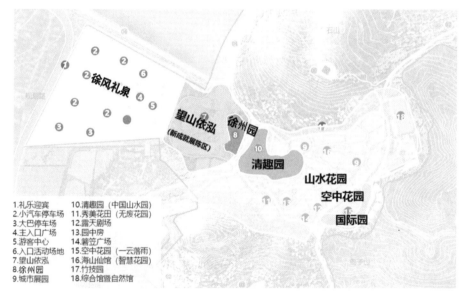

1.礼乐迎宾 10.清趣园（中国山水园）
2.小汽车停车场 11.秀美花田（无废花园）
3.大巴停车场 12.露天剧场
4.主入口广场 13.园中房
5.游客中心 14.箦笠广场
6.入口活动场地 15.空中花园（一云落雨）
7.望山依泓 16.海山仙馆（智慧园）
8.徐州园 17.竹技园
9.城市展园 18.综合馆暨自然馆

图 2.3.2-6 秀满华夏廊主要文化节点规划

2.4 展园配置

参展展园依照"三廊"总体设计布局，规划6个片区39个代表城市展园和9个国际展园、3个企业展园、5个创意园、1个清趣园、1个徐州园。其中片区1位于"运河文化廊"区，安排沿运河流域的京、津、冀、鲁、豫、苏、皖、沪、浙、晋展园，重点呈现运河文化、江南园林、皇家园林等元素特色；片区2位于"秀满华夏廊"西侧及"望山依泓"南侧，安排湘、赣、川、渝、吉、陕展园，重点诠释田坝风情等主题，展现时尚、便捷的美好生活；片区3位于"秀满华夏廊"东部，安排鄂、闽、台、粤、港、澳、琼、桂展园，重点诠释岭南风情和文化特色；片区4位于"秀满华夏廊"中部南侧，安排新、甘、内蒙古、辽、吉、黑展园，重点诠释黄土高原—草原—白山黑

省级展园布局图

图 2.3.2-7　参展展园分区规划

水风情；片区 5 位于"秀满华夏廊"中部北侧，安排宁、青、藏、黔、滇展园，重点诠释西部高原、山地风情；国际园位于综合馆南侧，安排俄、德、芬、法、奥（奥地利）、韩、日、美、阿（阿根廷）9 国的徐州友好城市和上合组织友好园，展示东西方各国造园理念、设计技术、园艺风貌；企业馆位于运河文化廊东侧，布置展示新设备、新材料、新技术、新产品的推广等。这些不同类型的展园布置，按照不同地形条件，结合展园艺术风格、文化内涵分别进行设计，打造了"立体空间层次丰富、展园形态自然流畅、展示内容各具特色"的参展展园分区规划系统（图 2.3.2-7）。各个展园的主题与景点特色见表 2.3.2-1~ 表 2.3.2-3。

第十三届中国（徐州）国际园林博览会省级行政区展园一览表　　　　表 2.3.2-1

单位	展园主题	展园特色与主要景点
北京	京畿运河北京园	白浮泉，拜源亭；木香廊，远瀛观；仙槎泛，远钟阁，玉虹桥，烟柳堤；水云榭，白莲潭；红鳞沼，芰荷香；悬水壁，吕梁轩
天津	津彩荟萃天津园	津萃廊，津萃轩；汇津牌楼，西洋马车；美泉叠水，百年楼园
河北	弦歌未止石家庄园	巍巍太行，燕赵慨歌；西柏坡院，俱卓村城[①]；紫岩飞瀑，清澜荷池；云亭观胜，清廊揽香
山西	汾水新姿太原园	管涔山，汾源亭；涌泉叠瀑，花谷剪影；汾河晚渡，晋阳八景
内蒙古	西风应时内蒙古园	白骏昂首，细草微风；穹庐夜月，塞北眺台；多彩鄂博，重装再驰
辽宁	辽水依然沈阳园	新乐破晓，辽塔夕照，盛京胜景，铁铸新辉
吉林	冰雪仙野长春园	白山寻鹿，林深溪曲；绿波流影，松江浮光
黑龙江	鄂伦风情黑河园	飞龙乘云，雪雕冰墙；火山石景，森林木屋
上海	海派精神上海园	苏州河栈，黄浦江水；岩石台地，五园[②]始终；光影秀场，都市舞台
江苏	幽然山居苏州园	竹香馆，会心亭；三曲桥，荡月廊；若墅堂，翠屏轩；松风迎客，梧竹清韵
	运河古韵扬州园	香影榭，濠濮轩；楼揽胜，廊爬山；山亭远眺，盆中缩龙；秋林野趣，松下访菊

① 西柏坡村和石家庄的故事。

② 五彩台地花园、旱生岩石花园、艺术云雾花园、山涧雕塑花园、谷间芬芳花园。

单位	展园主题	展园特色与主要景点
浙江	家在钱塘杭州园	湖心岛，镜芳亭；长堤河埠，湖居古井；溪涧叠瀑，龙井茶园；竹隐云舍，问茶寻香
	瓯江蓬莱温州园	小九漈，小龙湫；江心屿，谢公亭；蚱蜢埠，石门台；行游山水，廊桥卧波，小须弥境，咫尺山林
安徽	徽风韶华合肥园	洗耳池，廉泉亭；庐趣透景，四水归堂；木雕森语，科技新风
福建	天风海涛厦门园	鹭明轩，流香亭；凌云桥，藏海廊；闽南大厝，鼓浪剪影
江西	古韵豫章南昌园	海昏汉韵，徐庭烟柳；东湖夜月，江右贾德；瓦罐吐雾，唐序长吟
山东	仙境海岸烟台园	海誓礁，海云台；起云亭，赶海行；浮生记，云墙书
河南	溯源寻根郑州园	夯土墙，溯心廊；嵩阳院，予茶阁；天光竹影，山水清音；寻真之道，九曲黄河
	富贵花开洛阳园	长河觅迹，千叶融春；天津晓月，牡丹画屏；丹诗花韵，国色天香
湖北	楚韵流芳武汉园	牌坊望楼，楚亭渚宫；曲池水榭，芙蓉芰荷
湖南	东池胜境长沙园	水雾泉，小瀛洲；吹香亭，东池阁；清歌采莲，岸芷汀兰；繁花绮梦，柯叶吟风，瀛洲瑶台，登堂致知
广东	南粤花城广州园	岭南廊苑，别有洞天；云山广场，珠水涟漪；奋发向上，智慧之厅
	时代新潮深圳园	呼吸步道，呼吸平台；呼吸水镜，呼吸涟漪；呼吸构架，呼吸肌理
广西	闻声寻桂南宁园	同心楼，望乡亭；天籁池，贝侬桥；听蛙鸣，盼鹭归；骆越兴，敢壮山，铜鼓之路，金鼓迎宾
海南	扁舟共济海口园	骑楼印象，黎苗图腾，雷琼火岩，椰风海韵
重庆	巴渝风情重庆园	江行千里，坐石临流；秀湖滴翠，沁芳坡田；院坝茶叙，渝崖山廊；江滩潭瀑塘溪涧，梯坎台壁廊楼院
四川	千古情话成都园	佳音泉，文君坊；凤凰池，抚琴台；绿绮亭，合音廊
	醉美酒城泸州园	龙泉井，凤凰山；麒麟玖，品酒轩；金樽堡，回香廊
贵州	史诗苗绣贵州园	木屋半山立，梯田满坡叠；云巅流涧，石壁奏泉；挑台谷仓，苗侗木楼
云南	云上秘境昆明园	滇南泽，怡水台；纳罗虫，红嘴鸥；祥云献瑞，洞天花园；裁云剪水，月貌云容
西藏	雪域林卡西藏园	冰川绝壁，玛尼石堆；格桑花海，阿嘎碉房；望断层梯瑞石，思连绝顶云天
陕西	三秦颂歌陕西园	鼓舞安塞，水漾三秦；红色记忆，宝塔指引；全运盛典，时代新辉
甘肃	如意甘肃兰州园	莫高月牙，大梦敦煌；马窑汩锦，交响丝路
青海	河湟雅苑西宁园	彩陶盆，湟源灯；庄廊院，宁阅亭；雪山雪豹，沙草羚羊
宁夏	塞上江南银川园	贺兰岩刻，六盘红星；黄河湿地，朔方观景；连亭酒庄，河西[1]风情
新疆	长风万里新疆园	雄关漫道，大漠绿洲；丝路古语，万里同风；台地净水，维风民居；雪山在望，登峰品莲
香港	东方之珠香港园	洋紫荆，泉石珠；雷生春，唐牌楼；维港剪影，旧街招牌
澳门	逸兴闲情澳门园	龙环葡韵，金莲荷香；三巴圣迹，踏莲挽风
台湾	卑南风情台湾园	兰花谷，红桧林；阿里樱花，玉山枫林；少年会馆[2]，日月映潭

[1] 元·马祖常《河西歌效长吉体》："贺兰山下河西地"。
[2] 卑南人特色"猴祭"场所。

第十三届中国（徐州）国际园林博览会国际展园一览表　　表 2.3.2-2

国别	参展城市	展园主题	展园特色与主要景点
俄罗斯	梁赞（Ryazan）	天鹅舞曲梁赞园	洋葱头，眼蘑菇，铁艺钟楼，伏特加屋
德国	埃尔福特 & 克雷费尔德（Erfurt & Krefeld）	速度激情埃尔克雷园	酒瓶墙，啤酒屋，梭子小品，波茨拉巨匠
芬兰	拉彭兰塔（Lapeenranta）	湖沼之国拉彭兰塔园	篝火地，桑拿室，花镜池塘
法国	圣埃蒂安（Saint-Etienne）	共享花园圣埃蒂安园	花园玻吧，泉林水盘，几何花田，动物庇所
奥地利	莱欧本（Leoben）	爱乐之旅莱欧本园	五线谱，全音符，蘑菇塔，水幕墙，音符广场，音乐小品，琴键旋梯
阿根廷	萨尔塔（Salta）	朝圣旅程萨尔塔园	生命花房，水母含秋
韩国	井邑（Jeongeup）	木槿花开井邑园	披香亭，陂塘莲，九节草，韩风亭
日本	半田（Hanada）	童话王国半田园	狐狸像，狐形屋，镜池樱树，灵石花镜
美国	摩根敦（Morgantown）	阳光花园摩根敦园	火山坑，峭壁岩，瀑布小溪，壁画广场，疏林草地
上合组织友好园		红橙蓝白上合园	上合门，上合游；同心纽带，八音克谐[①]；家园意向，国旗指引

第十三届中国（徐州）国际园林博览会公共展园一览表　　表 2.3.2-3

展园名	展园主题	特色与主要景点
清趣园	彭城水驿清趣园	洗心泉，石敢当；清风明月，石鱼知深；共济团金，澄塘天鉴；云牖松扉，花语禅心，拥翠客舍
徐州园	徐风汉韵徐州园	运女河，盼亭；台地城苑，徐王粮鼎，沛泽以甘，仙矶瑞鸟，悬水厅榭，楚王蟠豹；洞溪跌水，花船纤夫，松泉佳处，刻石穿云
创意园	古材新姿创意园	竹枝迷宫，箸笠将风，林园竹月，漏刻字屋，方圆园舍
企业园	未来科技企业园	叠重阁，悬浮立方；积木馆
徐风礼泉	徐风礼泉迎宾园	南风台，古乐泉，翠笠廊，绿植雕；绿色车场，咖啡茶厅，今古驿站
望山依泓	和谐共生望山依泓园	山之峰，水之澜，林之坪，田之叠，湖之花，草之沟；六博赛戏，牧牛耕图，九州彭城，溯石归宁
水韵汉风	车马出行水韵汉风园	湖滨马道，汉驿轩车，凌烟观湖
诗画运河	千秋风情诗画运河园	柳影烟堤，山月河风，唐泗长镕，杏林花溪；明清画院，宋韵商肆
儿童中心	嬉戏洞儿童乐园	树屋木乐，森林野趣，迷径栈道，沼池沙埕
岩秀园	嶙岩生秀岩秀园	香草花园，洞天拥翠，崖壁舞台，山石叠影，漂浮水镜，溪水流泉

① 语出《尚书·尧典》，原意"八种乐器奏出的乐音达到和谐"。引指友好互信、共同发展的上海精神。

3 具象——历史与现代融合

梁思成说："建筑是历史的载体，建筑文化是历史文化的重要组成部分，它寄托着人类对自身历史的追忆和感情。"园博园的规划设计，无论是园林还是建筑，都充分将徐州的历史文化与时代需求融合，使两者相得益彰，建筑设计根植于徐州两汉文化，从汉画像建筑中提取建筑语汇，采用当代设计手法和建筑材料重新诠释，展示徐州之厚重大气、质朴拙美的神韵，在园林景观系统的基础上依山就势自然布置，形成"一门一阁，一街两馆，一魔尺五篷庐"的主体建筑系统，全园整个建筑布局大分散、小聚合，在空间上边界自由、若即若离、错落有致、奔趋向"阁"，在形体上同源差异、整体协调又各具特色，展示出自然朴质、大气平正、简约古拙的徐风汉韵审美。

"一门一阁"即全园"第一印象"主出入口门区和全园景观制高点吕梁阁。主出入口门区以彭祖在彭城定音律、调律吕、教雅乐、礼乐兴邦为创作之源，以礼乐文化为魂进行现代转译，结合汉画像石《迎宾宴饮图》，打造入口迎宾氛围。结合古乐的篇章结构，以地形、喷泉等节奏变换打造"散起""入调""入慢""复起""尾声"五进庭院，各进分放钟、鼓、琴、瑟、磬五种中国传统乐器，以绿雕的形式体现，在保证入口交通集散的基础上，统一中出变化，打造有序而又丰富的入口景观轴线。尽端作南风台，台上设主出入大门（游客服务中心），汉风新韵，过而入园（图 2.3.3-1）。吕梁阁，位于园中孤峰的峰顶，高 54.37m，形成园博园的景观焦点（图 2.3.3-2）。

图 2.3.3-1 主入口广场效果图

"一街两馆"即运河水街"徐州街"和综合馆"奕山馆"、国际馆"一云落雨"。运河水街为"明清诗赋（画院）""宋韵商肆""隋唐遗韵"3组建筑群，整体展现运河沿线地区各具特色又相互联动的运河文化主题（图 2.3.3-3）。"奕山馆"位于"环山"之坳，强调与周边自然山形的呼应关系，以"层台琼阁"的结构形式既体现大汉之气象，又呼应地形，以建筑重构场地，以山势烘托建筑，通过建筑形体的组织，建筑与场地相互依存，互为背景，达到望山、补山、融山、藏山的效果。"一云落雨"由3个腾空于地面的屋顶呈正四棱锥形、基座呈倒四棱锥形的展馆建筑组成，整座建筑犹如芭蕾舞者立自然园林的景观之上，诠释理性主义与浪漫主义的对立与统一（图 2.3.3-4）。

图 2.3.3-2　吕梁阁效果图

图 2.3.3-3　运河水街效果图

图 2.3.3-4　两馆效果图

图 2.3.3-5　儿童友好中心"超级魔尺"效果图

　　"一魔尺五篷庐"即儿童友好中心"超级魔尺"（图 2.3.3-5）和创意园"竹技""箸笠""林园""园舍""字屋"5 个以现代建筑手法演绎传统文化的特型构筑物，现代的建筑工艺呼应"体验自然中关注自然"的理念（图 2.3.3-6）。

　　此外，园博园公共园区的座椅、路灯、标识牌以及垃圾桶等公共园林小品和家具系统设计，以汉画像、瑞兽雕塑、汉俑、礼器等汉代的艺术造型为创作源泉，设计张弛有度，艺术表现形式大气，呈现出开张恣肆、雄浑博大的审美取向，综合运用新技术、新材料、新艺术手段，创造出"整体大气恢宏、细部婉约雅致"雅俗共赏的新型园博小品，更精细地反映了本园博园公共小品的艺术美及其文化精神。其中，路灯主要以流畅的曲线造型为主，其造型就像是汉俑中乐舞俑舞动的衣袖，外形刚柔并济、轻盈飘逸，有一种翩翩起舞的动态之美（图 2.3.3-7）。标识牌采用简单的长方形造型倒圆角的设计，在色彩上采用了厚重的棕色渐变来表现徐州厚重的历史气息，并选取吕梁阁的形象作为标志牌上统一的背景图案，强化了园博会的视觉形象（图 2.3.3-8）。座椅设计则是在椅面下方的侧立面局部选取了徐州的地标性元素，汉画像石中的窃曲纹作为局部点缀，展示城市独特的文化符号（图 2.3.3-9）。分类垃圾桶则是以传统园林中冰裂纹为元素，用大理石拼贴形式作为垃圾桶背景板，这种文化元素是反映城市活力、弘扬传统文化的有效载体，对塑造本届园博会的形象具有提炼园博精神、彰显园博文化的突出作用（图 2.3.3-10）。

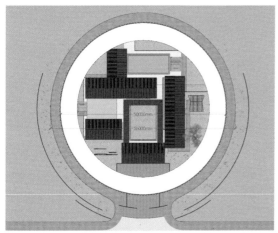

图 2.3.3-6　五篷庐效果图

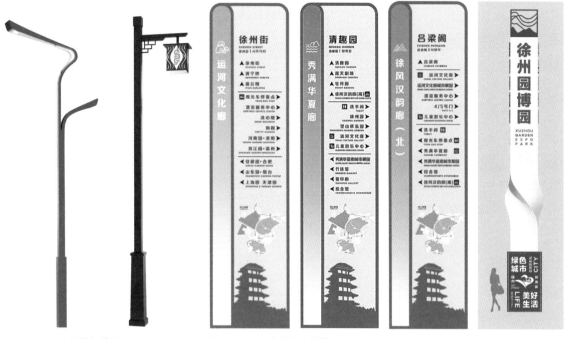

图 2.3.3-7　公共路灯效果图　　　　　　　图 2.3.3-8　公共标识牌效果图

图 2.3.3-9　公共座椅效果图

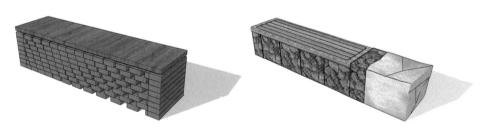

图 2.3.3-10　分类垃圾桶效果图

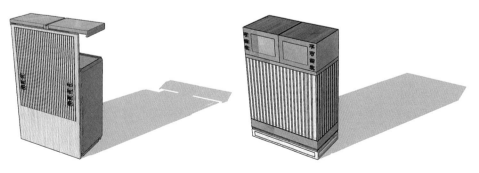

第3章 鸿图华构：院士大师展风流

园博园按照传世之作的标准，荣幸地邀请到中国工程院院士孟兆祯、张锦秋、崔愷、孟建民、王建国、程泰宁和全国工程勘察设计大师何昉、韩冬青，上海领军人才张浪，江苏省设计大师贺风春等多位行业翘楚共同谋划，为园博园带来了一场园林艺术的盛宴。

第1节 专园规划设计

1 清趣园

清趣园位于秀满华夏廊，由孟兆祯院士主持创作（图3.1.1-1）。

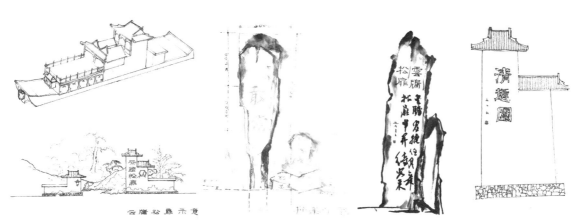

图3.1.1-1 孟兆祯院士清趣园创意手稿

1.1 相地布局

清趣园面积3.47hm²，呈L形，地势低洼，东南高，西北低，最大高差7m多，南北及东侧三山相抱，西望泓水，主山掩映、景藏于深，地形横长竖短、西阔东狭，场地设计因地制宜，在西、北、南三侧形成坡地，东侧打开，借南、北、东三侧山地景色于园内，并形成高低层次的大空间格局；中部洼地梳理成大池"澄塘天鉴"，横陈竖张，欲放先收，极尽漂远之能事，实践《园冶》郊野地园林"谅地势之崎岖，得基局之大小：围知版筑，构拟习池"之教诲。西端敞处向北出水湾，挖土筑"团金拥翠"之岗。地脉自北向东，西递降筑土山，自成低岗大壑，在空山空壑之南背山面水（图3.1.1-2）。透阴抱阳处起"彭城水驿"，东西出廊，东廊爬山连"团金亭"，西廊转折连"拥翠客舍"。岸壁一双吉祥护水兽，岸上东安"清风"西建"明月"2亭。水面上特置山石，高9m，肩宽3m，厚约3m，上宽下窄，收束至1m，独立傲然于塘中。峰下有镌"修鳞"之小品"石鱼知深"，传统水位尺之发挥也。

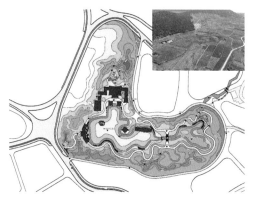
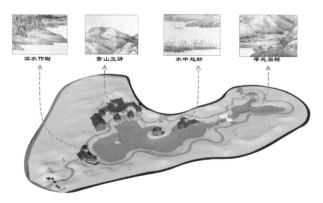

图 3.1.1-2 清趣园山水梳理图　　　　　　　　　　图 3.1.1-3 "巧于因借、景以境出"解析图

岸上"睦亭"挽子并肩，水泽后山背壑中设"洗心泉"。西南主入口有松墙横云石组合的"云牖松扉"，迎客姿态造型松放置于"云牖松扉"景石之侧，与景石呈环抱之态；另外点植两三棵造型各异的黑松，形成"松为门"的意境。门后转至塘西岸"花语禅心"榭，塘心设"共济花舫"。"彭城水驿"北部别有洞天，三山环抱，主山正对水驿，强化场地整体轴线关系，增加景象层次，欲露先藏，深远不尽，设有逍遥坡、洗心泉、清谈区、樱花谷等，幽静清趣（图 3.1.1-3）。

1.2 建筑艺术

清趣园建筑与布局取明清官署园林之意韵，靠山立驿，滨水作榭，水中起舫。整个建筑群十分注意对建筑立面起着首要作用的屋顶装饰，或重檐，或歇山，或悬山，或攒尖，或十字脊等多种屋顶形式的变化，配以多种油漆彩绘以及屋脊走兽装饰。远远伸出的屋檐、富有弹性的屋檐曲线、由举架构成的稍有反曲的屋面、微微起翘的翼角（仰视屋角，角椽开展如同鸟翅，故称"翼角"），使建筑物产生独特而强烈的视觉效果以及艺术感染力。灰色筒瓦屋面，枣红色外墙、柱以及富丽堂皇的屋架外饰，使建筑主体更加华丽大气。

主建筑"彭城水驿"透阴抱阳，面阔三间，三进深，上下两层，南侧为伸入水湾带有栏杆的临水平台。歇山落翼式重檐屋顶，下层出透空式山花向前的歇山抱厦，抱厦位于中轴线上，"凸"字形的平面，使主建筑显得更有气势，同时也利用了檐下空间。正脊与垂脊形成的三角山花部分，朱红色的油漆装饰，为灰色的屋面增添了一份明快。抱厦及相邻两侧三面建有走廊，通高至檐口的抱柱，四面出厦。一层墙面四周设有槅扇棂窗，走廊及建筑装饰有斗栱。二层腰檐四周设活泼的斜方格网纹花棂窗，以利采光通风。檐下斗栱硕壮昂角突兀交替勾连。屋面覆灰色筒瓦，飞甍檐翼翘脚，正脊大吻雄健，套兽、走兽精巧齐整。水驿正前左右方的"清风""明月"2亭，重檐四角攒尖顶，斗栱高耸，檐角翠飞，通高 7.9m，面阔 5.8m。东西出廊均衡而不对称，东廊爬山 1 折连十字脊重檐歇山方亭 1 座；西廊 3 折连"客舍"1 栋，面阔三间，三进深，上下两层，大屋脊悬山屋顶。驿一廊一亭一舍在规整中求得曲折变化，体现古典园林建筑布局的精髓。塘中心逆水入荫泊以船舫；西南滨水作榭，由此地向东眺景，水景深远，借景园外群山环绕，吕梁阁高耸山顶，景色层次丰富，湖光山色尽收眼底。园内建筑皆因水而筑，各建筑间的联系、过渡、转换自然协调，空间序列铺陈展开丰富，并纳园外层峦叠嶂的群山入园，拓展了有限空间，以小见大，营造出"虚实相生，无画处皆成妙境"的自然山水画意境。

1.3　植物运用

园内 2%~5% 自然起伏地形，岗上竹柏混植，岗下庭荫花木有桂花、梅花加宿根花卉，70% 土地皆种植。受阳水岸，浅水仅 10cm 余，种植季节交替以夏秋为主的花丛、花境、水生挺水植物。坡地松石竹柏青翠，缓坡林木葱郁，灌木花草植于林前；庭荫花木桂花、梅花等众香清送；水岸柳丝轻抚，浅水处白茅清风、点缀水生花境；小径选择枝叶扶疏、色香清雅的花木，曲径通幽、暗香浮动。植物造景呈现百花迎春、绿荫护夏、红叶映秋、霜雪傲冬之景。道路主路 3m，三叉交汇路口放大，实践"道莫便于捷而妙于迂"处之可觅诗，悦目更赏心（图 3.1.1-4）。

图 3.1.1-4 清趣园植物景观特写组图

1.4 题名文化

清趣园的题名升华了创作情感，为游人点出景观的美学特点，使物景获得"象外之境、境外之景、弦外之音""使游者入其地，览景而生情文"获得灵魂和生气，人们得以"涵泳乎其中，神游于境外"，获得绵绵无穷的深永意蕴。主体建筑名"彭城水驿"，不乏"天下大同"的文化意境。正前东西 2 亭名"清风""明月"，配挑檐和额枋上遍饰象征吉祥的天宫赐福、万事如意、蝙蝠双至、犀牛望月、凤凰展翅等图案，寓"山川异域，风月同天"，共享清风明月之秀雅。左右曲廊所接舍、亭分别名"拥翠客舍""团金亭"寓"门不停宾，和气吉祥，宝聚财丰"之意。塘中船舫名"共济花舫"，共济迁想同心，舫内香茗清鱼，画窗外秀色堪餐；塘边水榭名"花语禅心"，与"日晴解花语，夜静修禅心"，两者遥相呼应。"彭城水驿"前设一泉，名"洗心泉"。中部大塘名"澄塘天鉴"澄寓和平玉宇澄清万里；塘东汉白玉石拱桥名"永济"，《楚辞·屈原·涉江》有："旦余济乎江湘"，"永济"意长久地帮助人们渡过水流；尽头水景名"一瓢水"寓"弱水三千，只取一瓢饮"；塘西部水中特置山石正立面竖刻"敢当"，西汉·史游《急就章》有："师猛虎，石敢当，所不侵，龙未央。"自汉代肇始以来，历经数千年发展，形成了"石敢当，镇百鬼，厌灾殃，官吏福，百姓康，风教盛，礼乐张"的"平安文化"，反映了人们渴求平安祥和的心理认知，体现了"为民谋福"的担当精神；背立面竖刻"清风满乾坤"；巨石配以黑松、箬竹，"刚健有为，自强不息"的品格与气势油然而生。

2 儿童友好中心

儿童友好中心取意"儿童少年与自然友好"，位于园博园西北，由崔愷院士主持创作（图 3.1.2-1）。

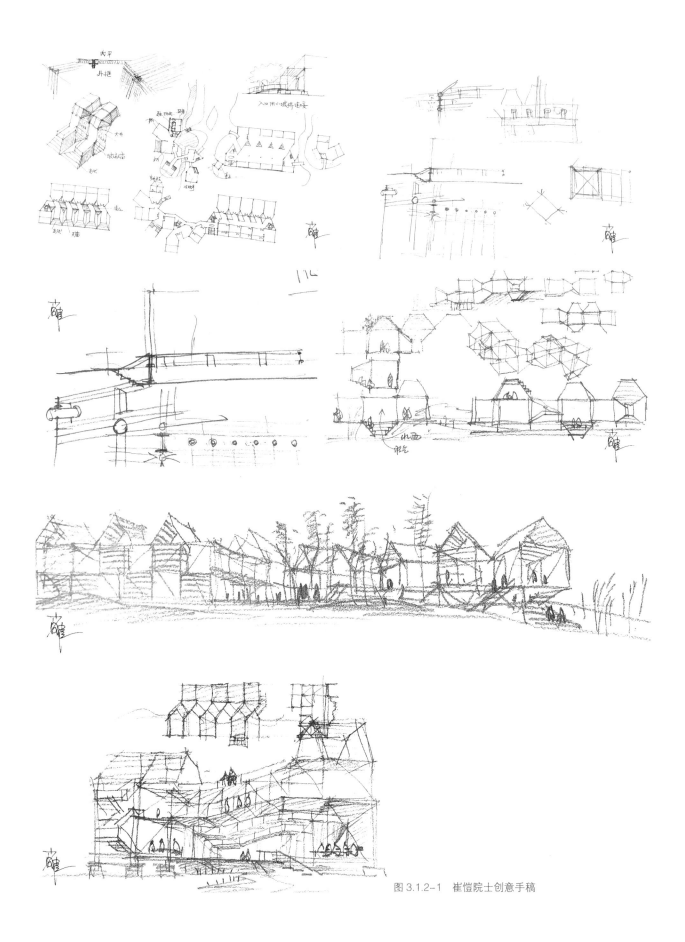

图 3.1.2-1　崔愷院士创意手稿

2.1　相地布局

儿童友好中心北为"习亲门"[①]，南临悬水湖，西部有一个自然泄洪沟，为北高南低的平缓坡地。设计充分尊重和利用现有的景观、地貌、水域，实现与自然景观高度融合，关注自然界层面，强调儿童体验自然环境的不同变化。依照不同年龄组儿童少年的行为特征与认知能力，划分为 5 个功能区（图 3.1.2-2）。因场地现状比较平整，缺乏趣味性与空间感，通过竖向设计，在北侧及东侧形成山体，使场地与周边道路形成一定的隔离。在不同分区之间，利用地形起伏，形成一定的阻隔，使每个分区更加独立。在自然花园、运动花园等分区内部及入口绿岛、建筑场地上营造微地形，丰富场地中的体验感，同时使建筑及设施与环境更为融合。结合竖向设计，使建筑西侧形成溪流、跌水、水池等一系列的水景。通过不同的自然元素来表现大自然进程在不同时期呈现出的景观风貌，创造一个展现自然美、生态美，充满亲和力、想象力、创造力、吸引力的儿童友好空间，让儿童们在自然中游戏与探索，引导儿童亲近自然、耕耘自我，增强儿童对环境和场所的情感依恋，寓教化于自然之中，使其获得德智体美劳的全面提高（图 3.1.2-2）。

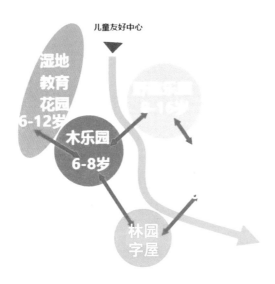 

图 3.1.2-2　儿童友好中心功能分区规划图

2.2　乐园创意

2.2.1　木乐园

木乐园以木材为主要材料，设置编织的木廊道、高低错落的木桩、编艺泡泡、蹦床等游乐设施，为儿童游客提供一个新的互动空间。纯实木的材质，环保、健康、天然，能更好地体现自然，突出体验自然的设计理念，关注自然界层面，强调儿童体验自然环境的不同变化（图 3.1.2-3）。

---

① 　"习亲"意为亲近，以自然为"亲"，表示儿童亲近自然之处。《韩非子·难言》："上古有汤，至圣也；伊尹，至智也。夫至智说至圣，然且七十说而不受，身执鼎俎为庖宰，昵近习亲，而汤乃仅知其贤而用之。"

图 3.1.2-3　木乐园

2.2.2　野趣乐园

　　野趣乐园是孩子们模仿大
自然动物滑翔、跳跃的地方。
让年龄介于 5 ～ 12 岁的儿童能
够在这些游乐园林中探索自然
生态，边玩耍边学习。像青蛙
一样跃过草丛，像蛇一样从树
上滑下，像猴子一样爬上藤蔓，
像松鼠一样在枝头寻找平衡，
像水獭一样挖洞，像螃蟹一样
在洞穴里暗中观察。材料选择
上除了承重的钢结构，乐园大

图 3.1.2-4　野趣乐园

部分的取材都是更为自然的石块和木材。它们有的摆放成溪涧落石和枯木的样子，仿佛是水獭在其间
工作；有的垒成鸟窝的形状，仿佛是幼鸟在等待归巢的父母（图 3.1.2-4）。

图 3.1.2-5　沙丘乐园

2.2.3　荒野草甸及沙丘乐园

　　荒野草甸种植成片的红毛草和狼尾草，打造了一个适合昆虫筑巢和捕食的环境。小朋友可以在这个空间里暗中观察这些吵闹的昆虫。沙丘乐园模仿自然沙丘形状，沙丘属固定和半固定状，沙粒以细沙为主，儿童可以在其中玩沙、奔跑嬉戏（图 3.1.2-5）。

2.2.4　湿地教育花园

　　湿地教育花园设计有亲水栈道及平台、景观步道及戏水浅水区域。溪流戏水区主要包含建筑北侧引水溪流、建筑中庭水景、建筑南部儿童戏水池与建筑西侧景观跌水四个部分，是一个完整的水景观。溪流、跌水、静水、浅水，一系列不同的水景观为儿童带来多样体验（图 3.1.2-6）。

图 3.1.2-6　湿地教育花园

2.2.5 游乐器材

场地中设计有树屋、滑梯、木桥、蹦床、农田取水器、农田木屋、观景塔、运动泵道等游戏设施。同时，场地中心设计有休息廊架、休息座椅、垃圾桶等服务设施。场地上的休息设施以整石、成品座椅相结合，部分区域采用玻璃钢定制的座椅，增加趣味性。游戏与服务设施以木结构或钢木结构为主，材料以木板或竹板为主与自然氛围相融合。成品游戏设施、服务设施选购木质为主、色彩柔和的设施设备（图 3.1.2-7）。

图 3.1.2-7　儿童游乐器材

2.3　建筑创意

入口大门"习亲门"设计为景观式的覆土建筑与植物绿岛，从隧道中穿过，可感受强烈的自然氛围，削弱入口场地硬质感。

儿童友好中心主建筑"魔尺馆"（图 3.1.2-8）以营造轻盈、通透的建筑空间为设计理念，选用绿色环保的钢结构材料，采取生态化、智能化的建造策略，充分尊重和利用现有的景观、地貌、水域，实现与自然景观高度融合，旨在为儿童营造亲切、开放、具有灵活性和多样性的教育空间和丰富、自然的户外游戏乐园，整个建筑采用"魔尺"意味的单元拼装形意结合，巧妙地表达了亲子场所的特殊功能性。以预制钢结构为基础材料，以五边形球体为基础造型任意拼装，体现了建筑空间、形象与结构形成逻辑性的整体，通过模块自由组合成教室、阅读室、游戏区、交流区、工坊、花园等主题空间，让孩子自由欢腾，快乐成长。外立面采用白色穿孔铝板，看上去轻盈、大气。玻璃幕墙分割大部分按照大小不等的三角形来实现。墙板由水泥纤维板、铝皮、装饰铝板三层组成，在施工便捷、整洁美观的同时，兼具保温隔热、防水阻燃、隔声降噪、绿色环保的特性。

图 3.1.2-8　"魔尺馆"

2.4　植物景观

儿童友好中心植物配置突出趣味性和科普性，让孩子们在游玩中学习，让其了解更多的自然和植物知识。根据植物的奇趣特性，分别进行科普展示，打造多样的植物科普体验（图 3.1.2-9）。

图 3.1.2-9　儿童友好中心植物景观组图

木乐园：按植物生长历程展示不同的景观形态，演绎植物生命之美。植物选择：幼苗——小苗——中苗——大苗，榆树桩景＋无刺枸骨＋造型小叶女贞＋小型黑松（小），植物化石＋树饼汀步等。

野趣乐园：球形植物与野花、野草组合。上层：红叶石楠、金叶女贞球、碧桃、白蜡、五角枫、鸡爪槭、丛生紫薇等，下层：四季海棠＋美女樱＋鼠尾草等。

荒野乐园：运用老枯树和观赏草结合沙丘营造荒野景观。上层：朴树＋乌桕（老枯树）等，下层：小兔子狼尾草＋细叶芒等。

湿地教育花园：运用蜜源引蝶、吸引昆虫的植物。上层：垂柳＋桃花＋垂丝海棠等，下层：黄金菊＋麦冬＋鸢尾＋千屈菜等。

其他区域：色彩鲜艳的开花乔灌木、色叶植物搭配开花地被。上层：美国白蜡＋五角枫＋乌桕等，下层：火焰南天竹＋美人蕉＋欧月＋马蔺＋绣球花＋姬小菊等。

3　创意园

创意园由孟建民院士主持创作，包括竹技、篛笠、林园、字屋、园舍①5个单体园散布于全园，成为重要的公共园林景观节点。

3.1　竹技园

中国是世界上研究和利用竹子最早的国家，在1954年西安半坡村发掘的距今6000年左右的仰韶文化遗址中，出土的陶器上可辨认出"竹"字符号。到商代，人们已知道用竹子制作竹简，即把字写在竹片（有时用木片）上，用绳子串在一起成为"书"，汉字"册"即由此而来。竹枝杆挺拔、修长，四季青翠，傲雪凌霜，倍受中国人喜爱，编成于春秋时期的中国第一部诗歌总集《诗经》中，就有大量"竹诗"，直接提及的有5首7次，间接提及的有几十首之多。如《诗·卫风淇奥》曰："瞻彼淇奥，绿竹猗猗。"此后各朝各种典籍中都有竹的诗画记载，为梅兰竹菊"四君子"、梅松竹"岁寒三友"之一，苏轼《于潜僧绿筠轩》中说："宁可食无肉，不可居无竹。无肉令人瘦，无竹令人俗。"竹在中国传统文化发展和精神文化形成中占有重要的地位。

如何传承中国传统竹文化精髓，使其在现代建筑、空间、景观一体化设计中延续与演绎？竹材是绿色环保高产的可再生材料，是外观、功能及结构属性统一的建材，如何使竹材适合于模块化生产和装配式施工？基于以上两点思考，竹技园提出了营造竹与建筑、空间、景观的对话，探讨竹材在装配式绿色建筑中应用的设计目标。为表达对竹空间的意境，设计融合"竹海""竹境""竹筑"三级竹体验空间，塑造不同的空间层次和意境，诠释竹建筑与自然竹景观的相融（图3.1.3-1）。

景观空间提取"海、水、岛"线条元素，通过曲直结合的整体园路铺地分割形式，表达曲径通幽之意。软化建筑带来的刚硬氛围，融合竹技园景观与园博园景观，开放入口动线，丰富园内流线组织（图3.1.3-2）。

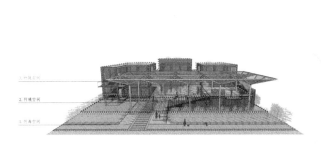

图3.1.3-1　竹技园创意图

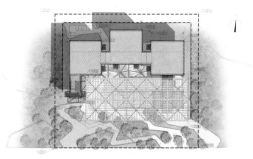

图3.1.3-2　竹技园景观空间布局

① 原设计名"园中房，房中园"。"舍"《说文解字》："市居曰舍。从亼中，象屋也。口象筑也。"古人也指接待来访者的地方。"园舍"语出《魏书·列传·卷七十二》："景裕止于园舍，情均郊野"。《宋书·沉庆之传》："又有园舍在娄湖，庆之一夜携子孙徙居之，以宅还官。"更名"园舍"符合"园中有房，房中有园"的设计本意，与其他5个创意园命名形式相一致。

建筑内营造不同的空间层次，策划竹园 、竹厅、竹馆三个主题，体现竹材料与建筑空间的对话，体验与竹有关的文化活动空间（图3.1.3-3）。

竹海——入口与竹建筑四周的竹景观：在场地入口营造竹林掩映的开放场所体验，在竹景观环绕中开始观展历程。

竹境——竹雨棚：在竹建筑的最外侧界面，设置一个长40m、宽16m、架空11m高的竹雨棚灰空间。竹伞遮蔽下、竹林环绕中的雨棚、看台及架空平台空间，共同形成了一个供人们"在竹论竹"的论坛场所空间。

竹筑——主体功能建筑：地上2层共设置6个文化活动空间，形成3个方形建筑模块，呈品字形排布。三个文化活动模块之间以架空连廊连接，满足所有展厅之间的通行联系（图3.1.3-4）。

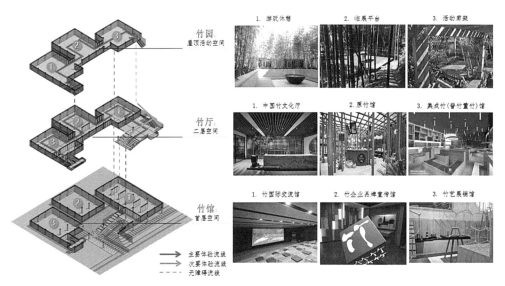

图 3.1.3-3　竹技园内部空间设计

图 3.1.3-4　竹技园鸟瞰图

3.2 林园

林园作为园博园竹文化系列的一个节点，一处特色景观休憩、户外活动场所，秉承"自然现、空间隐，景观强、建筑弱"和取材于自然、回归于生态的设计理念，以一圆形竹环为中心，下方半弧形的竹墙发散错落环绕布局，形成更多空间组合的可能性和趣味转折，在有限的场地下创造出更多活动和休憩的空间。其间种以竹丛，营造出高低错落、曲径通幽的体验感受（图3.1.3-5）。纯自然的竹材料与竹生境，让人们彻底回归于生态，与自然有机融合（图3.1.3-6）。竹环、竹墙利用传统技术结合现代设计理念，采取模数化设计、模块化拼装，建造便捷。

图 3.1.3-5　林园

图 3.1.3-6　林园特写

3.3 箬笠园

箬笠本意指用箬竹叶及篾编成的宽边帽，即用竹篾、箬叶编织的斗笠。唐·张志和《渔歌子》有："西塞山前白鹭飞，桃花流水鳜鱼肥。青箬笠，绿蓑衣，斜风细雨不须归。"宋·苏轼袭之作《浣溪沙·渔父》一首："西塞山边白鹭飞，散花洲外片帆微。桃花流水鳜鱼肥。自庇一身青箬笠，相随到处绿蓑衣。斜风细雨不须归。"两作都写渔父，一派隐逸情怀，读来别有意味。

箬笠园以"箬笠"为创意源泉，采用钢结构编织箬笠肌理，营造"青箬笠，绿蓑衣，斜风细雨不须归"的田园意境（图 3.1.3-7），从另一个角度诠释竹文化精神，与竹技园、林园共同构成从"阳春白雪"到"下里巴人"的雅俗共赏"竹园林"艺术，承担舞蹈基地、户外运动、环保宣传、游园休憩功能（图 3.1.3-8）。

图 3.1.3-7　箬笠园创意稿

图 3.1.3-8　箬笠园

3.4　字屋

汉字是汉语的记录符号，世界上最古老的文字之一，人类上古时期各大文字体系中唯一传承者，"象形、会意、形声、指事、转注、假借"的造字方法，让汉字具有优美的形态、很高的辨识度、极强的关联性、易懂等独特优点，展现了中国文字的独特魅力。秦代的《仓颉》《博学》《爰历》三篇共收 3300 字，西汉末扬雄《训纂篇》收 5340 字，东汉许慎《说文解字》收 9353 字。唐代封演《闻见记·文字篇》记晋吕忱作的《字林》收 12824 字，南梁顾野王撰修《大广益会玉篇》收 22726 字。宋代司马光《类篇》收 31319 字，官修《集韵》收 53525 字。进入近代，1915 年欧阳博存等编著的《中华大字典》收 48000 多字。中华人民共和国成立后，1971 年张其昀主编《中文大辞典》收 49888 字，2018 年蓝德康和松冈荣志主编的《汉字海》正文收列字头单字 102434 个、附录收列字头单字 11112 个，是截至 2020 年世界上收录汉字最多的工具书。在汉字计算机编码标准中，最大的汉字编码是我国台湾地区 CNS11643（5.0 版），全库共 87047 个汉字、10771 个拼音文字及 894 个符号。GB18030 是大陆地区最新的内码字集，GBK 收录汉字简体、繁体 20912 个。中日韩统一表意文字基本字集 Unicode 收录汉字 20902 个，总数亦高达七万多字。

汉字虽然字数众多，但是据统计，从两千年前的《易经》《尚书》《公羊传》《论语》《孟子》等典籍，到今天人们的日常交流，所使用的汉字不过六千多而已，世界上没有一种文字像汉字那样历尽沧桑，青春永驻。字屋的创意源于"光与影""文字与建筑"，将积木、活字印刷术和书法等元素融合在一起，共筑一个富有文化情怀的景象，包括传统文化展示、书法展示、汉字教育、文化交流、文化讲堂等（图 3.1.3-9）。

图 3.1.3-9　字屋鸟瞰图

图 3.1.3-10 字屋文字

为演绎汉字的厚重历史，字屋采用条方组合的积木式造型，外墙双层 3mm 厚锈蚀钢板、龙骨在中间的结构，使建筑随着时间产生历史沉淀感。立面选取《千字文》《三字经》等儿童启蒙题材，汉隶体镂空字；展厅中间玻璃隔断墙采用艺术玻璃，选用颜真卿版本的《千字文》；二层悬浮的几个体块采用篆书（图 3.1.3-10）。

篆书是早期汉字的自然体现，是秦始皇实施书同文采用的字体。隶书把篆书汉字的线条笔画拆解成了点、提、横、竖、撇、捺、折、勾，并书写到顺手的位置上。隶书在东汉时期达到顶峰（汉隶），对后世书法有重大的影响。徐州是两汉文化的催生之地，也是南北文化的交融、集萃之地，选择汉隶为墙面字体，诠释文化内涵，分外贴切。

图 3.1.3-11 字屋夜景

立面镂空字的设计，建构了一个充满趣味的字屋空间，让建筑给人以个性、玲珑、剔透的光影体验。阳光下镂空的字在地面形成斑驳的影子，与墙面的字交相辉映。夜晚，通过内透天花灯光或内透立面灯光的整体渲染，点亮内部空间，使夜景呈现剪影的艺术效果，让夜景更有艺术性、趣味性。通过边界的虚实手法结合的强调和主体结构形式的协调，让夜景更舒适和谐、更具艺术性和景观性，达到了全时体现"光影与建筑艺术完美结合"的效果（图 3.1.3-11）。

3.5 园舍

中国传统园林是对景观与房屋两分关系的一种反思，注重自然与人工之间的关联。园舍的设计以此作为出发点，加以现代化的演绎，试图在两者之间建立一种"暧昧"的连接关系，以"园中有舍，舍中有园"相互交织的形态，让参观者在体验传统园林神韵的同时，促其反思现今自然与人工之间的关系（图3.1.3-12）。

图3.1.3-12　孟建民院士园舍创意手稿

不同于常规展览模式在室内看展品，设计将展品设置为室外的"园"。在"舍间"围绕着中心水园设置有不同主题的"园"，如山水画般依次展开，体现中国传统园林丰富的层次与多样的关系，"舍"尽可能轻盈，"舍"与"园"之间界面透明、视野交织；各庭院之间边界模糊，相互之间或渗透，或开放，或隔离。

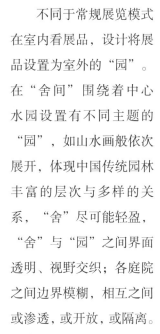
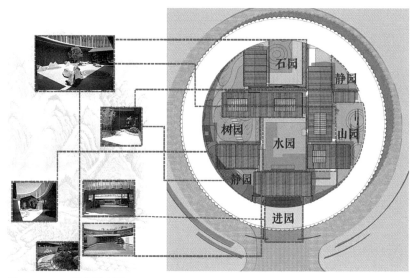

图3.1.3-13　园舍园中园

庭院与庭院之间、庭院与建筑之间皆可产生视线的交织。人们在开敞的"房"下看"园"内的展品，或景观直接延伸至"房"内，将室内空间室外化，在这一观览过程中，"房"与"园"的边界逐渐模糊、消解，推进了人们对山水自然的保护与再利用的认识（图3.1.3-13）。

园舍作为园区特色园林创意展场及参观环廊，具备近期展览与展后使用的双重功能，周圈观景长廊外立面材质选用白色夹胶钢化彩釉玻璃，玻璃幕墙按一定角度呈模数化转折，可360°观看园内园外的各景观建筑。园内各"舍"建筑单体均采用模数化造型，建筑界面皆采用半透性材料、木质格栅与白色彩釉玻璃幕墙，从而产生视线上的穿透，同时采用镂空砖墙围合形成半开敞庭院，种植竹林，成为"自然"与"人工"之间的过渡。建筑结构采用纤细的钢结构桁架体系，钢结构外包木材；屋面荷载由屋架依次传至空腹桁架和钢结构立柱中。创新的结构造型体系，营造出具有节奏感与韵律感的室内空间（图3.1.3-14），体现了中国传统园林的空间意境与人文精神。会展期可分观园、静思、游园三部分，用流线串联起一条可供游人学习思索到体验感悟园林意境的展览之路；会展后可按需用作展览，或休闲公园，也可提供休憩、茶饮的室内空间。

图 3.1.3-14 园舍

4 运河史话园（诗画运河园）

运河史话园为运河文化廊的核心公共园林，由何昉大师主持规划设计，周边分布运河沿线各省、市展园。

4.1 相地布局

运河史话园位于园区北部，南北及东侧三山相抱，西望泓水，景藏于深，一条自然形成的泄洪沟自东向西，海拔从78m逐步降至48m，曲折纵贯全园，自然状态下，有雨行洪，无雨干涸。运河史话园以运河江浙精华历史为蓝本，开凿和疏浚运河的时期作为时间背景轴，运河诗词描绘为依据，根据地形水系自西（下游）向东（上游）规划了下游段"诗赋运河"、中游段"锦肆运河"、上游段"山水运河"3段6区，整体营造具有南北特色的运河效果，打造大运河沿线地区各具特色又相互联动的运河文化主题园（图3.1.4-1）。

图3.1.4-1　运河史话园功能分区规划

4.1.1 下游段"诗赋运河"布局

下游段"诗赋运河"布局"桥影烟堤""生态邗沟"2个景区。"桥影烟堤"以入湖沟口主园路现状桥为主体，结合湿地滩涂种植柳树、中山杉，与沟、湖、桥、柳共构"桥压平堤波卷绿""烟封杉柳省树深"的画境，呼应宋·柳永《望海潮·东南形胜》中描绘杭州"烟柳画桥，风帘翠幕"的诗意空间。邗沟是大运河最早开凿的河段。春秋时期吴王夫差利用长江与淮河之间湖泊密布的自然条件，就地度量，局部开挖，把几个湖泊连接起来，从此长江与淮河贯通，因以古邗城为起点，故称"邗沟"。公元605年隋炀帝疏通扩大邗沟旧道，改称山阳渎，使之成为隋唐大运河的一部分后，历宋元明清于今。生态邗沟保留原有石溪、石棚亭，重构成生态溪流、石蓬沟等景点，通过曲径通幽的园路和趣味多变的景观标志，植物配置上以开放式百花花境的形式，展示具有诗情画意的运河景观（图3.1.4-2）。

图 3.1.4-2 "遗贝藏河"

4.1.2 中游段"锦肆运河"布局

中游"锦肆运河"布局"明清诗赋""宋韵商肆""隋唐遗韵"3个景区。"明清诗赋"以茶座、游憩为主要的功能，设运河广场、诗赋舫、大台阶、游船码头、观景亭、游憩步道、亲水步道，建筑以亭台楼榭围合形成舒适惬意的空间，配以诗赋匾额等人文意趣点缀，以现代的手法重现明清诗情画意的文人生活。"宋韵商肆"以旧时运河边有衙署、店铺、银号、戏台、酒肆、民宅、粮仓等为创作源泉，再造25"肆"，设运河廊道、戏楼、观水台、运河博物馆、游船码头。以水上戏台为区域核心，结合水观台、双层运河游览系统，体现运河的商业市肆场景和民间文化，展现宋代打破坊墙，建立街巷布局肌理，交易繁盛场景，提供饮料、小吃、酒水等餐饮服务。"隋唐遗韵"立唐风高阁点睛，展现隋唐繁华绚烂的盛世图卷（图3.1.4-3）。

图 3.1.4-3　"锦肆运河"

4.1.3 上游段"山水运河"布局

上游"山水运河"利用原场地的现状特征，结合一些典故以及诗词作为设计的依据，布局"高山流水""花溪杏林"2个景区及唐泗长堤、紫韵杏林、夹岸紫薇、杏花沟等特色景点。古泗水流经吕梁时，水流湍急，形成著名的吕梁洪，吸引了众多文人骚客，孔子亦曾在此观瀑，留下"逝者如斯夫，不舍昼夜"的千古一叹。设计通过丰富的高差、独特的沟壑和植物造景，结合跌水、栈道、平台、码头等，打造具有自然郊野之美的运河景色，暗合早期运河特点。

4.2　建筑艺术

运河史话园建筑采用仿唐、仿宋和仿明清的风格，以体现千年运河的历史传承。传统的唐代建筑气魄宏伟、严整开朗，建筑结构实现了艺术加工与结构造型的统一，斗栱硕大，与柱、梁等建筑构件体现了力与美的完美结合；屋顶舒展平远，屋檐高挑，鸱吻简单而粗犷；建筑装饰简单，色调简洁，门窗朴实无华，整体给人庄重、大方的感观（图3.1.4-4）。宋代建筑的尺度缩小，少了唐代建筑的雄伟和大气，建筑结构和建筑装饰却有很高的发展，木架结构出现了古典的模数制；采用了减柱法和移柱法，梁柱上的斗栱铺作层数增多，更出现了不规整形的梁柱铺排形式，跳出了唐朝梁柱铺排的工整模式；建筑组合上加强了进深方向的空间层次，以衬托出主体建筑，而且注意前导空间的处理和建筑与环境的结合；屋顶组合穿插错落，立体轮廓丰富多彩；同时配以多种类型的彩画、多种手法的雕饰，多种造型的门窗装修，形成了柔和、工巧、秀丽的建筑风格。明清建筑严谨、工丽、清秀、典雅，形体简练、细节烦琐，建筑零件相对精细；建筑结构上突出了梁、柱、檩的直接结合，斗栱比例缩小，甚至减少了斗栱这个中间层次，简化了结构，节省了木材，出檐深度减小，生起、侧脚、卷杀不再采用，梁坊断面高宽比例由"瘦"向"肥"，由唐代约2∶1，宋代约3∶2变为约10∶8或12∶10；由于制砖技术的提高，大量使用砖石促进了砖石结构的发展，出现无梁殿的建筑形式；屋顶柔和的线条消失，呈现出拘束但稳重严谨的风格。

图3.1.4-4　"洗心楼"

　　园博园仿明清建筑群采用院落重叠纵向扩展与左右横向扩展配合的建筑组群，配以门、廊等小建筑，兼起联系和隔断作用，通过不同封闭空间的变化来突出主体建筑，空间尺度灵活舒适，将庭院的形状、大小、色彩进行变化，以体现建筑在功能上的思想性、艺术性；建筑结构采用框架结构，建筑屋顶有歇山式、硬山式等，屋面为灰色筒瓦，正脊两头放置正吻，朱红色的平直飞檐连接檐椽，装饰性的檐檩、垫板及檐枋；外立面青砖片满面贴，套方锦花格图案的仿古木门窗，单体外形简单，但开间进深组合灵活多样（图 3.1.4-5）。

　　仿宋建筑群突出继承了宋代"建筑与环境的结合"的特色，注重建筑的园林意境设计，把自然美与人工美融为一体；建筑屋顶有歇山式、悬山式等，建筑物的屋脊、屋角有起翘之势，给人一种轻柔的感觉；各个建筑构件如屋脊、翼角的体量比较大，增强了室内的空间与采光度；屋面、墙身、外饰面等与明清建筑群类似，正脊两头放置类似鸱尾的正吻，侧立面墙身青砖片贴面，三角部分白色外墙外露装饰性的檩条、童柱、梁等（图 3.1.4-6）。

图 3.1.4-5　仿明清建筑群

图 3.1.4-6　仿宋建筑群

4.3　植物景观

以运河文化为脉络，融合中国传统诗画意境，垂柳作为基调树种，同时按下游"诗赋运河"、中游"锦肆运河"和上游"山水运河"3 个主题分段营造 12 个特色植物景点，分别重点渲染秋花、秋色、秋果，营造诗意群芳、古韵悠长的运河植物景观。

下游河段植物种植结合自然驳岸和湿地，配置观叶植物和草花地被，局部点植梅兰竹菊等代表文人雅士主题植物，营造婉约雅致、自然洒脱的植物景观。秋色叶树种选用马褂木、栾树、白蜡、重阳木等；宿根草花选用松果菊、金光菊、波斯菊、翠菊等；观赏草选用芦苇、矮蒲苇、粉黛乱子草、小兔子狼尾草等；湿地植物选用垂柳、水杉、花菖蒲、黄菖蒲、千屈菜、再力花、香蒲、水葱、鸢尾等（图 3.1.4-7）。

图 3.1.4-7　下游植物景观

　　中游河段植物种植结合运河两侧的画院、戏台、街市、商铺，配置寓意较好的观花、观果植物，色彩上以金黄色为主，营造精巧细致、繁花似锦的植物景观。观果植物选用石榴、冬红海棠、山楂、火棘等，观花植物选用金桂、银桂、菊花、木槿、木芙蓉、琼花等（图 3.1.4-8）。

图 3.1.4-8　中游植物景观

　　上游河段植物种植结合自然溪谷地形和错落的高差变化，配置丰富多彩的色叶植物和观干植物，辅以片状花林植物，营造绚烂多彩、豪壮大气的植物景观。观枝干植物选用白皮松、光皮树、青桐、龙抓槐、血皮槭、青榨槭、红瑞木、山麻杆等；观叶（红叶）植物选用乌桕、三角枫、复叶槭、火炬树、鸡爪槭等（图 3.1.4-9）。

图 3.1.4-9　上游植物景观

5　上合组织友好园

　　"上合组织友好园"由上海领军人才、上海市园林科学规划研究院院长张浪主持创作。上海合作组织简称"上合组织",是世界上幅员最广、人口最多的综合性区域合作组织,目前有哈萨克斯坦、中国、吉尔吉斯斯坦、俄罗斯、塔吉克斯坦、乌兹别克斯坦、巴基斯坦、印度 8 个正式成员国,2020 年 11 月,"2020 上合组织(徐州)地方区域合作交流会"在江苏省徐州市召开,会上宣布启动徐州园博园国际园中"上合组织友好园"建设。

5.1　明旨立意,迁想妙得

　　上合组织友好园营造的主旨,即其名称所载"徐州—上合组织友好",体现上合组织对内遵循的"互信、互利、平等、协商,尊重多样文明、谋求共同发展"的"上海精神",同时将本届园博会"绿色城市·美好生活"主题和"共同缔造""美丽宜居"理念融入其中，凸显"生态、创新、传承、可持续"特色。

　　在充分理解"上海精神"和园博会主题的基础上，设计提炼出"上合之美，美美与共"的立意，演绎"上海精神"与中国传统文化的"和合"现代之美。构图上，选择中国传统的太极图和西方的莫比乌斯环为图形起点，并将二维平面向三维空间推演（图 3.1.5-1）。两个图形都诠释了无限、合一两个对立关系，具象表达了命运共同体的背后逻辑，传递了上合组织的内在精神。进一步抽象提炼形成场地中心结构控制要素——建筑与景观廊架，并通过游路条带将 8 个家园进行有机组织（图 3.1.5-2），着重体现上合组织的共商、共建、共享的宗旨和原则。

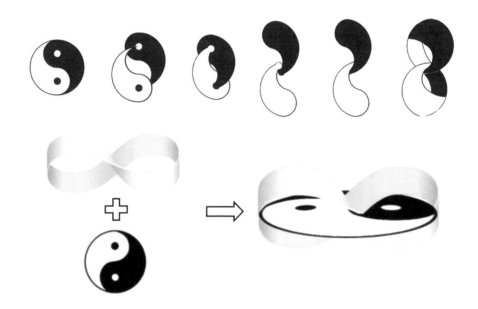

图 3.1.5-1　太极图与莫比乌斯环的图形推演

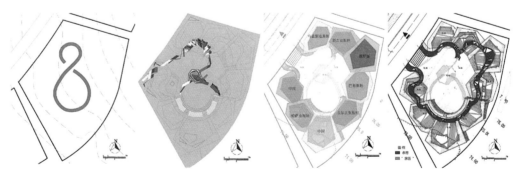

图 3.1.5-2　上合组织友好园创意手稿

　　设计运用形象思维，借助文学艺术"比兴"的手法和绘画艺术"外师造化，中得心源"的理法，通过提取 8 国典型图纹元素和色彩特色，形成 8 个平面各不相同，又互相串联的主题花园。用象征美好生活的多彩花卉，和各国人民最喜爱的颜色装点调配，各有特色又和谐统一，寓意着以文化多样性推动世界文化的持续繁荣，展现"美美与共，天下大同"的美丽地球村（图 3.1.5-3）。

5.2 相地布局，台地家园

上合组织友好园场地整体标高 72 ～ 79m，呈西南高东北低的地势特征，坡度较大，具俯仰和向园外借景的条件，但地势偏高燥，暗合上合组织成员国家面临共性的干旱、土壤瘠薄、极端气候多有发生等问题，在逆境条件下修复生态系统、建设城市和改善人居环境是 8 个成员国的共性特点。因此，设计发挥场地特点，以台地家园的形式布局各类空间，展示上合组织 8 个成员国的特色风貌，最终形成"一带、一环、八园"的景观结构，打造空间层次多样的逆境台地花园景观（图 3.1.5-4）。一带：

图 3.1.5-3　上合组织友好园景观设计总平面图

彩色同心纽带，用条带型钢板折叠不同的方向形成飘带和廊架，并通过不同颜色和形式，体现上合组织尊重多样文明的内在特色。一环：一条水路交融的环形园路，寓意上合组织为成员国、观察员国、对话伙伴国的沟通打造的无形和有形的联系。八园：上合组织成员国为主题的 8 个台地家园，通过不同的植物配置形式展示各国独特自然风貌。

图 3.1.5-4　上合组织友好园鸟瞰

竖向设计上，以入口二级园路标高及场地主要标高为综合参考，确定场地中心广场主标高为75m。顺应场地东北高西南低的走势设置8个"家园"设计标高，形成台地园景观意向，八国"家园"通过景观斜墙进行围合。同时贯彻太极图虚实结合的理念，以高处自然山体为虚、低处"家园"抬高形成屋顶绿化建筑为实，虚实相应，和谐共生。

在景观植物配置及生态技术方面，结合场地现状的土壤条件以及上合8国的自然风貌特色，确定以"逆境花园"为主题进行景观营建技术展示与布置。生态技术上，选择城镇搬迁地、垃圾填埋场、盐碱地、土层瘠薄岗地和山坡地、立体绿化空间等典型城市困难立地进行逆境特征展示与逆境生态修复技术应用展示。植物配置上选择以灌木和多年生宿根草本结合种植、特色乔木点植的方式，选用不同色彩、形态、高度和质感的植物错落种植，对比强烈，富有活力。

5.3　景筑融合，展陈互动

上合园主体建筑延续"台地家园"的营造风格，设置于全园南侧，屋顶采用两个标高的形式，衔接两侧台地花园，同时屋顶设可游览式花园，整体建筑风格、色彩、形式与周围场地景观有机融合。以上合组织8个成员国的知名建筑剪影为原型，抽象提炼为建筑外立面图样，呼应上合组织的设计背景（图3.1.5-5）。

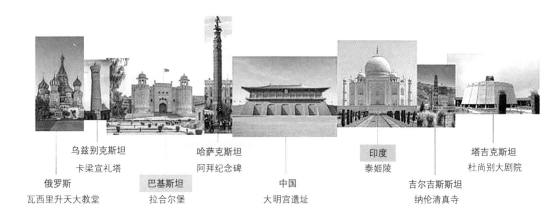

图3.1.5-5　建筑立面剪影设计图

互动嬉戏、寓教于乐是现代园林区别于"静观会心"传统园林的重要标志。因此本次设计采用了多种展陈互动形式，展示上合组织的文化内涵和重要精神。建筑内部分为两个空间，一是放映室，主要放映上合组织宣传影片；二是展览厅，主要对上合组织的概况、工作内容成果、各国特色风光、民族风情等进行展览展示。同时本次设计引入了"互联网 +" 技术，通过"上合猜一猜""上合园游""上合任意门""上合——互动抠图拍照" 等互动游戏（图 3.1.5-6），使游人积极参与互动，深入了解上合组织宗旨和内涵，切身感受各成员国、观察员国、对话伙伴国的特色风貌，促进各国文化交流。

图 3.1.5-6 上合组织友好园互动游戏示意图

第 2 节 展馆建筑设计

德国哲学家弗里德里希·威廉姆·约瑟夫·谢林（Friedrich Wilhelm Joseph Schelling）在《艺术哲学》（*Philosophie der Kunst*）里说："建筑是凝固的音乐（Architecture is frozen music）"[①]，古希腊人关于"音"与"数"的观念在相当程度上造就了后世的建筑学面貌。中国的音乐与建筑，从先秦的纯粹、唐代霓裳、宋代杏花天影，到现代的百花齐放，虽然并无直接的联系，但是其表现形式及特征都有着互通相融性。园博园展馆建筑的设计在继续着中国建筑道路的同时，吸收国际先进思想，在传承中创新，在创新中发展，最终呈现出了一批既富有历史气息，又展现时代风貌的特色建筑。

1 吕梁阁

吕梁阁是园博园独特的标志符号，建筑面积 4135m²，由张锦秋院士主持创作。

吕梁阁选址遵循中国古代理想择地模式，选址于临湖一侧展园中心石山的山顶，根据中国传统

① 弗·威·谢林．艺术哲学 [M]．魏庆征译．北京：中国社会出版社，2005：218、378–379．

文化，其西侧有悬水湖形成视线开阔的"明堂"，左右两侧青龙山、白虎山，前后延伸线上案山、朝山和主山距离适中、形态合宜（图3.2.1-1），与理想风水模式中的要素——吻合，"原其所始，乘其所止""内承龙气、外接堂气""龙穴砂水无美不收，形势理气诸吉咸备"。建筑高度控制根据黄金分割律，依山体高度85m为基准，建筑高度：山体高度和山体高度：（建筑+山体总高）2个比值均大致符合0.618的比率，确定建筑高度为54m左右[1]，与周围环境协调（图3.2.1-2）。依山就势建设的楼阁，高耸的体量与气势很好地成为全园的景观核心。高点楼阁、室外环形观景廊，远观群峦起伏，近享园博胜景，使其成为全园乃至吕梁风景区新的制高点和最佳观景处。通过景观环境的自然化营建，与自然有机融合，吕梁阁成为园博园独特的"标志符号"。

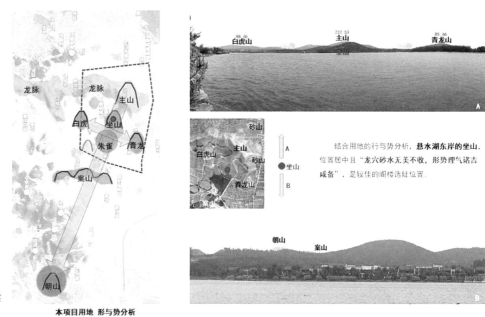

图 3.2.1-1　吕梁阁选址分析

本项目用地　形与势分析

结合用地的行与势分析，**悬水湖东岸的坐山**，位置居中且"龙穴砂水无美不收，形势理气诸吉咸备"，是较佳的阁楼选址位置。

图 3.2.1-2　吕梁阁高度决策分析图

---

[1]　与历届园博会中心建筑如厦门杏林阁约50m、重庆重云塔约51.6m基本相近，稍低于北京永定塔的69.7m。

吕梁阁整体结构布置规则对称，地下一层、地上为明五暗七，基底建筑面积为 1183m²，总建筑面积 4135m²。台基高 6m，台基设有前后门出入口，可沿阶登临。台基周圈石栏杆围绕。一层面阔、进深均为 35.6m，以上各层从下至上呈逐渐收拢的趋势，具有充实的视觉表现力和冲击力，无与伦比的美感引人入胜。建筑风格依照园博园整体规划，采用仿汉建筑风格传承延续历史文脉，从汉画像石及汉代文物陶楼中，汲取汉代建筑之法，形成了屋面平直无出翘起翘、一斗三升、方柱屹立、斗栱承托平座、栗柱灰顶的仿汉建筑风格。

根据历史资料，汉代建筑多为赤柱、白（黄）墙、灰瓦。吕梁阁外立面风貌克服了传统汉代建筑过于写实的色彩、缺乏新意和创新的通病，充分考虑与园区内其他建筑风貌的相容性，采用防氧化的深灰色金属瓦屋面、檐口勾边、屋脊描金以及外露梁柱等部位外包仿栗色铝镁锰合金板（外立面新材料），具有时代感与科技感。一层正门入口位置前有廊道抱厦，廊道四周环绕主体建筑，采用方形钢管柱支撑；其余各明层均采用新型铝镁锰合金板金属（地栿、楻条、寻杖）栏杆，提高耐久、抗氧化性，简单安全。吕梁阁顶层屋檐 4 个翼角，以下每层屋檐 12 个翼角、8 个窝角，多角使建筑在立面上显得更多姿多彩，造型优美（图 3.2.1-3）。

与周边环境景观功能性、观赏性相结合，保留现状山林植被，适当提升林下植被景观质量。通过设置前广场、后广场，引导观众进入，同时形成疏散场所。前广场置一雄浑方正、浑厚朴茂的《吕梁赋》刻石，该刻石由国家一级作家、著名辞赋家袁瑞良先生撰著，"刀笔书法第一人"、著名书法篆刻家陈复澄先生篆刻，让游人随着文采飞扬、苍劲有力的文字，领略"文化园博"的璀璨风采

坡屋面：金属瓦屋面（深灰色）

檐下斗栱：外包铝镁锰合金板（栗色）

方椽、连檐：外包铝镁锰合金板（栗色）

梁、柱：外包铝镁锰合金板（栗色）

门窗：全玻窗式幕墙

玻璃：无色 6mm 中透光 Low-E+12 空气 +6mm 透明玻璃

栏杆：金属栏杆（栗色）

基座栏杆：花岗石石栏杆（精剁面、芝麻白）

建筑基座：干挂石材（50 厚自然面、芝麻灰）

图 3.2.1-3　吕梁阁外装饰

图 3.2.1-4　《吕梁赋》刻石

（图 3.2.1-4）。广场和道路铺装采用透水面层并作防滑处理，环境景观材质和色彩与建筑外立面协调。场地内绿化设计与周围自然植被融为一体，四季有景可观。上山路路侧绿化以林荫为主，局部营造主要景观节点，结合园博园规划布局，构建生态景观廊道。

2　奕山馆

奕山馆[①]为园博园最大的综合馆暨自然馆，位于秀满华夏廊片区东端山脚宕口，建筑面积约 21169m^2，由王建国院士主持创作（图 3.2.2-1）。

建筑设计充分呼应地形并体现地形之势，与场地相互依存、互为背景，"望山""补山""融山""藏山"，外形由汉代亭台楼阁建筑抽象转换组合，实现山势衬建筑、建筑奕山势——通过建筑形体的组织，以坡法呼应地形、烘托地形，以台地景观连接不同宕口和场地中的不同标高，顺山而下，修补地形。建筑和景观依山势向西层层跌落，充分弥补因开采而导致山体破坏的自然环境，并取得和自然新的平衡，将层台琼阁的历史意象与地形有机融合，"补山成房、修宕成台、融山藏山"宛若天开。通过巧妙设置阶梯式的空间，将光线和自然引入建筑内部，"天庭望山"，让参观者可以从外到内，从

---

① "奕"意美的，《诗经·大雅·韩奕》："奕奕梁山"；又意累（积）、重（叠）。建筑以汉代层台琼阁建筑抽象转换组合的形体组织，以山势衬建筑、建筑奕山势，实现宛若天开的自然效果，故名"奕山馆"。

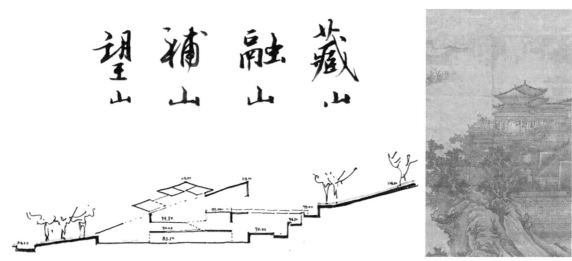

图 3.2.2-1 王建国院士创意手稿与设计构思

下至上不断感受自然的延续。这种充分结合自然和建筑的构思，展现了当代园博建筑设计的新方法和新理念（图 3.2.2-2）。模数化的柱网、可再生胶合木木梁柱结构体系，钢筋混凝土木装配结构，缓粘结预应力技术及木纹清水混凝土、深灰色钛锌板屋面等结构装饰一体成型，既全面展示了新时代下绿色建造方式的新技术、新工艺，又尽展层台琼阁之大汉气象，历史的厚重与现代建筑技术实现了完美的结合（图 3.2.2-3）。

图 3.2.2-2 奕山馆 "望山" "补山" "融山" "藏山" 图

3 一云落雨馆

一云落雨馆中心建筑总建筑面积918m²,由韩冬青大师主持创作（图 3.2.3-1）。

该馆作为国际园区域的游客服务中心、重要的地标性功能建筑，创意延续 "高技派建设" "画意派

图 3.2.2-3 奕山馆（陈汀 摄）

园林"的思想，着力诠释理性主义
与浪漫主义的对立与统一，由 3 个
独立的四棱锥形建筑组成。四棱锥
是宇宙中最完美的形式之一，金字
塔和罗浮宫入口都采用了这种经
典几何形式，它表达了纯粹的理性
主义。建筑屋顶呈正四棱锥、基座
呈倒正四棱锥，每个展示馆的接地
面积仅为 1m×1m，姿态轻盈，最
大化保留自然植被，体现了对自然
的尊重与敬畏。地面景观采用自然

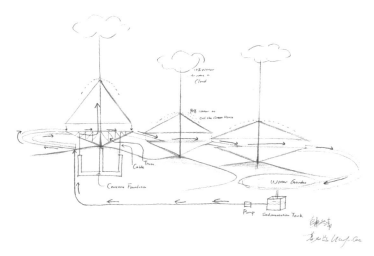

图 3.2.3-1　韩冬青大师创意手稿

风致园林的手法，模拟自然的柔美
与浪漫，如同芭蕾舞者一般立在起伏延绵的具有浪漫主义风格的绿地之上，形成"空中展馆"，建
筑所代表的理性与景观所呈现的浪漫形成巨大的反差，折射出国际上不同文化的差异与融合，达成
一种理性与浪漫"对立共生"的状态（图 3.2.3-2）。

　　为满足各个时期、各种类型植物花卉的展示，玻璃的屋顶和幕墙使建筑成为温室，为室内带
来充足的阳光，减少冬季供暖能耗。为适应夏季的高温，借人造云和雨为温室降温，每个建筑的
中轴柱高出屋面 15m，柱端设米字分叉安装雾化喷头，喷射雾化水形成一个不会飘走的云朵，在
建筑的上空造出"一云落雨"（图 3.2.3-3），在高杆与屋面连接处安装喷水装置，喷出水幕冷却
屋面，降低建筑内温度。喷出的水收集于屋檐处的天沟之中，天沟收集的水汇集到底部回收漏斗，
随着"曲水流觞"汇到场地最低处景观水池内，形成雨水花园。

图 3.2.3-2　一云落雨

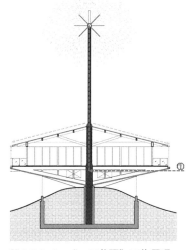

图 3.2.3-3　"一云落雨"工作原理

4 隆亲门

隆亲门[①]即园博园一号门暨游客服务中心，总建筑面积5919m²，由韩冬青大师主持创作（图3.2.4-1）。

隆亲门设计根据园博园徐风汉韵的整体文化基调，建筑概念取意"汉风新韵"，整体以汉代双阙门楼为设计元素进行抽象演变（图3.2.4-2），以中轴对称的形制，"筑高台""构华宇""叠双亭"：针对场地原轴线东西两侧存在的高差，同时考虑到游客中心的整体布局与行人步行入园需求，通过汉式高台的设计来化解地形，平衡整体土方，表达生态可持续的理念，同时起到突出主体建筑的作用；主体建筑（大门）以"台斗华宇"的形态于高台之上，加强门户空间的进深和

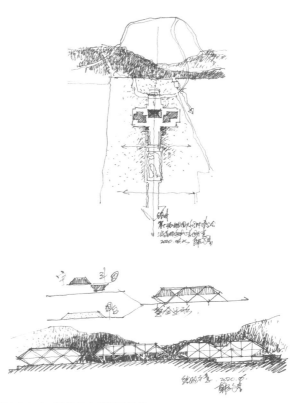

图 3.2.4-1　韩冬青大师创意手稿

建筑分类	典型案例			特征总结
官衙建筑	内蒙古和林格尔东汉墓壁画《宁城图》所示官衙建筑	河北安平东汉壁画中府邸图像摹本	山东诸城东汉画像石墓中大型府邸图像摹本	1. 整体风格硬朗,造型直爽,坡屋面形制常以硬山形式出现,建筑空间形制与人的行为活动结合紧密。
居住建筑	汉代居住建筑之廊庑		河南郑州市南关第159号汉墓封门空心砖图像	2. 除宫殿、园林及陵墓建筑外,社会豪富、地位较高之官吏与贵族等的宅第,大门处常有双阙,有时在两阙之间联以短檐,以强调其出入口的效果。
	汉代居住建筑之楼屋			3. 在各类建筑中常有三四层的方形阁楼,每层有斗拱承托的挑檐,满足遮阳、避雨和远眺的要求,体现出多变的建筑形体。

图 3.2.4-2　汉文化与建筑元素的分析

[①] "隆亲"，隆意"盛大、兴盛。""隆亲"意所尊崇的、所亲爱的人。南北朝·谢灵运《赠安成诗》："棠棣隆亲。颁弁鉴情。"宋·王日翚《云安监劝学诗》："蜀学乃孤陋，师友须隆亲。"杨简《蒙检讨封送所与诸同朝倡酬盛作某老拙愧后砾》："传闻归燕隆亲睦，天上云韶拱玉杯。"名"隆亲门"表示对游客的尊敬。

图 3.2.4-3　隆亲门

层次感；两侧立叠双亭，强化主轴线，形成整体雄浑的建筑体量，并进一步突出汉文化的空间意象。整体规制严整又灵活多变，古风汉意浓厚，体现徐派园林建筑古拙有力、粗犷、大气的形式特征。背衬连绵起伏的山峦，显示出两汉气度，全面展现徐韵汉风的独特魅力，表达尊重自然、顺应自然、天人合一的价值观（图 3.2.4-3）。

　　建筑采取钢木混合装配式结构体系，将钢结构和竹结构直接暴露出来，不用过多的修饰，结构体系和围护体系得到清晰的表达，与汉代文化中古朴率真的材料使用原则相契合。室内顶板、室内钢结构柱等构件与汉代元素相结合，通过特殊的形式处理表达对汉代文化的理解与融合（图 3.2.4-4）。

图 3.2.4-4　隆亲门内部结构

第3节 配套服务设施建筑设计

园博园在岩秀园和秀满华夏廊之间的采石宕口上，建设宕口酒店和天池酒店 2 个酒店作为配套服务设施，形成观景、攀山、渡桥、休憩、归园、观水的多样空间体验和坐拥山间绝美之景的一隅心灵休憩之地。

1 园博园宕口酒店

宕口酒店建筑面积 29597m²，由程泰宁院士主持创作（图 3.3.1-1）。

酒店基址位于半山腰处的采石宕口区，由两个高差约 8m 的台地组成，裸露崖壁高约 40m，北侧为园博园主景区和悬水湖，视野开阔。根据园博园的规划理念和酒店的度假性质，研究确立了"依山观湖，织补宕口，悬空建筑，立体园林"的设计思路，强调建筑与宕口之间的联系，"虚处藏实，实处含空；旁逸斜出，得其园中；移步换景，时时见峰；宕口织补，巧夺天工"，为游客提供独特的体验（图 3.3.1-2）。

为使酒店自然地融入山水环境，织补破碎的山体，并获得更佳的观景视野，建筑设计采用了化整为零的手法，将建筑分解成若干个较小尺度的体量，将地下车库和后勤设备区布置在低标高的台地上，于高标高的台地布置首层大堂和餐饮区，客房则顺应山势，大量采用架空的处理手法，错落有致地灵活布置于不同的标高之上，宛如嵌入山体，实则与山体保持适当的距离，既满足消防环路的设置要求，又留出空间布置栈道、平台等活动空间，各个悬空体之间的留白形成了多层次的立体园林空间，并与栈道相连，酒店旅客既可以透过架空空间远眺北侧的湖光山色，体验攀山、渡桥、望湖、归园等，园区游客也可透过架空空间隐约看到酒店背后的崖壁（图 3.3.1-3）。

内装设计延续建筑所赋予的意义。在建筑与人方面，以空间里的人为始发点，注重功能、情感和舒适度，在建筑与自然方面，注重与自然环境的融合，充分利用自然通风和采光，在建筑与文化

依山观湖，织补宕口
悬空建筑，立体园林

图 3.3.1-1 程泰宁院士手稿

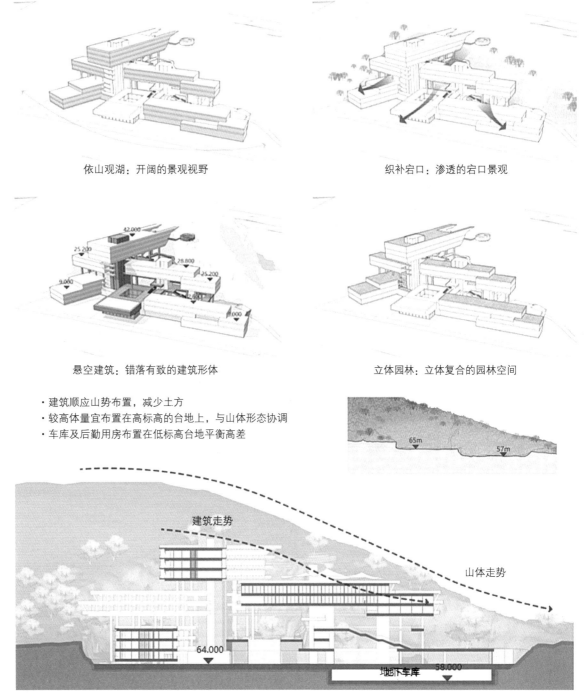

依山观湖：开阔的景观视野　　　　　　　　　　　　　　　织补宕口：渗透的宕口景观

悬空建筑：错落有致的建筑形体　　　　　　　　　　　　立体园林：立体复合的园林空间

· 建筑顺应山势布置，减少土方
· 较高体量宜布置在高标高的台地上，与山体形态协调
· 车库及后勤用房布置在低标高台地平衡高差

图 3.3.1-2　宕口酒店创意的生成

方面，注重生活习俗和精神寄托。设计采用重构的手法，从文化脉络中提炼设计元素，与汉代意向相结合，力求营造出可观、可行、可游、可居的特色酒店。内装设计运用简约的设计手法，采用石材、木材、织物等富有质感的材料，营造质朴且略有野趣的内部空间（图 3.3.1-4）。

图 3.3.1-3　宕口酒店外景

图 3.3.1-4　建筑空间内景

2　天池酒店

　　天池酒店基址位于宕口酒店南侧的另一个宕口区，两大宕口中间有一道薄薄的山梁相隔，建筑面积 10900m²。设计顺场地之势，采取"岩秀园，逐级而上，退台客房，消解高差"的设计策略，客房背崖向外，向南花园景致，向西田园风光，公区向内、共享天池（图 3.3.2-1）。

建筑主体和宕口山崖间设 3100m² 蓄水屋面（"天池"），实现"有山有水、山水相融"，化解风霜裸露的岩壁所带来的生硬感，为整个宕口带来迷人的美景与生机，和著名的泰姬陵一样，水池将酒店做了一个翻印，真实的建筑和一个虚幻的丽影，情景交融，水为建筑添色，建筑为水增光，和环境美学有效的结合，使得水景观环境的艺术、技术与安全因素达到完美的统一（图 3.3.2-2）。同时，景观水体兼具雨水储存与调节功能，优先作为两个酒店消防、景观水体补水水源、其次为绿化用水、地面冲洗等，实现多功能利用。

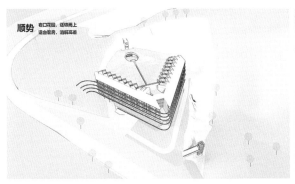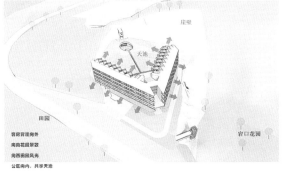

图 3.3.2-1　天池酒店创意的生成

图 3.3.2-2　天池酒店"天池"风光

第4章 陟遐自迩：园博园专项规划

高水平的市政基础设施、生态基础设施和社会基础设施的规划设计是保障园博园高水平运营的重要基础条件。园博园以绿色生态为鲜明底色，以满足旅客需求为中心，以低碳建造和低碳运营为准则，系统谋划、扎扎实实建设高水平的基础设施。

第1节 绿色道路系统规划

绿色道路是指以低碳理念为基础，在道路的线形、路基、路面、桥梁、设施、关联建（构）筑物等方面均按照先进"绿色技术"规划设计、施工运营，整体景观和周边景观有机融合、景观优美的道路。

1 园路系统设计

园路是整个园博园景观体系的骨架和脉络，组织着园区景观的展开程序和游人的观赏程序，反映了园博园的面貌和风格。园博园园路规划在充分尊重自然地形，注重维护人与自然相互融洽和遵循其自然发展规律的原则下，按照通达性、安全性、方便性、一体性、多层次性原则和功能分区，规划三级园路系统，采用线形自由流畅、迂回曲折的形式以改变空间状况，引导游人进入各个展园和展馆等，与展园内部园路有机衔接，给游人在行进中带来"出人意料，入入意中"的感叹和美的感受，实现了自然、人和道路的有机结合。

一级道路总长9500m，为全园重要的交通纽带，交通方式为电瓶车、无人车以及马车，分别设置停靠点，并满足三者交通方式的转换接驳。一级道路中，A型宽6m（其中无人驾驶环线1800m），承载电瓶车游览管养服务等综合功能；B型宽8m，人车合流。二级道路总长5900m，宽5m，串联各个独立展园，承载主要步行游览功能。三级道路宽3m，是园区主要的人行道（图4.1.1-1）。

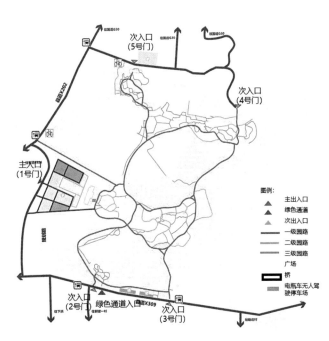

图4.1.1-1 交通路网系统规划

道路技术设计按照低环境影响技术导向：土基层保证结构的稳定性，雨水渗透到土基层时要通过地下铺设的管道或者是蓄水模块将水排出。人行道充分考虑道路透水性和使用性，合理设计透水面层、透水基层和土基层等。在人行道边建立渗透排水设施，构建生态蓄水的功能，保证在雨季能够做好防洪工作。透水面层材料的选择和铺装方式根据区位和功能，分别选用透水沥青材料、透水混凝土、PC 砖、陶土砖和建筑垃圾、粉煤灰压制再生材料等。

2　特色交通方式

园博园道路有机融入徐州历史文化与现代最新科技，打造出马道和无人驾驶道路 2 条特色交通方式。

2.1　马道

在徐州汉画像中，马是其中最具有人性化、最有资格代表汉王朝蓬勃葱茏、尚武蹈厉的帝国自信的动物之一。马车更是彰显权力与身份的标志符号，"车马出行图"的"左向行进"构图形式所占比例相对突出[①]，表明这样的构图形式并非毫无目的和意义的艺术行为，这种构图特点，可能是表达了某种"方位趋向"的构图形式，蕴涵着两汉时期人们所普遍认同的观念，那就是以左为上右为下的观念，似乎又体现着"西向行进"的方位意义和方位趋向。

马道的布局遵循汉车马出行图"左向行进"的规则，结合园博园自然山水格局，在进入主入口大门后左转沿湖岸布置，全长约 580m。马道首尾设置马车服务驿站各 1 处，驿站就地取材，充分利用现场石材，按照当地民居围墙的砌筑方式作为墙体的制作方式，即斜面单坡屋顶。每座驿站设 2 处马车位、1 处工具设备间和游客休憩区（内设自动贩卖机和餐桌椅），约 3.5m 宽的工作通道，后期如果取消可以改为电瓶车停车位。马道中途设置两处错车地块（间隔 110m），满足马车双向通行。于习亲门（5 号门）滨水绿地设置遛马场 1 处，木质栏杆围挡，马场内为沙质土壤，质地柔软并且便于排水。遛马场与儿童乐园功能联动，保证园内用马的供应和马的动物福利，并且因其东邻儿童活动乐园，兼具参观功能（图 4.1.2-1）。

图 4.1.2-1　马道

① 种宁利，刘禹彤，言华，董彬 . 徐风汉韵 徐派园林文化图典 [M]. 北京：中国林业出版社，2020.

2.2 无人驾驶环线

无人驾驶是集传感器、人工智能、通信、导航定位、模式识别、机器视觉、智能控制等多门前沿技术的综合体，是未来 AI 技术集大成者。园博园在秀满华夏廊环线上引入无人驾驶技术，建设了 1800m 的无人驾驶环线，沿途设置 3 处无人驾驶停靠点。智能化交通信息平台使车与车、车与路之间能够及时获取有效信息，进而实现对行程智能化管理，让游人体验最先进的交通方式（图 4.1.2-2）。

图 4.1.2-2 无人驾驶

3 道路色彩规划

色彩是能引起人们共同的审美愉悦的、最为敏感的形式要素，在再现艺术中，色彩是最有表现力的要素之一，色彩真实再现对象，创造幻觉空间的效果，直接影响人们的感情。道路系统铺装色彩整体规划是本届园博园的重要特色，在国内园博园道路系统规划设计中尚属首例。道路色彩依照徐州传统地域审美观，选择低艳度、稳重的色彩，色相、明度和艳度都在一个较小的范围中变化，以呈现统一、细腻、深厚、稳定的色彩情绪，从而表现古城庄重典雅的整体气质。一级道路的人行路和二级道路上，其面层均为陶粒，采用现场摊铺，便于按照色彩规划分区定制面层颜色，呼应空间主题氛围，并且增强各区域的辨识度（表 4.1.3-1）。

铺装色彩规划分区表   表 4.1.3-1

物料色卡	颜色材质	应用区域	场地特征	色系
	深中国红透水混凝土	秀满华夏廊	古雅温馨	红
	灰蓝色透水混凝土	徐风汉韵廊	暗示滨水	蓝
	深军绿透水混凝土	运河文化廊	古朴，烘托建筑	绿
	土黄透水混凝土	儿童友好中心	活力生机	黄

3.1　儿童友好中心——总角相交泥土黄

儿童大多喜欢鲜明、欢快的颜色，尤其是偏爱知觉度较高、兴奋感较强的色彩。儿童友好中心以儿童亲近自然为营造主旨，游乐场地的材料主要为天然的木头，场地设施明度相对较高，具有中性偏暖的色彩倾向，满足儿童的趣味性和色感爱好，场地造型变化丰富活泼，能引起儿童的好奇心和探索欲，烘托儿童天真烂漫、嬉戏玩闹的自然野趣场景感。融合于自然色彩的大环境背景下，结合儿童心理色彩学原理，该区域铺装颜色为土黄色，对环境友好，柔和协调并且灵动跳跃（图4.1.3-1）。

图 4.1.3-1　儿童友好中心铺装

3.2 秀满华夏廊——长乐雅颂中国红

秀满华夏廊以"徐风礼泉"入口作为起点，与徐风汉韵廊相结合。利用逐渐抬高的地形，形成起承转合的礼序空间。该区传承区域文化特色和历史特征，古今交融，建筑的外墙材料为青砖，刷红色涂料。宏观上看，色彩风貌是由低彩度的砖瓦、中彩度的柱、门窗和高彩度的檐下彩绘等多种不同彩度色系加以融合形成，并且搭配四季变换的绿植，彩度整体较高，与传统色彩风貌赤色较为协调，呈现暖色调的色彩趋势。该区域铺装为深中国红，体现了华夏廊优雅温暖的历史传承（图4.1.3-2）。

图 4.1.3-2　秀满华夏廊铺装

3.3 徐风汉韵廊——徐风舒秀青带兰

徐风汉韵廊为带状文化观光休闲游览廊，包括综合服务区、滨水休闲区、共享田园区、保留山林区，与沿线的廊带山水林湖草等自然风光契合，彰显两汉文化，营造出休闲轻松的氛围，其中林地内的植物以侧柏林为主，被整体保留下来，青中带兰成为该区域的特色。该区域铺装为灰蓝色，呼应沿线的自然风貌（图4.1.3-3）。

图 4.1.3-3　徐风汉韵廊铺装

3.4　运河文化廊——渔艇棹歌深军绿

运河文化廊的建筑的外墙材料为青砖,建筑单体均呈现以冷色调为主的色彩倾向,整体色彩沉稳,主要分布在中低明度区间,给人以朴素典雅的色彩印象,与传统色彩风貌青色较为协调,呈现中冷色调的色彩趋势。该区域铺装为深军绿色,暗示滨水空间的存在（图4.1.3-4）。

图 4.1.3-4　运河文化廊铺装

第2节　水韧性规划

水是生命之源,水患亦是生命的大敌。从数千年前大禹治水的久远传说,到时下的"海绵城市"建设理念,治水一直与华夏相伴,塑造着中国的社会性和国家性,塑造着中国特有的社会治理和国家治理。园博园以"海绵城市"建设理念为指引,将"雨洪韧性"理论引入园区水系统规划层面,通过科学的规划设计和建设管理,形成多元化水韧性建设与治理体系,以应对园区可能面临的雨洪问题。

1　水环境分析

1.1　气象条件

徐州市为半湿润暖温带季风气候,气候特点是四季分明,光照充足,夏季高温且多雨,冬季较干冷,全年平均太阳总辐射量为499.9kJ/cm^2,日照时数2423.2h、日照百分率55%。年平均气温13.7～14.1℃,最热月为七月,最冷月为一月,冬季结冰。年平均降雨为860mm,年相对变率16%,最大降雨量为1360mm;一年中降水分布主要集中在6、7、8、9月,约占60%,其他月份降雨差异较大,年际降雨变化也较大,丰平枯年份降雨量差异明显;年平均蒸发量为1700mm;常见的灾害性天气有寒潮、霜冻、春旱、雨涝、干热风、龙卷风和冰雹等。

1.2 区域水环境

园博园所在吕梁风景区水系总属沂沭泗水系中下游，白塔泉、不老泉、圣水泉、双泉、二龙眼、白马泉、咕嘟泉等古泉棋布。由于被群山分割，整个景区内水系不统一，分属京杭大运河（不牢河段）水系、故黄河水系、房亭河水系、奎濉河水系。山区湖泊（水库）众多，其中较大的有吕梁湖水库、悬水湖（倪园水库）、圣人窝水库、杨洼水库、白塔水库、白桥水库等沿故黄河（古泗水）次第阵列。园博园属废黄河流域，园内悬水湖（倪园水库）建于1970年，属于自蓄湖，湖域面积近50hm²，总库容199.43万m³，湖水清澈见底，经年不干。

1.3 场地水库、水体、山洪、水库泄洪情况

悬水湖（倪园水库）主要功能为防洪、灌溉，设计防洪标准为30年一遇，洪水位46.00m，坝顶高程46.60m，溢洪道堰顶高程44.20m，汛限水位44.40m。现状山洪自由汇入自然形成的冲沟及低洼区域，进而汇入水库或溢洪道。水库泄洪由大坝西端坝下埋管放水涵洞和东端控制闸门控制，主要洪水通过开敞式溢洪道控制段后，向西侧地势低洼段沿地面漫流，最终汇入下游黄河故道（图4.2.1-1）。

图 4.2.1-1 园博园现状水体及汇水关系分析

1.4 大坝、泄洪道、放水涵洞处理

悬水湖（倪园水库）大坝为黏土均质坝，坝长825m，顶宽5.50m。坝顶迎水坡侧设挡浪墙，现状大坝无护坝堤，为保证大坝安全、利于大坝管理，大坝底脚向外15m设为护堤地。水库泄洪道原设计底宽47.00m，底高程44.40m。现状工程未达到设计标准，因此按原设计标准，对左岸进行必要的修形整理，对右岸与大坝连接处100m范围内进行维修加固，原泄洪道向西侧地势低洼的地面漫流区域进行必要的整理，修筑成固定行洪道。放水涵洞为φ800mm钢筋混凝土预应力管涵，环形橡胶止水，采用φ600mm铸铁闸阀控制放水，闸阀与预应力管之间用φ600mm铸铁管相连接。进水口为浆砌块石翼墙，下游坝脚处过路涵为浆砌块石盖板涵（图4.2.1-2）。

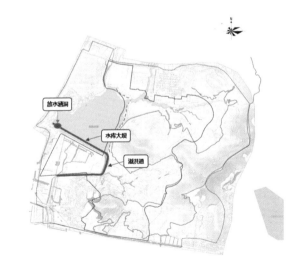

图 4.2.1-2 园博园既有水利设施

2 水韧性生态格局构建

园区水韧性生态格局的构建，关键在于合理构建以自然形成的冲沟为基础的汇、排水体系，确立合理的蓄水规模；构建以运河文化廊运河子系统和秀满华夏廊景观水溪子系统为骨干，池、塘、河、湖、湿地相交融可蓄、可排的生态水系网。汛期排水根据地形与汇水面等分别采取山坡截水沟、市政排水管沟、景观排水管沟、泄洪道等工程措施：山坡截水沟是通过山洪沿坡面汇入山谷低洼区域截水沟，进而汇入水库或溢洪道；市政排水管沟流向园区的雨水经山坡植被过滤后，形成雨水径流，雨水散流至市政排水沟，就近引流至泄洪道；景观排水管沟中的雨水经植被吸收和下渗后，沿途向园区水景处泄水保存，激活园区景观水系，多余的雨水通过景观排水管排至市政排水沟，并随雨水管道排向下游水系；水库由大坝东侧泄洪道泄洪，经泄洪道控制段后沿地面漫流，最终汇入下游河道（图 4.2.2-1）。

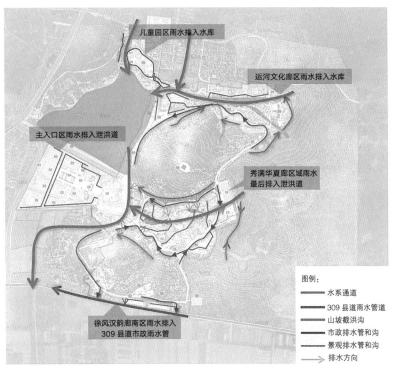

图 4.2.2-1　园博园径流汇集与排水系统规划

3 实施建设策略

利用 GIS 对场地的自然汇水面进行分析，构建以运河文化廊运河和秀满华夏廊水溪为主干，其他各展园区池、塘、潭、湖等相交融的自然蓄、排水系统。首先结合场地"勾形""加池扩溪"，提高雨洪期滞水、蓄水、净水能力，需要时将蓄存的水释放利用；其次，按照地形与径流面分析，合理规划设置雨水花园、下凹式绿地、屋顶花园、生态停车场、生态草沟等，打造"自然积存、自然渗透、自然净化"的"海绵体"。

园区海绵设计依据场地条件分别运用带状空间策略、线状空间策略和块状空间策略。带状空间策略主要以蓄水池和生物滞留带为主，较大型的海绵城市设施，可处理周围多个区块的雨水，一般运用于水系附近；线状空间策略运用于植草沟，沿着道路所设置的带状海绵城市设施，通常会与人行步道或植栽带进行结

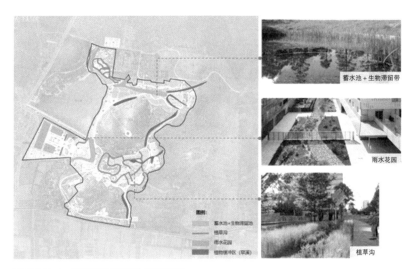

图 4.2.3-1 园博园海绵设计实施方案

合，依据情况与路缘石和边沟整合改造；块状空间策略运用于雨水花园，设置各种以区块为单位的海绵城市设施，较多以小尺度的设施为主（图 4.2.3-1）。

3.1 重点海绵工程设计

园博园重点海绵工程主要有北部运河文化廊的运河和中部秀满华夏廊的水溪 2 条自然冲积沟的海绵化工程改造和各展园的蓄排水工程。

北部运河文化廊的自然冲积沟是园博园内最长、高差最大、沿河景观最集中的冲积沟。规划设计依照山形地势和文化景观布局，在上游游客中心及下游游船服务处设置两处拦水坝，形成中游景观河段的长期蓄水，蓄水区域标高 52.00m，长 294m，水面宽度 7.00~20.0m。上游保留原有漂流功能，以现状基础为主通过适当的植物调整提升景观效果。下游保留现状水系，增加两处垒石拦水坝，在靠近湖区的河口区扩大水面，结合植物形成生态水系效果（图 4.2.3-2）。

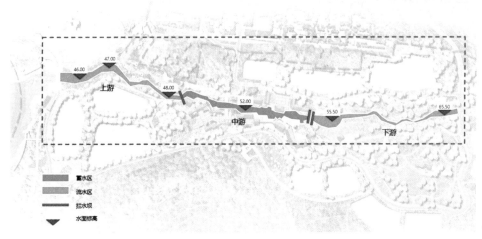

图 4.2.3-2 运河文化廊海绵工程设计

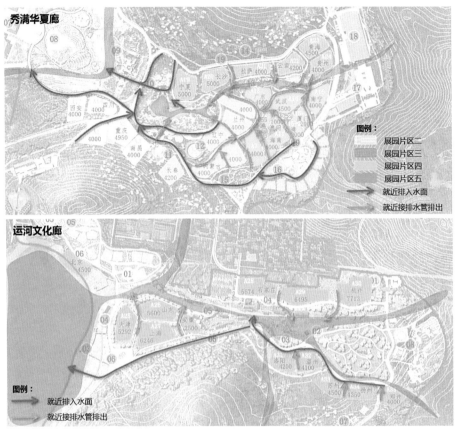

图 4.2.3-3　园博园展园排水系统设计

中部秀满华夏廊自然冲积沟较短、高差较小，保留现有拦水坝，不新增拦水坝，不考虑长期蓄水，平时为自然旱溪景观，旱溪区域标高 55.50~75.50m，高差 20m，断面设计主要考虑泄洪需求。

各展园内部的蓄排水工程，依各自规划分别修筑池、塘等蓄水体，并依地形就近与全园的市政排水管、集洪沟等连通，再排入悬水湖（图 4.2.3-3）。

3.2　园区水利用及再循环

园博园内的污废水产生点分散，公共厕所污染物浓度高，管理运营中心面积不大，综合馆因建设位置限制和使用要求等特点，决定了不宜在建筑内修建中水系统。针对这一特点，规划设立南北 2 个污水处理厂，建设中水处理和回用设施，处理园区污水。

园博园拥有总库容近 200 万 m³ 的宝贵水资源，因此，在水资源和水生态利用方面，以雨水回收利用为主。园内绿化和景观水体均采用雨水回收后的循环水，用于浇灌及补充水体。在石山顶和岩秀园等区域，考虑山体植被和宕口坡面植物的灌溉及用水问题，建设蓄水池或利用现有的泵站水池；在入口、园内广场等关键节点位置增加自动喷灌设施，并在宕口等特殊位置适当采用滴灌系统（图 4.2.3-4）。

图 4.2.3-4　园博园水资源利用组图

第 3 节　基础植物景观与生态系统规划设计

植物是造园构景的重要元素，是园博园专项规划中最富于变化、最充满活力，也是最具挑战性的部分。基础植物景观与生态系统起到确定园博园景观基调、实现各展园景观有机过渡的作用。由于山体面积较大，待生态修复的区域较多，基础植物景观与生态系统规划设计在保护原生景观和生态系统、从宏观层面整体控制的基础上，注重各个区域节点的植物景观规划设计立意，构建起景观优美、可持续的园博园景观和生态基底。

1　植被现状与提升目标

1.1　植被现状

吕梁山风景区东西约 40km，南北约 10km，面积 5823hm²，区内群峰林立，有低山丘陵 170 多座，森林覆盖率 89.5%，森林资源丰富，有大面积人工侧柏林、针阔叶混交林，加之天然下种的树种和野生灌木花草、各种地衣苔藓、蕨类、攀缘植物等形成了一个天然花园，有闻名世界的苏半夏、名贵药材茵陈，国家二级保护植物杜仲、核桃、鹅掌楸，国家三级保护植物青檀、野大豆等。

园博园选址于风景区核心区悬水湖（倪园水库）及东侧 4 座山岭的围合区，整体以侧柏林为主，内有大型采石宕口 3 处，山石裸露、怪石嶙峋，存在崩塌、落石等地质安全风险，亟须进行生态修复。山脚地势较为平缓，建有紫薇园等园林用苗圃，局部分布有阔叶林、一般园艺作物等。河口区域土壤土层较厚，肥力较好，有以水杉、垂柳、芦苇为主的湿地景观。近邻村庄的植物以泡桐、苦楝、乌桕、栾树等阔叶植物为主，长势良好。

1.2　生态背景

徐州市地处暖温带南缘，南北过渡气候特征显著，植物区系成分复杂，从地理成分看，温带植物较多，热带植物次之，特有成分较少，明显地反映了植物区系分布的过渡性。徐州市是江苏省二叠纪植物的主要发育地，主要有石松纲、真蕨纲、种子蕨纲和科达纲等[1]。目前，徐州市森林植物群落共有木本植物约 53 科 98 属 187 种，草本植物 74 科 562 种，蕨类植物 16 科 33 属 28 种，苔藓植物 16 科 30 属 89 种[2]。动物属古北界北区，常见动物中，脊索动物主要有哺乳类、鸟类、爬行类、两栖类、鱼类等，节肢动物主要有甲壳类、六足类、多足类和螯肢类等，软体动物有腹足类和双壳类，环节动物有蚯蚓、蚂蟥（水蛭）等[3]。丰富的动植物资源为园博园生物多样性的营造，提供了丰富的物种基础。

1.3　提升目标与途径规划

植物规划设计以"营生境、寻野趣、承古韵，吐翠纳芳展园博之彩"为目标，以乡土植物作为全园基调，通过植物修复场地中被破坏的自然生态系统，对侧柏林在保护的基础上进行生物多样性和景观多样性提升改造，引栽丰富的新优植物品种，按照园博园总体规划布局和基础绿化、公共展园、参展园的不同特点与要求，因地制宜进行精细化植物组团设计，打造多样的植物空间，展现植物的生态属性与美学特征，以诗意的中华植物文化和暖温带的乡土植物景观，将自然环境、园林景观与人的生活融为一个有机整体，展现植物的历史与文化魅力，呼应人与自然的和谐回归。

2　基础植物景观设计

基础植物景观设计秉持统一、调和、均衡、韵律和节奏的原则，全园的四季景观规划，以深绿色侧柏林为景观基底，增加季相变化显著的色叶植物、观花植物等，打造春景春花烂漫、夏景苍翠怡人、秋景层林尽染、冬景明净如妆的四季植物景象（图 4.3.2-1）。

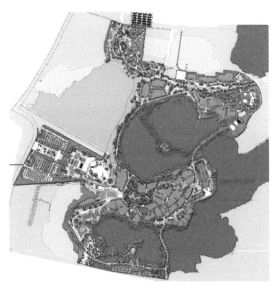

图 4.3.2-1　园博园植物景观总体规划

① 江苏省地方志编纂委员会编 . 江苏省志 10 生物志·植物篇 [M]. 南京：凤凰出版社 ,2005.
② 梁珍海，秦飞，季永华 . 徐州市植物多样性调查与多样性保护规划 [M]. 南京：江苏科学技术出版社 ,2013.
③ 徐州市地方志编纂委员会 . 徐州市志 1978-2015（上）[M]. 南京：江苏人民出版社 ,2017.

2.1 园路

园路植物景观依照三级园路进行设计。一级园路突出季相，主要采取连续的动态构图法，各树种作有规律的交替变换形成韵律，树种选用乌桕、银杏、三角枫、榉树、栾树、白蜡等，树下种植花灌木及开花地被；路旁植物景观提升结合侧柏纯林植物多样性改善，依不同景区分别增加委陵菜、金鸡菊、紫花地丁、金边麦冬、西洋鹃、花叶络石、肾蕨、佛甲草等观花地被，八角金盘、蕨类植物、玉带草、金边阔叶山麦冬、紫叶酢浆草、大吴风草等观叶地被，打造较强烈的季相变化；粗放式的配置增强植物景观的野性美，给游人以强烈而浓郁的大自然生态气息。二级园路串联城市展园，采取大乔木＋地被种植结构，路旁树木高度与路宽比控制在6∶1~10∶1，树冠开张，目标郁闭度60%~80%，增强园路长显深远、曲显幽窦的视觉效果，使游人体验到浓郁隐透的景观感觉。三级园路是园区主要的人行道，融入各展园之中，弯曲短而频繁，树木景观随各展园的要求协调一致。路旁花缘、草缘以多年生或一年生植物为主，丰富园路的色彩；植篱以常绿灌木为主，根据景观需要适度配置花灌木。园路转折路口处，强调主次分明与均衡对比，以高大树木为背景，其前配置花灌木，适当配置石、雕塑和草花的组景，给游人以常变常新之感（图4.3.2-2~图4.3.2-5）。

图 4.3.2-2　一级园路景观

图 4.3.2-3　二级园路景观

图 4.3.2-4　三级园路景观

图 4.3.2-5　路缘、路口景观

2.2　徐风汉韵廊

徐风汉韵廊地形变化丰富，西边紧邻悬水湖，区内分布有大型宕口。基础植物景观以现有侧柏山林为本底，以景观多样性提升改造和宕口生态修复为重点，从与两汉文化相关的诗词歌赋、汉画像石等历史记录中提取传统植物信息，营造体现本土自然、生态野趣的植物风貌，展现两汉植物风韵（图4.3.2-6）。基调树种有银杏、松树、紫薇、杏、柿、乌桕、鸡爪槭等，骨干树种有苦楝、柳、桃、竹、梅、紫藤等。

图4.3.2-6　徐风汉韵廊植物景观

2.3　秀满华夏廊

秀满华夏廊现状多为无林地，基础植物景观以"秀满华夏"立意，纳各地传统名木名花名草，打造现代野趣、传统古韵等不同的植物风貌，构成华夏廊的名韵之风。入口以银杏、桂花、月季作为迎宾植物，入口之后"望山依泓"以当今"山水林田湖草"概念构建自然疏朗的植物景观，再后进入各展园区，主要轴线（溪流）两侧采用刚竹、山茶、茶梅、海棠、荷花等形成名花荟锦轴，营造"天地有大美而不言"的立体山水画（图4.3.2-7）。

图 4.3.2-7　秀满华夏廊植物景观

2.4 运河文化廊

运河文化廊现状为一大型自然冲积沟，分布有少量乌桕林、泡桐林、垂柳林和一个紫薇园。基础植物景观以"隋堤柳，……绿阴一千三百里"（唐·白居易《隋堤柳》）、"柳色间桃李，行客迷芳菲（宋·曹勋《隋堤柳》）、"晓烟低柳绿，春浪蘸桃夭"（清·弘历《过运河》）立意，基调树种为垂柳，骨干树种为石榴、木槿、琼花等，续运河风光，打造"浪倒长汀柳，风欹远岸楼""晴景摇津树，春风起棹歌"的景象。

2.5 儿童友好中心

儿童友好中心现状为无林地，基础植物景观以"儿童少年与自然友好"立意，着力提高场地的活力、呈现大自然的色彩与空间变化，以花色艳丽、叶色多变的观花、彩叶类植物为基干，通过与观果、芳香、造型类等多种不同类型的植物组合搭配，增加对儿童的吸引力。在空间营造上，通过孤景树、观赏草与沙丘结合营造野趣景观，为儿童奔跑嬉戏提供乐土；充分利用植物特性，以蜜源植物、鸟嗜植物吸引昆虫、鸟类，满足儿童探索求知的需求（图4.3.2-8）。

图 4.3.2-8 儿童友好中心植物景观

2.6 望山依泓园

望山依泓园为园博园序曲园，是入园后进到各展园的过渡区，因该场地低洼且有一大型泄洪沟穿过，水洼成湖，遂以"山水林田湖草生态共同体"立意，分别外化为山之峰、水之澜、林之坪、田之叠、湖之花、草之沟 6 大景观，并与徐州多样的文化元素相对应，以"克制的设计""精致的手法""简约大气的风格"展示园博园的理念，又避免喧宾夺主，引导游人快速到核心景区。其中，山之峰以扶芳藤、茶梅、美女樱打底，点植黑松，以体现山景之美。水之澜上层：朴树 + 鸡爪槭，下层：石竹、天人菊、银边麦冬、亚菊、萱草、千鸟花、金光菊、月见草。林之坪上层：榉树 + 紫薇，下层：果岭草、滨菊、柳叶马鞭草。田之叠上层：五角枫，下层：小兔子狼尾草、粉黛乱子草。湖之花上层：早樱，下层：大花萱草、玉蝉花、蒲苇、鸢尾。草之沟以马鞭草、紫穗儿狼尾草、菖蒲、银边麦冬构成基础景观，枫杨、楠竹、水杉等起到美化水岸景观效果（图 4.3.2-9）。

图 4.3.2-9　望山依泓植物景观

2.7　岩秀园

岩秀园位于园博园西南欢亲门[①]（2 号门）内，面积约 2.2hm²，在系统地对采石宕口岩壁、坑塘等进行地质灾害隐患治理的基础上，"形神合一，因地制宜"指导设计全园的自然基底。以"山水徐州，水墨吕梁"立意，以裸岩植被重建为重点，注重空间"形与神"的打造，丰富空间层次，得到展现空灵悠远空间意境。结合中国园林植物诗意风雅，文化象征意味浓重，在保留中式园林植物丰富的文化含蕴、意象寄托的同时，结合宕口原有的山地地形，糅合各品类的奇花异草，因地制宜，

---

① 　"欢亲"意指欢悦和睦。西汉·贾谊著，刘向整理《新书·卷二·五美》："上下欢亲。"唐·李德裕《春暮思平泉杂咏二十首·流杯亭》："宁愬羽觞迟，惟欢亲友会。"

利用地形，师法自然，做到石中有花，花中有石，花石相夹，沿坡起伏，创造出既有文化内涵又令人赏心悦目的园林景观，形成香草花园、洞天拥翠、岩石花园、水墨画境、山石叠影五大植物景观（图4.3.2–10）。

香草花园

洞天拥翠

图 4.3.2-10　岩秀园植物景观

2.8 牡丹园

牡丹（*Paeonia suffruticosa* Andr.）是中国特有的木本名贵花卉，牡丹文化也是中华民族文化的一部分。唐·刘禹锡《赏牡丹》说："唯有牡丹真国色，花开时节动京城。"白居易《牡丹芳》道："牡丹芳，牡丹芳，黄金蕊绽红玉房。千片赤英霞烂烂，百枝绛点灯煌煌。照地初开锦绣段，当风不结兰麝囊。仙人琪树白无色，王母桃花小不香。"皮日休《牡丹》言："竞夸天下无双艳，独立人间第一香。"秀满华夏，国色天香，牡丹园便是立意于牡丹文化，景观设计以牡丹的根茎花作为构型之源，形成由根及蔓再到花的设计逻辑序列，以时间、历史发展作为设计叙事的暗线顺势而为，形成近—中—远的景观层次，低—中—高的竖向序列，平—伏—起的叙事节奏，形成"画廊迎宾""曲径花阶""洛神图赋""百雨金田""伊洛传芳"5 大植物景观（图 4.3.2–11）。

图 4.3.2–11 牡丹园植物景观

3 生态系统与植物多样性营造

园博园生态系统与植物多样性规划，基于对生境概念、生境系统功能、过程、结构的认知，在传统"分区管控"区划方法的基础上，突出生境系统结构的建构与控制[①]，以保障园区自然生境系统生物群落多样性、让自然自我做功、维持生态稳定性。

[①] 赵珂，赵梦琳，王立清.生境生态系统规划——生态规划的一种途径 [J].西部人居环境学刊,2018，33(2)：63–69.

3.1　系统的建立

园博园占地面积大，与城市关系紧密，并不是一个纯粹的自然生态空间，承载了城市的游憩使用、文化融合、生态培育、形象展示等多种功能。按照景观三元论[①]对景观系统的划分和园区生态资源自然分布和功能要求，将园区梳理成 3 个层次对应 3 大景观系统：（1）生态保育区：对应为生态系统。面积最大，是全园的自然生态环境基底，对生态系统起到整体统筹的作用，包括森林生态保育区、湿地生态保育区、采石宕口生态保育区

图 4.3.3-1　景观生态系统规划图

3 个分区。（2）生态观光区：对应为形象系统。是生态保育与合理利用的过渡区，游人游览展园的主要区域，这一区域的生态敏感度最高。（3）合理利用区：对应为游憩服务系统。主要包括隆亲门、运河水街、奕山馆——美食广场、酒店、管理服务中心 5 个分区（图 4.3.3-1）。系统的规划将保护、修复、开发有机融为一体，人工措施辅助植被修复，构建乔、灌、藤、草立体层次配置、相互镶嵌的近自然群落景观，营造"山、水、林、园、河、湖、建交融一体"的多层次、多功能的生态系统。

3.2　生态保育区——系统调控与优化

3.2.1　侧柏纯林生物多样性提升

园博园内山林为 20 世纪 50~60 年代人工种植的侧柏林。由于山地裸岩多、土壤不连续分布、土层薄、不保水、易干旱，生境恶劣，园内山体森林植被总体呈现出组成简单、类型单调的特征，基本以侧柏纯林形式存在，林下可见少量灌木和草本植物，但随海拔升高，数量和盖度迅速减少，到海拔 80m 以上，鲜见灌木及草本植物，自然演替速度十分缓慢。由于侧柏为强阳性树种，苗木初植密度大，随着侧柏的生长，一些林分郁闭度增大的侧柏，已出现内膛干枯等林相衰退的生态问题。在对现有侧柏林全面调查的基础上，对景观价值较高或生物多样性较高、处于进展演替过程、生长有国家重点保护动植物或珍稀濒危植物的片区进行严格的保护。对郁闭度过高的残次木、低景观价值林木，在不破坏原生生态环境的情况下，结合卫生伐进行补植，采取穴状整地方式，选择乡土树种，以使森林生态系统自然演替。在主园路两侧侧柏林下人工种植八角金盘、鸢尾、委陵菜等，丰富林下植被景观（图 4.3.3-2）。

① 刘滨谊 . 景观规划设计三元论——寻求中国景观规划设计发展创新的基点 [J]. 新建筑，2001，（5）：1-3.

图 4.3.3-2　侧柏林下增植地被植物

3.2.2　生态修复

（1）采石宕口生态修复。采石宕口生态修复按照园博园总体目标，遵循徐州石质山地自然生态系统演替规律，系统地对采石宕口进行断崖治理、崖壁垂直绿化，宕底生态景观重建等，构建完整的生态系统。

边坡地质安全隐患防治。为确保边坡的稳定性和长期安全，防止开挖坡面的岩石、土层的崩塌、滑坡，消除安全隐患，根据宕口边坡稳定性地质安全评价，对体积较小的危岩体、破碎斜坡滑动体等采取人工锤击楔裂，体积较大、人力清除困难的危岩体、破碎斜坡滑动体采取静态破碎、爆破的方法破碎去除危岩。对滑移式、倾倒式规模大、主控结构面宽、坠落式危岩，体积大且后缘无裂隙的危岩，采取锚杆（索）固定法，施加预应力的锚杆（索）增大与母岩分离面的正应力，使岩层形成压密带，阻止滑移、倾倒。对倾倒式危岩的后缘、存在大量裂缝危岩顶部等采取排水阻渗措施，减少地表水、裂隙水进入危岩体，预防水压力增强对危岩的冲蚀。

绿化基础工程。为了给植物的生长发育提供必需的土壤、水分、排灌系统、支撑结构等基本条件，根据宕口崖岩的岩石性质和宕口景观营建目标，采取在岩壁上开凿坑穴或浇筑小型状如燕窝、鱼鳞坑等的围挡结构，然后在这些坑穴内填充土壤、保水剂等种植基材。

植被景观营造。遵循安全性、生态性、观赏性原则选树适地，崖壁燕窝、鱼鳞坑种植的植物包括先锋植物和目标植物，以本地耐旱的草本、藤木、小灌木为主，保证种植的植物能够正常生长，既保留场地特征记忆，又实现崖壁上景观绿化。

植物养护。由于宕口崖岩植物面临夏季高温、冬季严寒、干旱等特别严酷的立地环境，为了保证种植的边坡人工植物群落的较快形成，并促进人工群落向自然群落过渡，最终进展演至顶极群落，设计了灌溉系统（浇水、蓄水、排水、施肥），保证植被建植期养护的需要。植被成活 2 个月后，根据植物长势，分阶段减少人工浇水的频率和水量，逐步过渡到自然生长。

（2）水体生态修复。整治园区自然冲积沟，扩大断面、增强蓄水能力、延长蓄水时间。"改地归流"将泄洪滩顺地形整理、开挖成标准泄洪道，使洪水不再漫流。所有水体的驳岸均采用当地自然山石挡土护坡方式，尽量保持原生态，保护和种植原生水生、湿生植物，促进湿地和陆地之间的物质交换，发挥植被的净化功能。为保证水体水质，将园内各个景观水体从最上级到最下级全部实现自流式连通，利用原有苗圃生产泵站向最上级景观水体补水；建设故黄河与悬水湖的排洪、输水工程，保证悬水湖洪水排得出、枯水补得上，通过水体的流动性防止"死水潭"可能造成的水生态环境恶化。

（3）动物生境营造。徐州是我国南北迁徙候鸟的重要途经之地，通过栽种食源性树种等方式，改善野生动植物栖息和繁殖的环境，为生物提供完备的自然环境。合理保留山林中的腐木、倒木、倒伏坑、滩涂地、食源性水生植物、林窗等以营造小生境，为森林生态系统的自然演替提供适宜的条件，维护森林与湿地生态系统的多样性，从而维护森林生态系统的稳定性。通过向湖、溪、池、塘放养鱼类、贝类等水生动物，在山林招引鸟类、放生猕猴、刺猬、松鼠、蜥蜴、野鸡等野生动物，丰富野生动物物种，同时保留林下及游步道上的枯枝落叶，增加土壤有机质，改良土壤性状，改善动物生存环境。

（4）有害生物防治。建立有害生物预警系统，设立2个植物病虫监测站点，安排专门人员定期观测，及时研判病虫害发生发展形势，适时开展防治工作。科学运用生物、物理、化学、人工等综合防治技术，开展有害生物无公害防治（图4.3.3-3）。

图 4.3.3-3　森林保护设施

（5）环保配套工程。设立生态公厕和2处配套的污水处理系统，实现园内污水的达标排放、综合利用。建设园林废弃物加工利用厂，实现"无废园林"生物质材料循环利用；园内采用自行车、电瓶车等清洁能源车，严禁燃油车辆入内；全部建筑采取绿色建造和运行技术，最大限度节约资源、保护生态环境（图4.3.3-4）。

图 4.3.3-4　环保配套设施

3.3　生态观光区——园林植物多样性构建

生态观光区是以园林景观为中心的展园集中区，以植物生态学为基础，注重园林植物多样性的构建，突出景观意象的营造。

园区基础绿化部分强化了乡土植物的基调树种作用，其中乔木四十余种，灌木三十余种，形成了全园基调风貌（表4.3.3-1）。

园博园应用的主要乡土植物品种　　　　　　　　　　　　　　　　　　　　　　　　表 4.3.3-1

类型	植物品种
乔木	国槐、乌桕、黄连木、枫杨、榉树、楝树、白蜡、银杏、三角枫、重阳木、白玉兰、刺槐、雪松、栾树等
小乔木、灌木	山楂、石榴、紫叶李、红枫、垂丝海棠、紫薇、碧桃、海桐、黄栌、珊瑚树、火棘、南天竹、卫矛、木槿、紫荆、小叶女贞、紫丁香、连翘、月季、绣球、牡丹、芍药等
草本	射干、络石、麦冬、万年青、马蔺、半边莲、虎耳草等

　　各展园的植物配置根据展园设计主题，选用了近百种新优园林植物，以群植、花境及花带等不同的种植形式进行植物景观的营造，通过丰富的种植形式变化与色彩变化展现植物风采（表 4.3.3–2）。

园博园应用的主要新优植物品种　　　　　　　　　　　　　　　　　　表 4.3.3–2

类型	植物品种
乔木	中山杉、望春玉兰、北美枫香、蓝冰柏、复叶槭、美人梅、挪威槭等
灌木	菊花桃、银姬小蜡、小球玫瑰、喷雪花、金焰绣线菊、火焰南天竹、龙井 54 号、彩叶杞柳、粉花绣线菊、枸杞等
草本	紫娇花、绵毛水苏、粉黛乱子草、佛甲草、万年草、墨西哥鼠尾草、香彩雀、山丹丹、五色梅等

　　各展园的植物配置还注重微立地环境，将雨水花园、生物滞留池、植草沟、下凹绿地、生态停车场等不同形式的城市海绵设施结合水生、湿生、耐水湿植物合理配置，达到雨水收集再利用、水质净化、栖息地修复等目的（表 4.3.3–3）。

园博园应用的主要雨水海绵植物品种　　　　　　　　　　　　　　　　表 4.3.3–3

类型	植物品种
雨水花园	莎草、菖蒲、黄菖蒲、大花萱草、香菇草、千屈菜、木贼、葱兰、射干、金边麦冬、玉蝉花、常绿萱草等
生物滞留池	蛇鞭菊、再力花、红蓼、美人蕉、蜀葵、石竹、德国鸢尾、黄菖蒲、紫露草、韭兰、常绿水生鸢尾等
植草沟	马尼拉草、玉带草、麦冬、花叶麦冬等
下凹绿地	花叶芒、晨光芒、虎尾芒、花叶芦竹、矮蒲苇、细叶芒、玉带草、灯芯草、芦苇等
生态停车场	百慕大短茎狗牙根、天堂草、马尼拉草等

　　"创新是一个民族进步的灵魂，是一个国家兴旺发达的不竭动力，也是中华民族最深沉的民族禀赋。"按照"绿色城市·美好生活"主题，园博园由院士和设计大师担纲主导、以行业学会协会及国家高端技术型企业为技术保障，打造智慧园博、畅享美好生活，致力新型建造、引领未来建筑，全面展示绿色科技、智能建造、装配式结构、智慧园林等国内外城市建设和发展的新理念、新技术、新成果，成为引领城市未来发展的科技盛会。

2

第 2 篇

创
新
篇

第 5 章　智慧赋能：畅享美好生活

本届园博会突出展示绿色科技前端运用，依托奕山馆、企业馆等各类场馆，通过实物建造或微缩建筑、沙盘、VR、AR 等方式，全面展示国内外智慧城市、无废城市、韧性城市等建设发展最新成果。各省级行政区展园重点展示新时代城乡建设发展新成就，展示美丽宜居、绿色生态、文化传承、智慧创新新型城市建设的示范案例，展示人居环境建设的经验做法，展示新时代城市转型发展成果和城市美好生活。

智慧园林依托物联网、大数据、云计算、空间信息等新一代信息技术，全方位将"互联网 +"与现代园林相融合，构建人工智能主导运营的智慧园区系统，建立智慧管理、智慧养护和智慧服务三大平台，形成网络感知、综合监管、物联智能、协同服务的智慧园林管理体系。通过智慧技术的全园应用，结合多样化智慧设备的布局建设，以及线上线下多项智慧系统的搭建，以 5G 创新体验打造智慧园林，推动科技与园林艺术的融合，实现园博园建造及运营的智能化管理。

第 1 节　智慧创新 动态监管

智慧管理涵盖智慧园林信息管理和智慧园林综合监管两大业务内容。智慧园林信息管理以基础地理数据、绿地现状数据、视频监测数据、绿地巡查数据为基底数据，建立园内苗木信息数据库及绿化档案。智慧园林综合监管包括绿地建设、环境监测、应急管理、动态监管、照明管理、扬尘管控等业务应用平台。通过综合运用智能设备和智慧技术，自动识别和获取监测数据，智能筛选合理信息，实现园区建设管理运营一体化的系统动态监控管理。

1　智慧园博指挥中心

园博园智慧化、智能化设备遍布在园区各个角落，这些设备及各项数据全部集中在运营指挥中心内的"智慧大脑"里进行操控管理。在园博会运营指挥中心内，全园视频监控画面、停车场实时车位信息、实时在园及出入园人数、场馆预约人数及游客特征数据、环境监测实时数据、各个场馆设施能耗数据、各类经营项目的实时营收数据等均详细陈列在大屏幕上，园区内各个角落的动态一"幕"了然，为园区管理提供领导决策、指挥调度、协同办公、信息发布、数据支撑、信息展示等功能支持（图 5.1.1-1）。

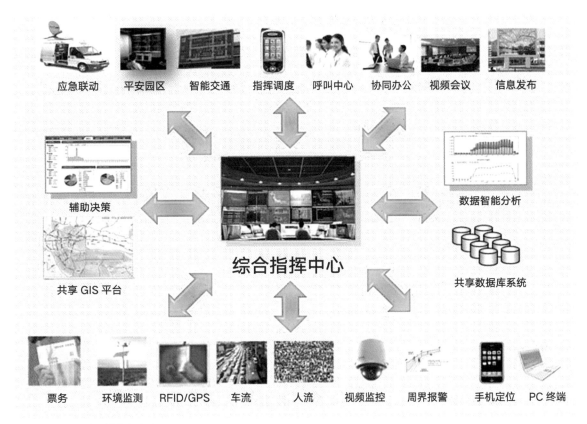

图 5.1.1-1　智慧园博指挥中心

2　智慧园林信息管理

智慧园林信息管理系统通过自动获取、动态采集各类业务数据，对绿地面积、绿化覆盖率等基础数据进行统计分析，自动更新绿化信息数据库，随时掌握园林绿地的动态变化情况。通过数字化手段使不同区域、不同部门的信息实现交互，相关资料可以随时调用和分享，打破了信息"孤岛"，建立了联动共享的智慧管理平台（图 5.1.2-1）。

3　智慧园林综合监管

智慧园林综合监管通过布设传感器、视频监控和物联网等先进设备，结合人工智能和无人机辅助云监测技术，以日常巡查、设施管理、活动管理、流量监控为动态监管手段，利用无人机在数据采集过程中高效快速的优势，为管理人员提供各个场馆、展园、广场、园林绿化等区域的实时监管数据，自动推送信息至智慧管理平台，实现园内所有区域的动态监督管理（图 5.1.3-1）。

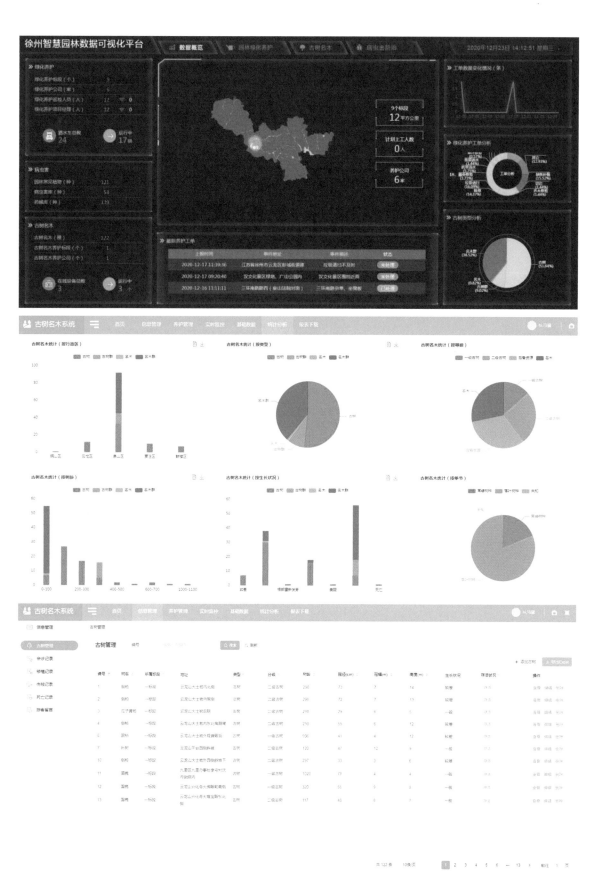

图 5.1.2-1　徐州智慧园林数据可视化平台

图 5.1.3-1　智慧园林综合监管

第 2 节　物联智能 科学养护

智慧养护通过对园内的乔木、花灌木、草坪等进行养护管理以及园林设施的维护管理，实现绿地智能管护、智慧灌溉、智慧虫情监测、智能割草、土壤墒情监测、智能树木健康监测功能，解决园林养护中由于不同种类植物特性差异化所产生的养护成本高、针对性实效性低等难题。通过对养护管理数据科学地自动分析，完成养护作业、养护进度和养护效果的全面记录、动态管理和实时掌控，实现园林养护智能化。

1　智慧灌溉

智慧灌溉将物联网技术、自动化控制技术与云计算相结合，利用智能网关、环境监测器、土壤温湿度传感器、无线超声波水表、大数据分析等，实时采集土壤墒情信息和周围环境参数，并将数据传到云端，系统自动分析进行智能灌溉。

长沙园雾森设备采用红宝石撞击式喷头，设备前端加装水处理装置，将自然水源过滤为更利于雾化的纯净水，形成更加良好的雾化效果。扬州园智慧喷灌通过传感器采集对应位置的土壤水分、温湿度等数据，分析判断是否需要喷灌，实现园内景观作物灌溉的智能化管理（图 5.2.1-1）。

图 5.2.1-1　长沙园、扬州园智慧喷灌

2　智能割草

　　园区设置多台智能割草机器人，对园内草坪进行养护，每台工作区域可达数千平方米。采用智能化方式重新定义草坪的维护，为草坪提供细致的打理和守护，高频剪草、标准化作业替代传统人工割草，操作便捷、简单易用、环保高效（图 5.2.2-1）。

图 5.2.2-1　智能割草

3　智慧虫情监测

智慧虫情监测通过在园区设置病虫害自动监测设备，对园内植物病虫、杂草、鸟兽害虫自动诊断、动态预测和精准防治，根据病虫害发生、发展特点，制定有针对性、可操作性的监测方法及手段。通过大数据自动分析实现病虫害准确预报防治，使养护管理单位提高防治效率，降低防治费用（图 5.2.3-1）。

图 5.2.3-1　智慧虫情监测

4　智能树木健康监测

智能树木健康监测仪是一款便携式树木健康快速监测装置，由树木茎流监测装置、气象因子监测装置和立地土壤因子监测装置三部分组成，具有体积小、重量轻、装置简便、测量精准的优点。园区设置智能树木健康监测站，对植物生长实时监测，实现了对树木健康的科学化、智能化、标准化评价（图 5.2.4-1）。

图 5.2.4-1　智能树木
健康监测仪

第3节 互联互通 共享服务

智慧服务主要用于满足游客需求,最大化地发挥园博园的游憩服务功能,包括园区智慧体验、智能环卫、智能休憩、智慧路灯、智慧导览等模块,以游客体验为核心,集合园区展示资源和当地旅游资源,构建园博会智慧服务体系,为游客提供随身、随地、随时的移动智慧化服务,实现智慧园林的互联互通、开放共享。

1 智能环卫

智能环卫包括智能分类垃圾箱和智慧卫生间。智能分类垃圾箱通过智能感应开启箱盖,支持精确定位、垃圾分类、感应开门、故障上报和满溢通知,具有温度检测、满载警示预警、垃圾称重等功能。智慧卫生间通过红外探测、气体探测、大数据分析处理等技术,将各种感知技术融合,打造园区特色的智慧环卫功能,并与智慧园林管理体系对接,提供游客服务和园区管理功能(图5.3.1-1)。

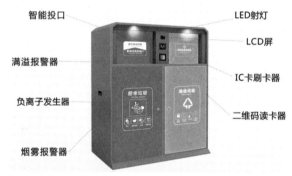

图 5.3.1-1 智能环卫

2 智能休憩

智能休憩包括智能座椅和智能凉亭两部分,可实现智能安防、紧急救助、音乐欣赏、信息共享等多功能需求。智慧座椅利用光伏板将太阳能转化为电能,加入 Wi-Fi、无线充电、蓝牙音响等扩展功能,满足游客休憩的需求,增加休息区、互动区、健身区的使用率。该设备取代普通的游园座椅,既方便游客休息,又提升园区科技感(图5.3.2-1)。

3 智慧路灯

园区内照明灯具、互动投影灯、重力感应地埋灯均为智慧路灯,具有视频监控、环境监测、智慧照明、一键报警、LED屏、Wi-Fi、公共广播等多种功能(图5.3.3-1)。

图 5.3.2-1　智能休憩

图 5.3.3-1　智慧路灯

4　智慧导览

　　智慧导览根据园区功能规划，在主要区域连接交汇处及隆亲门设置互动导览屏，提供智能语音导览、景点路线导览、园区及周边特色景点、各种多媒体展示等服务。在美食广场设置三层旋转屏，用以发布接待欢迎词、园区介绍、宣传展示、温馨提示、各类生活信息等，让游客更直接、主动地获取各类园内信息（图 5.3.4-1）。

图 5.3.4-1　智慧导览

第 4 节　固废利用　助力双碳

无废城市是以创新、协调、绿色、开放、共享的新发展理念为引领，通过推动形成绿色发展方式和生活方式，持续推进固体废物源头减量和资源化利用，最大限度减少填埋量，将固体废物环境影响降至最低的城市发展模式，是一种先进的城市管理理念，目标是实现整个城市固体废物产生量最小、资源化利用充分和处置安全。园博园无废利用通过对建筑垃圾再利用、废弃矿石再利用、园林废弃物再利用及废弃材料的循环再利用助力无废城市建设和碳达峰、碳中和目标实现。

1　建筑垃圾再利用

建筑垃圾再利用通过再生资源化利用处理方式，对施工垃圾、装修垃圾、拆除垃圾等建筑垃圾进行回收利用，加工制成再生骨料、再生混凝土、再生砖石等材料，提升建筑垃圾资源化利用水平。山东烟台园 MCM 生态板以城建废土、水泥弃块等为原料，生产过程无三废排放，对自然无损害，后期可循环利用，施工方便、节省成本、生态环保（图 5.4.1-1）。

图 5.4.1-1　建筑垃圾再生材料利用

2　废弃矿石再利用

废弃矿石再利用是在建设过程中利用宕口消险治理、场馆基础开挖产生的废弃石块，经过二次加工用于场地内道路、场馆、景观墙等建设，减少了路基土方用量，很大程度上缓解了矿石资源的浪费，提高了固体废弃物的回收、利用和处置效率（图 5.4.2-1）。

图 5.4.2-1　废弃矿石再利用

3　园林废弃物再利用

园林废弃物再利用通过在园内设置园林废弃物回收处理站，建设有机基质、有机覆盖物一体化生产线，收集利用园林植物落叶、草本废弃物和植物枝干废弃物，经过粉碎、发酵制成肥料或有机覆盖物用于改良土壤，有效解决了园林绿化修剪下来的树枝、杂草、落叶的循环利用问题，也解决了园林废弃物的处置问题，同时改善了土壤生态功能，有效降低了园林绿化养护、栽培和管理成本（图 5.4.3-1）。

图 5.4.3-1　园林废弃物加工与利用

4 其他废弃材料再利用

利用工业废旧材料和生活废弃日用品制作新产品，让资源合理地利用起来。内蒙古园展馆墙体材料以废弃玻璃、陶瓷废渣等为原料，形成节能环保材料发泡陶瓷板制品，固废利用率达到85%以上，建筑整体所用材料90%可回收利用，充分体现了绿色、环保、节能的理念（图5.4.4-1）。上合园入口外围墙内也以废纸壳、厨余垃圾等生活垃圾的再利用等形式，进行了立面的生态展示，呼吁人们环保节约、爱护环境（图5.4.4-2）。

图 5.4.4-1 内蒙古园废弃材料再利用

图 5.4.4-2 上合园生活垃圾再利用

第6章　向新而生：引领未来建筑

　　园博园内建筑以低碳、创新、高效、智慧为目标，遵循"适用、经济、绿色、美观"的建设方针，采用智能建造、装配式结构、绿色环保新材料等新型建造方式，推动绿色建筑与超低能耗建筑、智慧建筑、装配式建筑的有机融合，让建筑更加绿色健康、更加智慧舒适、更加低碳节能、更加经济高效，实现人与建筑的和谐共生，不断提升人们的生活品质。保持建筑效果与设计理念统一，展现新时代建筑水平，致力于打造绿色发展的可持续未来建筑，向世界展示高质量中国建造水平。

第1节　智慧建筑 降本增效

　　智慧建筑是集现代科学技术之大成的产物，通过对建筑物智能化功能的配备以及建筑内设备、环境和使用者信息的采集、监测、管理和控制，实现建筑环境的组合优化，从而为使用者提供满足建筑物设计功能需求和现代信息技术应用需求，并且具有安全、经济、高效、舒适、便利和灵活特点的现代化建筑。园区内主要展馆建设采用新型绿色智慧建筑方式以及运用大量的绿色环保材料，融合现代建筑技术、信息化应用技术、装配式技术和绿色节能技术，结合智能建造平台对现场的质量、安全、进度进行全方位管控，实现智慧化施工，保障建筑高质量建成，切实实现降本增效，展现智慧建筑的最新建设成果。

1　积木馆

　　积木馆采用模块化钢结构技术体系建造，建造期间环保高效，在展览结束之后如若拆除，不对场地环境形成破坏。主体空间采用支撑体和填充体构建方式，支撑体部分采用整体轻钢结构，填充体部分采用单元箱体，在建构上将每个箱体组合以形成"一束"大的单元组合体，在南北方向将每束大单元体以"红束""黄束""紫束"与钢架南北方向穿插形成空间的生成逻辑。节能与能源利用方面，采取适当的围护结构保温做法，充分考虑建筑的自然通风和自然采光能力。优化空调制冷系统、照明系统及运行策略，提高空调系统和照明灯具效率，达到降低建筑能耗的目的。通过打造绿色生态的智慧建筑，构建资源集约、环境友好、经济高效的企业馆，使建筑与自然环境和谐共生（图6.1.1-1）。

图 6.1.1-1　积木馆模块化钢结构

2　叠重阁

　　叠重阁建筑主体采用点式基础与主梁结构架空于山体表面，尽可能保留原有地形地貌环境。建筑底层整体架空，地面不设硬质铺装，实现最大限度的地表径流自然下渗。室内增加净化槽系统，将卫生间、咖啡区等生活污水净化处理成中水，可作为景观浇灌用水。根据使用需求，通高的中庭空间可做多场景切换，利用 LED 幕墙的多种变换强化展馆夜晚的展示性（图 6.1.2-1）。

图 6.1.2-1　叠重阁架空结构

3　悬浮立方

悬浮立方采用大跨悬挑重钢结构，与山势结合增加层高，建筑形体与地形形成开敞架空空间，视野开阔，可作为活动、休憩、展览、集会等空间，使用灵活。上层采用中建科技模块化钢结构技术，通过多种模块组合模式，实现各种展览空间。箱式房工厂预制，围护、保温、内外装饰面层一体化，大幅节约了成本及安装时间。整个建筑仅用柱子支撑，减少对原有场地及自然资源的破坏，展后可保留景观部分供人休憩或拆除还原地貌。建筑幕墙外挂铝板表皮，上有镂空徐州市市花紫薇花图案，模糊室内外边界，过渡自然与展览空间，不仅与展品交流，也与天空、植物、绿地、他人交流（图6.1.3-1）。

图 6.1.3-1　悬浮立方大跨悬挑重钢结构

4　同心楼

广西（南宁）园主建筑同心楼是一座结合绿色环保、新型材料、智能科技的展示馆。同心楼顶部采用聚碳酸酯阳光板，保证了自然采光和保温需求，减少能耗。非结构承重部分，采用再生骨料、再生烧结砖、再生混凝土等建筑垃圾再生材料，体现南宁建筑垃圾再生利用的先驱表率。

图 6.1.4-1　同心楼新型材料应用

同心楼室内设计智能互动 LED 地砖屏、智能互动装置等智能流媒体设备，为体验者 360° 展示广西秀丽风光（图 6.1.4-1）。

第 2 节　绿色建筑　低碳生态

　　绿色建筑是在全寿命周期内，节约资源、保护环境、减少污染、为人们提供健康、适用、有高效的使用空间，最大限度地实现人与自然和谐共生的高质量建筑。加快发展绿色建筑，建设安全耐久、健康舒适、生活便利、资源节约、环境宜居的绿色建筑。提升建筑能效水平，推动超低能耗建筑、近零能耗建筑、零能耗建筑发展，满足人民群众日益增长的美好生活需要。园区内各个主要建筑深度融合装配式、建筑信息模型、智能建造、绿色低碳、生态节能等技术，推动绿色建筑在原有基础上综合提升和拓展深化，展示高品质绿色建筑实践项目建造成果。

1　奕山馆

　　奕山馆采用混凝土＋钢＋木组合新型建筑结构体系，模数化的柱网与层高符合装配式建造的发展方向，便于装配化设计与施工。整个建筑自上而下分别展现胶合木组合屋架，材料可再生，污染少。屋架大面积采用木结构屋盖，展现新时代绿色建造方式，符合绿色低碳、可持续发展的方向。建造过程采用密拼预应力钢管桁架叠合板免支撑施工，可以有效减小叠合板的厚度，加大叠合板的平面尺寸，取消底部支撑，解决高支模问题，大大减少材料消耗，减少用工量，加快施工进度及提高施工质量。奕山馆钢结构施工部位应用防腐防火技术，可以有效防止钢材锈蚀，满足耐火极限要求。梁板柱施工采用现浇木纹清水混凝土（模板）工艺，结构装饰一体成型，减少装饰面层，节省装修工期，避免室内环境污染、节约资源，体现了装饰主体一体化的新技术。大跨度梁板应用缓粘结预应力技术，满足建筑功能需要的大跨度、大空间。在构件承受外荷载之前，预先对受拉模块中的钢筋施加压应力，可以明显改善结构使用性能，提高构件的刚度，增加构件的耐久性并延长结构寿命（图 6.2.1–1）。

图 6.2.1–1　奕山馆组合新型建筑结构

2　隆亲门

隆亲门以钢结构为结构主体辅以胶合木等再生材料，形成钢木混合装配式结构体系。通过充分利用钢结构的承重性能和木结构的装饰性能，全面采用工厂化加工和现场吊装工艺，结构装饰一体化，减少材料浪费和建筑垃圾，达到钢与胶合木组合结构技术应用效果。主体建筑以树形结构为核心体系，向水平和垂直方向发展延伸，形成三种单元模块化的结构体系。通过对一个单元的结构构件和重要节点进行设计，可解决建筑内部大空间结构问题，适合快速化建造与重复利用。整体考虑雨水收集再利用技术，满足园区绿化灌溉用水需求，实现水资源循环利用。结合当地气候，优化建筑体型，采用外遮阳及自带开启扇的高性能通风节能天窗等绿色节能技术，降低建筑能源消耗，实现资源节约和节能减排（图 6.2.2-1）。

图 6.2.2-1　隆亲门钢木混合装配式结构

3　天池酒店

天池酒店采用钢＋混凝土组合结构体系，建造手段采用混凝土柱－钢梁快速建造和密拼预应力钢管桁架叠合板免高支模，充分发挥材料优势，降低建筑消耗。天池酒店天池区域创新应用成套钢柱模技术，柱子钢筋笼一体吊装，加快施工进度，提高成型质量，减少操作架体及人工用量。建筑通过天池与宕口衔接，客房退台种植绿化，补齐宕口残缺，人为将建筑和天然裸露石材的反差弥合，宛如建筑生长在宕口之间，实现人与自然和谐共生。施工过程应用建筑信息模型技术，基于施工模型的深化设计以及场地布置、施工进度、材料、设备、质量等管理应用，将 BIM 技术渗透到设计、生产、施工、运营工程建造的全生命周期，实现施工现场信息高效传递和实时共享，提高施工管理水平（图 6.2.3-1）。

图 6.2.3-1　天池酒店钢 + 混凝土组合结构

4　竹技园

竹材作为全生命周期的可持续建筑材料，是绿色环保高产的可再生材料，是外观、功能及结构属性统一的绿色建材。竹技园采用竹 + 钢组合新型建筑结构体系，通过竹建筑与自然竹景观的相融、竹材料与原竹的对话、竹材与钢结构的组合等多个元素与竹的融合，塑造不同的竹空间层次，创新探索竹材在装配式绿色建筑中的应用。施工应用钢与重组竹组合结构技术，经特殊工艺处理，制作

图 6.2.4-1 竹技园可再生材料应用

出一体化围护墙板和吊顶地面一体化楼板，节省工序，满足节能标准。整个建筑采用模块化设计形成标准化构件，通过竹建筑模块的堆叠、拼接生成建筑形体，体现装配式竹建筑技术在绿色建筑中的应用（图 6.2.4-1）。

第 3 节　装配式建筑　节能环保

装配式建筑把传统建造方式中的大量现场作业工作转移到工厂进行，在工厂加工制作好建筑用构件和配件，运输到建筑施工现场，通过可靠的连接方式在现场装配安装而成，实现标准化设计、工厂化生产、装配化施工、一体化装修、信息化管理、智能化应用。园博园主要场馆都采用装配式的建筑结构，通过装配式混凝土结构、装配式钢结构、装配式木结构、装配式预应力混凝土结构，展示装配式建筑工业化技术体系以及节能环保、集成开发应用模式。

1　吕梁阁

吕梁阁采用装配式钢框架 – 混凝土核心筒混合结构体系，这种组合结构既发挥了钢结构抗拉强度高、自重轻、节点连接便捷可靠的优势，又集成了混凝土柱抗压性能强、防火性能好、维护成本低的特点。主体与基础结构采用高强钢筋直螺纹连接和热轧高强钢筋应用技术，通过推广应用高强

图 6.3.1-1　吕梁阁装配式核心筒混合结构

钢筋，显著减少配筋根数，使梁柱截面尺寸得到合理优化，大大提高现场钢筋连接质量和连接速度。外立面风貌摒弃了传统汉代建筑过于写实的色彩，采用防氧化的深灰色金属瓦屋面，檐口勾边、屋脊描金以及外露梁柱等部位外包仿栗色铝镁锰合金板新材料，提高耐久性和抗氧化性。楼梯采用全装配式钢楼梯，实现施工、永久楼梯结合使用，节能安全（图 6.3.1-1）。

2　宕口酒店

　　宕口酒店采用装配式钢混组合结构体系，建造过程采用悬挑钢筋桁架楼承板免支撑施工法和空腹桁架单元式组合吊装，在外墙围护系统、内墙系统、外墙装饰系统采用装配式建筑技术。钢与混

142

凝土组合结构兼具钢结构和钢筋混凝土结构的一些特性，具有刚度大、承载力高、抗震性能好及显著的技术经济综合优势，可显著减小柱的截面尺寸。施工过程中采用自密实混凝土及悬空施工多种先进施工工法，确保设计意图能够实现，同时减少材料消耗，体现节能环保。钢管混凝土柱应用自密实混凝土施工工艺，混凝土在自重作用下达到密实，无须外力振捣，即使存在致密钢筋也能完全填充模板，同时获得很好的均质性，保证混凝土施工质量，可以减少现场作业工人数量，有效加快施工进度（图6.3.2-1）。

图6.3.2-1　宕口酒店桁架免支撑和组合吊装应用

3　咸和①苑（运营中心）

　　咸和苑采用全装配钢结构，在强度高、自重轻、抗震能力好的基础上，便于工厂化生产与装配化施工。建造过程应用钢结构虚拟预拼装技术，在计算机中模拟拼装形成分段构件的轮廓模型，与深化设计的理论模型拟合比对，检查分析加工拼装精度，经过必要校正、修改与模拟拼装，直至满足精度要求。创新采用装配式预制条形基础施工工艺，工厂生产质量标准高，解决连接节点受力分析计算，上部轻钢结构地埋螺栓精度高，可以与现场土方作业同步施工，减少混凝土浪费，加快现场施工进度，具有很好的节能、节材、环境保护作用（图 6.3.3–1）。

图 6.3.3–1　咸和苑预拼装技术应用

① 协和，和睦。汉·潘勖《册魏公九锡文》："少长有礼，上下咸和。"体现运营中心协调园博园各部分和中运营之意。

4　魔尺馆

　　儿童友好中心魔尺馆主建筑采用高效、经济、环保的现代预制轻型结构体系，应用五边钢框架体系基本模块平面组合逻辑，以五边形作为建筑高度方向扩展的基本单元的组合，满足各种空间模式的需求，形成顺应场地高低起伏的建筑空间。折叠框架坡顶和架空的首层空间将孩童尺度的各种主题小屋——教室、阅览室、游戏屋、工坊等，与花园空间连接成一个微缩的乐园。主体墙板由水泥纤维板、铝皮、装饰铝板三层组成，在施工便捷、整洁美观的同时，兼具保温隔热、防水阻燃、隔声降噪、绿色环保的特性。这种可快速建造、可重复使用、灵活可拆装的建筑体系延长了建筑生命周期。绿色可持续的建筑技术、可再生的建筑材料，实现了生态化、智能化的全装配式网架结构体系（图6.3.4-1）。

图 6.3.4-1　魔尺馆五边钢架体系应用

本届园博会，在园博史上首次聚齐了全国 34 个省、自治区、直辖市、特别行政区参展，还邀请到徐州市国际友好城市和上海合作组织参展。徐风汉韵，构画经纬；华夏全景，一园炫煌；东西意理，十园十窗。水木清华，景逾濯锦，展世纪园林；天高地迥，梦觉迷津，觉宇宙无疆。

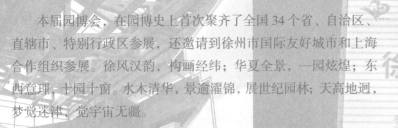

第 3 篇

特色篇

第7章 徐风汉韵：波澜壮阔谱华章

"淮海间，其气宽舒，禀性安徐，故曰徐。徐，舒也。""昔徐偃王好行仁义。"千百年来，徐州重情重义、崇德向善的优良品格和质朴自若的风尚，渗透到人们的精神生活和物质生活的各个方面，也成为徐派园林的重要文化内核。

第1节 厚重清越徐派园林

1 徐派园林简史

古徐州优越的自然地理环境为人类在此区域的定居和经济社会的发展提供了良好保障。进而，较高的经济社会发展水平为徐派园林的产生和发展提供了肥沃的土壤，到周代已经有了大量的早期园林形态。1993年起，南京博物院、徐州博物馆、邳州博物馆对邳州梁王城遗址进行发掘，在商周时期地层，考古人员发现有一条鹅卵石铺成的小径，小径两旁有奇形怪状的石块垒起的假山一般的造型，在其附近还发现了陶制下水管道及陶井圈。专家们认为，这是中国历史上春秋时期人造园林的遗迹（图7.1.1–1）。

从徐州遗存的"狩猎图""庭园图""庄园图""苑囿图"等大量汉画像中，我们可以清晰地看到"庭""院""园""苑"等园林类型，中国古典园林四大基本要素"山、水、植物和建筑"不仅一应俱全，而且表现形式多样，体现出一种"席卷天下、包举宇内"的宇宙观，"法天象地"的大尺度景观空间格局，展现出震撼人心的气魄（图7.1.1–2）。

图 7.1.1–1 梁王城园林假山考古现场图

图 7.1.1-2　汉画像·典型园林场景——汉代彭城相缪宇苑囿图

　　尤其可贵的是这些汉画像石中记载的徐人所创造的利用斗栱、立柱支撑，悬挑于水面之上，并以楼梯连接到地面的木结构高层建筑，包括双楼梯与斗栱支撑的架空高榭（图 7.1.1-3）和单楼梯与斗栱斜向悬空支撑的"悬水榭"（图 7.1.1-4）[1]，在园林乃至中国古建筑史中独具一格。

　　到三国两晋南北朝时期，南渡徐人在古典园林史上率先提出了"师造化""意境念"造园思想，并大量付诸实践，有力推动了"六朝园林"的勃兴，对中国古典园林的发展起到了关键作用。其中，西晋时，左思（约 250 年～ 305 年）《招隐》就发出了"杖策招隐士，荒涂横古今。岩穴无结构，丘中有鸣琴。白云停阴冈，丹葩曜阳林。石泉漱琼瑶，纤鳞或浮沉。非必丝与竹，山水有清音。何事待啸歌，灌木自悲吟。秋菊兼糇粮，幽兰间重襟。踌躇足力烦，聊欲投吾簪"的"山水意境"之感。南朝宋刘义庆（403 年～ 444 年）《世说新语》记录了大量的园林营造理念和技艺，"会心处不必在远，

双梯架空高榭

双梯架空悬水高榭

图 7.1.1-3　汉画像·架空高榭

① Yan Hua,Wang Meiqing.Xu-style Garden Architecture of the Han Dynasty:Hanging Waterside Pavilion[J]. Journal of Landscape Research,2021,13(01):19-22.

木柱栌斗支撑粗大悬挑斜曲斗栱　　　　升级增加到二级悬挑斜曲斗栱　　　　粗大斜曲斗栱上增加二级较纤细斗栱

底层斜曲斗栱承托木柱栌斗　　　　底层木柱栌斗支撑　　　　　　底层木柱栌斗支撑
　　　　　　　　　　　　　四级斗栱悬挑延伸承托　　　　　二级斗栱悬挑延伸承托

图 7.1.1-4　汉画像·单梯悬水榭

翳然林水，便有濠濮间想也""移景造景""以小见大，以远及近"，造景要精心构筑其"会心处"
——是说园林的营造技艺。"江山辽落，居然有万里之势"——是说造园中的意境在于运用典型"以
小见大，以远及近"，俱要用心揣摩，全须精心筹划设计等论述，将造园论述都提升到了理论高度。
如果说中国画的"师造化""意境念"是唐代书画家明确提出的，造园艺术的这两论在南北朝时期
就已由徐派园林大师明确阐释了，其造园理论的"议""游""想"，仿景、借景以及"有若自然""有
侔造化"等等造园理论均早于唐代。

　　宋金以后，作为南方与北方、汉族与少数民族文化剧烈碰撞、整合的古徐之地，这一时期虽然
域内皇家造园活动减少，但是民间士绅私园、官署园林和宗教园林等随着京杭大运河漕运的兴盛而
走向成熟。到明清时期，造园之风达到鼎盛，衙署坊表林立，官邸花园连甍，富商园墅栉比，寺观
园林、书院园林空前繁荣，朝鲜人崔溥在其著作《漂海录—中国行记》中写道："江以北，若扬州、
淮安，及淮河以北，若徐州、济宁、临清，繁华丰阜，无异江南"[1]。然而，黄河在宋代以后数百年
中的多次决堤，使徐州城连同它的园林，被数度埋入厚厚的黄土之下，使今天的人们再难见昔日的
辉煌。

① 崔溥.漂海录—中国行记 [M].北京：社会科学文献出版社，1992.

中华人民共和国成立以来，特别是进入新世纪以来，徐州市委市政府坚持把生态文明建设摆在全局中的突出位置，大力推进"城市双修"，努力保护生态环境，深入实施生态修复，多样化实施采煤塌陷地、采石宕口等生态修复工程，按照公园城市的理念，高水平实施景观润色工程，塑造精致细腻的城市园林景观，成功打造"一城青山半城湖"的城市名片。在此过程中，徐派园林在继承优秀传统的基础上，根据新时代需要，积极创新，努力探索，园林艺术风格日臻成熟，传承并发扬了自然山水"其气宽舒"的特征和"质朴正统，豁达豪迈"的人文性格，形成了"自然、大气、厚重、精致"的特质，"徐风汉韵，厚重清越；景成山水，舒扬雄秀"的徐派园林风格，体物写志，展情义文脉，显豪放宽博性格；相地布局，简妙灵动，舒和大气；用石理水，厚重雅丽，宛自天开；植物配置，季有景出，形意自然；园林建筑，兼北雄南秀，承古开新；整体风格，舒展和顺，清扬拔俗，雄秀并呈，自成一格。在中国园林体系中的北方园林和江南园林的纬度之间，这一华夏文明的重要发祥地，徐派园林初步构建起一个新的园林文化体系。

2　当代徐派园林的艺术特征

2.1　"其气宽舒"的空间营造

2.1.1　地形营造——质朴自然、恢宏大气

徐派园林得自然山水之浸淫，充分结合自然地形、地势、地貌，通过对自然山水要素的运用和塑造，体现乡土风貌和地表特征，切实做到顺应自然、就地取材、衔山吞水、聚珠荟萃、舒展和顺、恢宏大气，已成蔚然大观之景象。彭祖园依托两座自然小山，对西侧集洪沟进行疏浚扩展，形成湖在前山在后，山水相依的格局。狮子山汉文化景区原址东部为狮子山，西部为砖窑取土形成的深坑，北部为骆驼山。公园布局依楚王陵及兵马俑坑遗址，充分运用丰富的自然地形和空间变化，实现各景点互相借用，最大限度扩展景区内部的空间渗透力。另一方面，由于受到城市绿地系统布局均衡性等因素限制，园林场址选择比较"平庸"时，通过人工地形的高低起伏、比例尺度的把控、水陆形态的调整等营造出近自然的地表特征。植物园红枫谷和东坡运动广场小溪，就是在小块平地上，筑出浅浅谷地，营造出一种幽深的氛围。

2.1.2　空间组织——依天然生境、造精雅空间

1. 多维多向、曲折开合

天然生境的多维多向性与内在统一性，衍射到园林营造中，就是在景观的空间层次追求丰富、变化和深度，各种要素的设置、过渡空间的安排、景观构成的协调处理，强调因循地势，在高低变化、曲直结合、虚实相生、百转千回中巧妙安排出"起、承、转、合"的园林空间，多维多向、曲折显隐、开合有度。特别是现代城市公园在展示序列方式上更不再局限于单一展示程序，大多采用多向入口、循环道路系统、多条游览路线的布局方法，在以一条主游览路线组织全园多数景点的同时，又以多条辅助的游览路线为补充，以满足游人不同层次的游园需求。另一方面，在空间类型上，不再局限于景观（浏览）空间的打造，而是将运动（休闲）空间的构建放到突出位置，以充分满足市民多样

化的需要。如奎山公园在空间的布局上，设计了以曲线为脉络的闭环道路系统，采用以多主题景观为核心的循环序列布局，设置多向入口，通过蜿蜒曲折的园路达到了各景点之间以及各景点与各出入口之间的循环沟通。在保持全园总体循环序列的同时，公园以各入口为起景，以相关的景区景点为构图中心，设置多条游览路线，以方便游人的集散，进而更加合理地组织空间序列。这种分散式游览路线的布局方法，既满足了要容纳高游客量的客观需求，又易于使游人产生步移景异的新鲜感，增加了公园的观赏性。

2. 大分散、小聚合的建筑布局

与明清江南园林"树木花草散布于建筑合围空间之中"相反，徐派园林空间布局继承和保持了数千年一以贯之的"建筑分散于树木花草之中"的传统。如彭祖园以中部祭拜广场为中心对称布置纪念彭祖建筑群，突显公园主题；东部出入口位置布置彭祖养生餐饮建筑群，强化公园主题；北部布置徐州名人馆等建筑群，进一步彰显徐州的人文历史；西部滨水区置水榭，南部为动物园建筑群，全园建筑依功能分区聚散有度。

再如云龙公园建筑格局遵循"延续地域文化元素"的原则，在与王陵路相接的北部布置王陵母墓等建筑群，北部原砖窑取土坑改造的北湖湖心岛上布置燕子楼建筑群，东部因与学校等单位相邻，环境要求僻静，布置盆景园建筑群，沿湖岸散布数处水榭等建筑，汉（王陵母）唐（燕子楼）忠义文化遥相呼应。

3. 植物为主体的空间分割与表现

与大分散、小聚合的建筑布局相适应，徐派园林营造中，植物在充当构成、限制和组织园林空间中发挥着主体作用，这样的园林空间景观在地面上，以不同高度和各种类型的地被植物、矮灌木等来暗示空间边界，如草地和地被植物之间的交界虽不具视线屏障，但也暗示着空间范围的不同；立面上则可通过树干、树冠的疏密和分枝的高度来影响空间的闭合感；顶面亦是如此，不同高度、大小和疏密的树冠表现出不同的空间特色，同时植物的树冠也限制着人们向上仰视天空的视线。在"近自然"原则下，植物配置上结合场地的自然风貌特征，以及因地制宜的微地形设计，注重常绿与落叶、乔灌木与花草、观赏特性和季相变化的搭配，建设科学合理的复层结构的绿地，营造出多树种、多色彩、多层次、富变化、主题突出的植物群落景观。

2.1.3 山水空间营造——取自然之精华，厚重雅丽，宛自天开

1. 理水壮阔秀丽

徐派园林理水师法自然河湖之形态，以开阔简洁的"湖"为基调，辅以"池"的静谧、"洪"的磅礴。"湖"的塑造精在体宜。利用场地自然或原有的水廓，因地制宜稍作修形，湖中筑岛、设堤、造桥，形成水面聚分、断续、曲折有致的节奏感，近自然的湖泊型水体，水面壮阔。这类水景多存在于大型公园和风景名胜区，兼具标识功能，如云龙湖风景名胜区、金龙湖公园、九里湖公园、督公湖公园、南湖公园、潘安湖公园等，湖水多与区域性河流相通，湖中小岛，犹如碧玉，在水天一色之中，平添了几分袅袅娜娜的韵味（图 7.1.2-1）。

"洪"是徐州山水文化的重要内容，仅以"吕梁洪""百步洪"为题材的古诗词歌赋即数以百计。

图 7.1.2-1　云龙湖风景名胜区

当代徐派园林"洪"的塑造巧在自然地势利用，如金龙湖珠山宕口瀑布悬空直下的飞流，声如奔雷，澎湃咆哮，激湍翻腾，水汽蒙蒙，气势雄浑而磅礴，豪迈而坦荡。

2. 用石淳厚凝重

《尚书·夏书·禹贡》记载的徐州特产中有"泗滨浮磬"。徐州自古自然名石资源丰富，人们的赏石水平很高。形神交融的山石，用以掇山，或置石，或护坡，造就了徐派园林众多佳作，从一个侧面也诠释了徐州"淳厚、凝重"的人文精神。

块石成山。徐派园林掇山材料以矩形块石为主，风格以简约、粗犷、豪放为特征。奎山公园中，采取了"池上理山"的手法，在池边用纹理呈横向变化的横长形块石，横纹直叠，简洁明快，避巧就拙，体现平、直、正、拙的特征，倒映水中，俯仰之间，壶中天地、万景天全。

置石成景。置石是当代徐派园林中应用最为广泛的一种用石手法，或空旷之野，或嘉树之下，或湖岸水边，或屋角墙边，或路缘阶旁，独置、对置、散置、群置一些大大小小的天然石块，看似无心，实则精心布局，"片山有致，寸石生情"，与相邻景物融为一体，使"软"景观中化入一份硬朗，"硬"线条中平添一份柔情。

筑坡驳岸。徐派园林地形起伏多变，砂性土壤多，水土流失现象较为突出，挡土护坡成为造园的重要一环。恬静娴雅的湖溪岸边或花草如茵的坡底，一抹景石护坡，一动一静，一刚一柔，生动自然。

2.2 园林建筑——雄秀并呈，承古开新，设用相宜

当代徐派园林建筑在继承中国传统建筑古典复兴的同时，积极吸收现代新材料和建筑成果，发展出一批新型园林建筑。其风格既有北方建筑的厚重朴实，又有南方建筑的精巧雅丽，还兼具现代建筑的简洁明朗，装点在青山碧水、绿树花草中，与周边的山水、植物协调搭配、巧妙融合。云龙公园燕子楼是按清初仿宋形制近年重建的双层单檐楼，精致典雅，充溢灵秀之气。狮子山汉文化园骑兵俑展厅，采用倒置四方斗形，双斗并肩倒覆水上，情趣盎然，自然成景。楚河公园北岸的3座钢架亭，整体呈现造型新颖、宏观明快的现代化式休闲亭特点。

2.3 植物配置——集南北之长，季有景出，形意自然

徐派园林植物配置注重"生态功能"，突出整体与大体量的美，发挥地处南北气候过渡带、四季分明、植物种类南北兼备的优势，植物配置结合场地的自然风貌特征，以及因地制宜的微地形设计，常绿与落叶、乔灌木与花草、观赏特性和季相变化的搭配，构建科学合理的复层结构绿地，营造多树种、多色彩、多层次、富变化、主题突出的植物群落景观。

2.3.1 对比与协调的统一

运用节奏与韵律，统一与微差，对比与协调等美学原则，采用有障有敞、有透有漏、有疏有密、有张有弛等手法造景，富有季相色彩，给人以美的享受。如云龙湖东岸和云龙山"云湖彩练"段，相互交织的6条色带，游人无论身居道路上，还是在湖中，都能观赏到丰富的美景。

2.3.2 意与形的统一

强调情与景的交融，利用植物寓意、联想来创造美的意境，寄托感情。如淮塔较好地应用了植物进行意境创造，在总体规划设计上，突出了纪念建筑物的园林效果，强调了园林种植的实用、观赏、衬托功能；在树种的形体、色彩、适应的季节，与景点的关系上都做了最恰当的选择，绿化种植与人文景观相互协调，相得益彰。整个园区既是一个有机的整体，又都各具特色。

第2节 溯源之旅徐州园

徐州园是东道主之展园，位于入口景观轴线上，前承入口广场、后接秀满华夏廊、纵连徐风汉韵廊，纵横两个大尺度景观节点区。该园由贺风春大师主持创作。

1　文化元素的提取

徐派园林作为园林学界新提出的一个园林文化艺术流派，有其独特的文化和艺术性。展园设计以溯源徐派园林根脉为造园目的，展示徐派园林的悠久历史、厚重文化和独特艺术风格。

文化元素的提取以考古发现为主要依据：一是商周时期梁王城遗址，二是梁王开运女河的故事。梁王城遗址由大城和宫城组成，宫城位于高台地之上成为台城，大城发现有人造园景的遗迹。因此，提取"台地城苑"作为徐州园的起点。又据文字记载，华夏大地最早"行仁义"者徐偃王。"梁王城"出土的春秋早期"徐王粮鼎"（图7.2.1–1）有铭文："余邑　（徐）王井量　（粮）用其良金，铸其餴鼎，用鬻（羹）鱼腊，用饔（雍）宾客，子子孙孙，世世是若。"[①]铭文说明徐王不仅用"良金铸鼎，用饔（雍）宾客"，而且要求"子子孙孙，世世是若"，体现了《论语·学仁》所言："泛爱众，而亲仁。"在古徐国都城——梁王城遗址向北有一条不大的河，北抵今山东兰陵镇，传说春秋战国时期此地有兰陵王和梁王两个王，梁王的女儿与兰陵王的儿子"男大当婚，女大当嫁"，两王结成了美满亲家。但梁、兰两城相距数十里，道路崎岖，往来不便。于是，梁王与兰陵王商议后在两城之间开了一条水路，让女儿坐船走娘家，梁王的女儿一路欣赏着河畔桃红柳绿、草长莺飞的美丽风光，既悠然，又方便。后人为了纪念这件事，将此河称为运女河延续至今。徐王粮鼎与运女河的故事都体现了徐州深厚的"仁"文化，对"建设一个包容和谐的世界"也具有重大的示喻意义。

徐州是汉皇故乡，在汉代400多年时间里，产生了大量汉墓、汉画像和汉兵马俑（"汉代三绝"），展现出充满"大汉之气"的王家"宫""苑"，同时民间园林于此发轫，对后世造园影响极为深远。徐州园设计从徐州汉画像中摄取两汉经典园苑形态，以奋发向上、大气磅礴的两汉文化形成全园景观序列的高潮。唐宋时期徐派园林走向成熟，民间园林更为繁荣，开朗豪放、精致内省的唐宋文化通过园林山水艺术石刻展现出来，既是徐州园的收官，又顺接运河文化廊、清趣园之明清文化。

图 7.2.1–1　徐王粮鼎及其铭文

2　徐州园的设计表达

2.1　布局与空间序列

以徐州历史文脉作为故事线，左侧为运女河文化叙事区、右侧为梁王城文化叙事区，采用台地城苑、汉代囿苑和宋山水园的园林表现形式，形成徐州园的整体布局与空间序列（见图7.2.1–2）。

---

① 吴振武.说徐王粮鼎铭文中的"鱼"字[C].中国古文字研究会，华南师范大学文学院.古文字研究第二十六辑.中华书局出版社，2006；224–229.

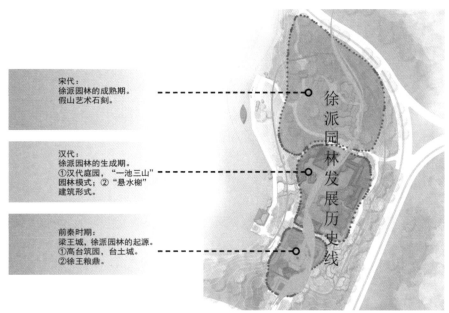

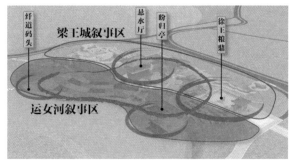

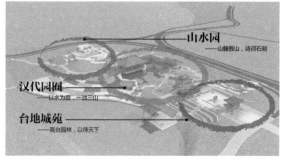

图 7.2.1-2　徐州园总体布局与空间序列规划

2.2　相地

　　《园冶》云："园基不拘方向，地势自有高低；涉门成趣，得景随形。"徐州园地块位于园博园中部山谷南麓，南部多为洼地景观。设计顺应园博园的大地形特征，整体呈北高南低之势，北部叠山、南部营池，起伏有秩，水流自北部山岩顺势而下，穿过溪、涧、池等，最后汇入运女河（见图 7.2.1-3）。池依汉代"一

图 7.2.1-3　徐州园水系布局规划

池三山"范式，池中设 3 座松石岛"仙矶"（图 7.2.1-4），配以瑞鸟雕塑、仙矶、宫灯等小品渲染氛围（图 7.2.1-5），描绘出神秘的"仙境"画卷。岛植造型松，周置曲廊、悬水榭等，配以景石假山、跌水仙矶，汉代苑囿跃然而现。涧隐松林，石间垂象；烟开绝壁凝寒翠，日射悬崖绚绕红；涵蓄何须千顷碧，泓澄长抱一天秋。

图 7.2.1-4　"仙矶"图

（魏昌宝　摄）

图 7.2.1-5　瑞鸟雕塑、仙矶、宫灯等小品组图

2.3　立基

《园冶》云："凡园圃立基，定厅堂为主。先乎取景，妙在朝南。""高方欲就亭台""卜筑贵从水面，立基先究源头"。全园建筑布局依山就水，山南池北立全园主体建筑悬水厅。厅左环池设观景亭廊，池前立悬水榭等构成"汉苑"建筑群。"汉苑"之南筑"台地城苑"，立徐王粮鼎，四角置神兽石镇，再南为门厅、地刻，之右运女河畔立"盼亭"，先秦徐国古风跃然而出。整个建筑群体布置内在逻辑清晰，形态高低有致、大小协调，与环境浑然相谐（图 7.2.1-6）。

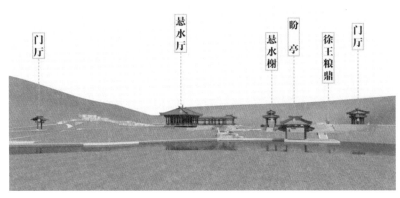

图 7.2.1-6　徐州园的立基

2.4　建筑

2.4.1　布局

徐州园的建筑以古徐州地区出土的汉画像石、画像砖和明器为蓝本，在充分理解汉代传统建筑文化元素的基础上，对其进行提取、概括、解构、重组，创造性地再现在展园设计之中。建筑群体依山傍水，巧于因借，布局中轴对称、主次分明，体现了汉代建筑尊卑有序、以象仙居的布局思想，营造出大气恢宏、雄浑古拙的韵味（图 7.2.1-7）。

图 7.2.1-7　徐州园建筑布局

2.4.2 建筑

徐州汉画像中出现了大量造型特异的用木结构斗栱架起的楼阁台榭，摆脱了先秦时期的夯土高台的建造手法，在结构上实现了实质性的飞跃，徐州园的亭榭设计取材于上述汉画像。

1. 泛观堂

泛观堂在斗栱的应用方面，柱头铺作采用汉代建筑中常用的"一斗三升""柱身插栱"；转角铺作采用"半栱"和正、侧两面各出挑梁的形式；补间铺作采用了"蜀柱"；下面临水位置利用梁柱、悬臂、斗栱的多层悬挑，实现了建筑屋身的大悬挑，是对汉代悬水建筑的一大继承与发展（图 7.2.1-8）。屋面平直、正脊两端、垂脊端部起翘，正脊的中间安置具有祥瑞之意的"凤鸟"。新材料与新技术的应用方面，建筑主体以钢结构为骨架用铝板外包，用铝合金制作斗栱、屋面瓦、屋脊和门窗，用铜筑造正脊的凤鸟。传统的建筑形态与现代的材料相结合，展现了汉代建筑结构之美。

钢屋顶

钢吊顶
棋盘格式

铝合金
横风窗

铝合金
直棂窗

钢斗栱

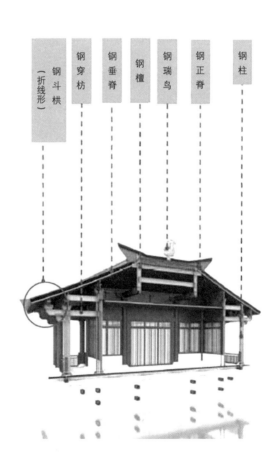

钢斗栱
（折线形）

钢穿枋

钢垂脊

钢檩

钢瑞鸟

钢正脊

钢柱

图 7.2.1-8　泛观堂设计图

2. 盼亭

继承：在出挑柱头铺作上都运用到了"一斗三升"和"两重实拍枋"，因柱子位于转角，转角铺作即柱头铺作。补间铺作采用"一斗三升"和"蜀柱"两种形式（图 7.2.1-9）。创新：运用了轻质钢结构和铝合金，增加了建筑的厚重之感。

图 7.2.1-9　盼亭设计图

3. 门厅（主入口）

徐州园大门采用独立门户，三开间，中开间高起，两侧低矮，无围合门窗，整体造型古朴、气势磅礴（图 7.2.1-10）。斗栱采用"一斗三升""柱身插栱""蜀柱"相结合，形式简约。材料采用钢结构与铝合金相结合，创造出轻质挺拔之感。

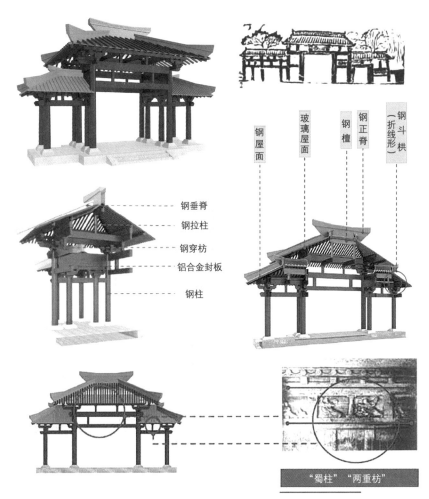

钢垂脊
钢拉柱
钢穿枋
铝合金封板
钢柱

钢屋面
玻璃屋面
钢檀
钢正脊
钢斗栱（折线形）

"蜀柱""两重枋"

图 7.2.1-10　主入口设计图

4.听石门（次入口）

听石门采用了"斗子蜀柱"的做法，中柱落地，依靠立柱、插栱、蜀柱、栌斗构件间的相互支撑，使得建筑出檐达到了4.4m，创造了灵巧而深远的屋面（图 7.2.1-11）。同样也采用钢结构和铝合金，展现了现代新材料与汉代建筑形式结合之美。

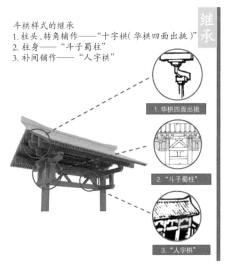

斗栱样式的继承
1.柱头、转角辅作——"十字栱（华栱四面出挑）"
2.柱身——"斗子蜀柱"
3.补间铺作——"人字栱"

继承

1.华栱四面出挑

2."斗子蜀柱"

3."人字栱"

发展

钢檀
钢穿枋
钢柱
钢斗栱（折线形）
钢屋面

创新：小门采用不锈钢轻质材料，展现汉代建筑构架之美，创造灵动、轻巧的门面。

图 7.2.1-11　次入口设计图

2.5　意境与文字表达

意境与文化内涵的表达是园林的精神内容。楹联与匾额作为点景的方法，是园林文化的重要载体和构成元素，精练的文字，构成渲染景观气氛、营造意境的点睛之笔。徐州园在以"徐风汉韵"为中心意境的基础上，深度挖掘其中的文化内涵，并将文化与景观有机融合，使作品更富有"诗情画意"。精美的楹联匾额，就像影视作品的画面，由序幕、开端、发展、高潮、结局和尾声贯穿整座园子。入口（台地城苑）刻石"伯益启林囿，梁王筑苑台。而今惊宇内，雄秀洞天开"点明徐派园林的起源，拉开了全园的序幕；主入口门厅匾额正面"徐州园"、背面"汉风"，楹联"苍茫八百里，故国遗风何在；浩瀚几千秋，名园流韵犹存""楼阁烟霞，花木千丛堆锦绣；山川风骨，石泉百叠铸雄浑"，古徐国的辉煌历史和诗画意境跃然书法之间，以意境的联想来扩大联想的空间，引人入胜。转到"汉苑"，悬水榭匾额"影留树""览徐步汉"，楹联"吕梁蕴秀问青山有几？夫子观洪云逝者如期""云头雁影留悬水；川上屐声入大风"道尽孔子观洪处吕梁洪的胜景，配以北山溪涧涛声，给人"一宵风雨至，万顷水云浮"之联想。泛观堂是全园主建筑，匾额"泛观堂""澄怀""留梦"，楹联"杏花十里知谁赏；莺语几声待客听""缕缕香荷，融不池秀水；悠悠鸟语，迎万里高朋"点景寓意；"晴川远岫，飞鸿呈一字；碧水斜阳，大野正三秋""冰心留我，廊前听落雪；横笛约朋，川上赏寒梅"将感情推入高潮。观景亭廊匾额"泊月"，楹联"听桨涛声远；穿廊燕语亲"可以观赏到月的倒影、波光的反射，可以静静地体会月下池面的空灵和澄明，达到修心、修禅的境界。西部运女河畔盼亭匾额"盼亭"，楹联"波光月影留千里，国脉乡愁系一身"娓娓叙说春秋"仁"情典故，思国思乡之情尽在不言中。北部山水园入口小门匾额"听石"，楹联"宋月半弯牵客梦；词魂一脉载乡愁"进入尾声，完成了文字传达的园林意境（图7.2.1–12）。

图 7.2.1-12　徐州园的匾额楹联

第8章 守正出新：中华一脉展千姿

1913年，英国园艺学者威尔逊（Ernest Henry Wilson，1876～1930年）写下了《一个博物学家在华西》，此书1929年在美国出版时易名为《中国——园林的母亲》（*China, Mother of Gardens*），从此，中国便以"世界园林之母"的称号驰名于世[①]。中国古典园林历史悠久，无论是恢宏壮美的皇家园林，还是清雅秀丽的民间园林，均既具有精妙的物质形态，又寄托着园主人的精神与情趣，所蕴含的文化基因，正是其延续千年的活力之所在。本届园博会各省级行政区展园中，85%的展园以地域文化为基底，时宜得致，古式何裁，创新扎根于中国园林传统特色中，地方风格及乡情融为一体，理池堆山，建屋配植，完美演绎了各具特色、富有诗意的当代园林景观，丰富和发展了中华优秀园林文化艺术。

第1节 浑厚典雅中原园林

中原园林区域范围为辽宁南部、河北、北京、天津、山东、江苏北部、安徽北部、河南中北部、陕西中北部、山西南部，为经典的中原文化区，自北向南可划分盛京园林、津沽园林、北京园林、三晋园林、海岱园林、徐派园林、中州园林、陕甘园林等亚派。盛京园林在清代多民族文化相互交融的历史背景影响下，既有满、藏、蒙等少数民族风格特点，又大量融入了汉族的造园要素和造园手法，布局手法上服务当时满族独特的政治制度要求，景观细部上随处可见浓郁的少数民族特色，体现了少数民族地区文化不断交融的发展脉络。津沽近代园林因中西方文化激烈碰撞和交流，出现了西方格调或"中西合璧"的造园，形成了独特的园林风格。北京园林在数百年皇家王气之下，吸纳各地园林营养，博采北雄南秀之众韵，强调大气恢宏，景致包罗万象，又院落与景观融分有度，气度沉稳。三晋园林以三晋文化为基底，整体讲求"方正"之感；建筑极守旧制，园中屋宇廊轩常平平直直，灰墙黛瓦不起戗角，样式古拙但做工讲究，加以山西特殊的彩绘，显得富丽古雅；在"苦旱"环境深刻影响下，理水大多将房檐水汇流入池，以筑水景，更有"旱水池"者，以假山作临水状，池边绕以曲廊，可领略水池之意；园内少奇花异草，常置盆花，天暖出窖散置各处，入秋后即入窖过冬，以补天时之不足。"海岱惟青州。"（《尚书·夏书·禹贡》）海岱园林以齐文化为基底，近代因西方强制性文化渗透，使园林的形式改变了传统。中州园林即河南园林，以中州文化为基底，由所蕴所受使然，为外界之现象所风动所熏染，除严整的法度、均齐的风格之外，还有更重要、更富于特征性的风格美，其规模常宏远，其局势常壮阔，其气魄常磅礴英挚，有后鹊盘云横绝朔漠之慨；宅园亦多采取轴线布置，显得庄重雄伟、壮观浑厚，不同于江南私园秀丽、轻巧、精致曲折的风格。陕甘园林以周秦文化为基底，融合中原文化、楚文化，在自然山水为背景的先秦苑囿基础上，采用"移

---

① 罗桂环.西方对"中国——园林之母"的认识[J].自然科学史研究，2000，19（1）：72-88.

天缩地在君怀"的造园艺术与技法，构思明确，主次分明，气脉贯通，大气恢宏，雍容华丽，雅而不俗，奠定了中国山水园林发展的格局。

1 北京园

"大运河漂来的北京城"，老北京人常说的这句话形象地表明了北京城与京杭大运河之间密不可分的关系。元朝定都北京后，至元二十九年（1292年）郭守敬为引水济漕，筑瓮山白浮堰，导引昌平白浮泉及沿线十泉，汇瓮山泊，并注入积水潭（白莲潭），成为通惠河上游水源，至元三十年（1293年）建成，世祖赐名"通惠河"〔明清时期，白浮泉废，玉泉以及西湖（昆明湖）又成为北源头〕。通惠河最终接入北运河，使京杭大运河源头达到历史上的最北端。北京段大运河有着"泉—渠—潭—大河"多种形态，空间也有着"山林—城市—开阔河面"的变化，像一条巨龙蜿蜒在京城大地，繁衍了独特的运河文化和因水而兴、因漕而盛的民俗文化，白浮泉、玉带桥、白莲潭、燃灯塔等都是重要的代表性文脉节点。

北京园以体现大运河北京段文脉特色的"运河上园"为设计主题，选址运河文化廊西首，悬水湖北岸，滨湖地带地势平缓，为营造"运河上园"提供了地利。布局手法上采用"园中院"的传统手法，借鉴圆明园濂溪乐处的经典案例，随地块塑造出大、中、小多种空间，环环相绕围合，外示葱茏，内蕴乾坤。在外围景观营造上，通过沿路土山与湖堤两条林带，围合出半岛滩地的绿色大空间，远观形成"绿屏"效果，其间安置白石拱桥与远钟阁，在湖面上形成"一横一纵"的呼应构图，凸显柳堤秀美，并作为北京园的远观标志（图8.1.1-1）。

内部空间营造以主院落为中心，由内向外延展，探入水潭成水院、潭院，探入山林成泉院。主庭院为一组三进院落，突出北京宫廷内苑个性，寓意京城宫苑，其北部依土山而建，做成流水墙形式，并与徐州运河文脉相结合，上植常绿大乔木形成笼罩氛围，以"放大"流水声，反衬出院落的宁静；中部景观疏朗，至南庭则采用大面积铺装，氛围明亮，以大卧碑为门。碑南临水设眺台，视线在此豁然开朗，与北空间形成鲜明对比，更显旷达。水院与潭院寓意北京积水潭，又称白莲潭。水院以赏红鱼为主，潭院以赏白莲为主，红白相映。潭水东岸设有停船码头。其中，水院以环廊形式将"内湖"局部围合，以落花赏鱼为特色。主建筑"远瀛观"、次建筑"吕梁轩"以流水墙壁、石刻等述说北京与徐州的历史渊源，使景观变得内涵丰富；潭院将积水注与大湖挖通，成为可通行的"内湖"，以土山、密柳、院落外界面围合，形成一处天然"院落"，以白莲为特色。主庭院的西侧延展出泉院，依托土山，营造山林泉源景观，表现大运河总源头昌平白浮泉，以及沿途汇入的十泉。主要采用砂石涌泉形式，点题刻写泉名，将元代"白浮"与明清源头"玉泉"置于同一轴线上，点景"拜泉亭"，书写元代祭泉文。四个院落，自然流畅衔接，各具特色，渐入佳境，产生出自然—人工—自然的空间横向变化（图8.1.1-2）。

外围景观，在沿路土山与湖堤两层绿色带间，安置玉虹桥与远钟阁（图8.1.1-3）。玉虹桥摹自于颐和园的"玉带桥"。架于湖堤中部，成为进入北京园的"水门"和"前景"，其余构筑均隐于堤柳玉桥之后。桥体斜向园中主庭院，一方面随堤的走向自然就势，另一方面桥洞内面的光影可产生颐和园著名景观"金光穿洞"的效果，夜景也是如此。而站在主庭院内，恰好能够看到这一特色

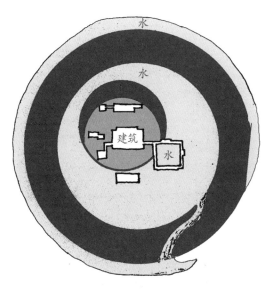

图 8.1.1-1　北京园创意图

图 8.1.1-2　北京园鸟瞰

（王友泉 摄）

图 8.1.1-3　玉虹桥与远钟阁

景观。东南置远钟阁，构思源于京城大运河之门通州的标志性景观。通州古城有三座建筑，为漕运
终点的标志。一为燃灯塔，是长途船行期待的仰望图景；二为文昌阁，是观赏终点舟楫林立的俯览
之地；三为钟鼓楼，定时清响是迎来送往的船头佳音。远钟阁设计集上述三大景观要素为一体，既
是北京城区运河的结束，又是京杭大运河漕运的开始。

图 8.1.1-4 次入口标识性景观

图 8.1.1-5 植物景观

全园植物配置分为 8 个展示区与各院景区相呼应。入口植物展示区采用种植特型乔木与装饰时令花卉相结合，配以景石，强调入口的标识性（图 8.1.1-4）。庭院展示区则是结合各院主题精细化种植，突出景观、造型和宫廷感。泉石主题种植区结合泉石特点，辅以岩生、攀缘和苔藓植物，以乔木围合空间，烘托泉水声响。水面白莲种植区则突出"白莲潭"的主题，同时让出船道，留出建筑倒影的空间。透景种植带（堤水带），采用大乔木 + 特色湿生花卉的种植方式，既围合园林空间，又形成透景，同时保证岸线清晰。此外，对场地内大树也进行了原地保留，并融于设计之中（图 8.1.1-5）。

2 河北（石家庄）园

"巍巍太行起狼烟，黎涉路隘隐弓弦。龙腾虎跃杀声震，狼奔豕突敌胆寒。扑灭火龙吞残虏，动地军歌唱凯旋。弹指一去四十载，喜看春意在人间。"徐向前元帅《响堂铺之战兼贺抗战胜利 40 周年》生动阐释了抗日战争时期，八路军和太行儿女用鲜血和生命谱写了一曲万众一心、同仇敌忾、百折不挠、艰苦奋斗、争取民族独立和人民解放的英雄之歌。河北（石家庄）园以"继往开来，奋斗中的石家庄"为文化主题，利用地形设计一条贯穿各个景点的主环路、两个展示巍巍"太行精神"及继往开来的文化脉络及四个景观展示区（太行故事景区、室内展示区、滨水景观区及太行风韵区），形成"一环两脉四组团"的平面布局（图 8.1.2-1）。

太行故事景区突出庄严宏伟的特征，分为主入口、太行影壁及太行精神三个部分，为游人讲述太行山深处的那些故事：两组景墙和太行影壁组成一幅展开的画卷，高大的太行影壁点明主题；

图 8.1.2-1　河北（石家庄）园鸟瞰

太行精神节点区域运用土夯墙体、浮雕、铜雕的景观形式，讲述百团大战、挂云山舍生取义六壮士、骁勇善战的平山团、巾帼英雄戎冠秀、爆炸英雄李混子等英雄故事。作室内展示的建筑，风格取太行山民居建筑样式，以院落的形式布置 3 个展厅，分别展示中华人民共和国从这里走来的西柏坡故事、石家庄生态建设成绩、石家庄名胜古迹、风土人情以及非物质文化遗产等。滨水景观区域布置山石跌水、溪流、景观桥及水生植物等，从园区的各个角度都能看到一幅生动的太行山水画（图 8.1.2-2）。

太行风韵区。场地布置取材于山区农村的生产环境，种植油松、山杏、山桃等山林树木，凸显太行雄姿与山花烂漫的景观。着重表达在党的领导下，人们生活幸福安乐，太行处处好风光的场景。沿路布置的木质藤架爬满了南瓜、葫芦、丝瓜等充满生活气息的植物，藤蔓上悬挂着各种各样的果实，与两侧层层的梯田交相呼应，带我们一起共享丰收的喜悦（图 8.1.2-3）。

（王友泉　摄）

图 8.1.2-2　太行故事

　　"时光剪影"景点。该景点以石雕的形式展示了正定古城门、河北博物馆、河北艺术中心、石家庄解放纪念碑、北国商城、火车站、电视塔等石家庄的地标性建筑，让大家能简单了解石家庄近些年的发展。剪影景墙对面是设置的景亭，取伫立亭中，倾听风雨之意。此地既可倚栏稍坐，亦可登高望远，俯览全园，可将全园美景纳入眼底。回想先烈不屈奋斗之精神，再振我辈为国为民之初心。

　　展园东入口。入口布置以自然景观为主，花坛中放置卧石，上篆"太行园"，卧石两侧配置特色植物，与远处亭台、跌水遥相呼应，令人心之向往（图8.1.2-4）。

　　河北（石家庄）园将太行精神和砥砺奋进的光辉历程融入园林景观，刻画出巍巍太行东麓英雄之城，展现出石家庄人民开拓进取的主人翁精神。

图 8.1.2-3　太行风韵

图 8.1.2-4　时光剪影

图 8.1.2-5　植物景观

植物景观配置按照主题脉络及游览路线，打造不同的植物景观氛围。主入口区域种植庄重严肃，配置油松、白皮松、大叶女贞等常绿树种并配以红枫等彩叶树种，凸显庄重大气、辉煌灿烂的意境；太行精神景区采用国槐、柿树、枣树等主要落叶乔木突出太行村落的静谧祥和；展厅区种植乌桕、银杏、枫叶树等营造鲜艳多彩的景观展现美好生活，同时种植各类观花观果植物，结合花境、丛生树种打造精品绿化，创造承古韵、展新颜、吐翠纳芳的园林之美；太行风韵区种植以柿树、核桃，黄栌、山杏、山桃等山体树种为主，突出巍巍太行的雄伟壮丽和山花烂漫；滨水景观区种植开敞丰富，以水生植物为主，岸边种植垂柳等（图 8.1.2-5）。

3　山西（太原）园

山西民歌《人说山西好风光》传唱道："站在那高处望上一望，你看那汾河的水呀，哗啦啦啦流过我的小村旁……"汾河，古称"汾"，又称汾水，汾者，大也，汾河是山西第一大河流，因此而得名，大量诗歌描写让水丰景美的汾河成为特定的地域文化符号，《水经注》云："汾水又南，与东、西温溪合，水出左右近溪，声流翼注。水上杂树交荫，云垂烟接。自是水流潭涨，波襄转泛。"汾河在太原境内纵贯南北，全长 100km，占到整个汾河的 1/7，四周九山汇聚，林海茫茫，溪流淙淙，亭台楼榭，风光旖旎，居三晋第一胜境之美景。山西（太原）园以汾河清水复流为景观脉络，展示山西古建造诣；以花溪为景观脉络，展示转型之路，再现锦绣太原城。通过两条脉络实现"净水流芳，花谷剪影"的展园主题，也是展园的亮点（图 8.1.3-1）。

图 8.1.3-1　山西 (太原) 园鸟瞰

　　"净水流芳"景观脉络以汾河风光为蓝图，结合北高南低的基址条件，园内西北堆高地、叠假山，假山上设梅花亭一座，寓意"汾源"，亭下泉水汩汩，叠石重重，向南随地形落差呈现层层清流叠瀑，寓意"汾河"。沿山石两侧，点缀银杏、五角枫等上层乔木，栽植以月季为主景的缤纷花带，随溪流向南延展，形成疏影斑驳的花溪谷；继续向南，形成开阔湖面，湖面南侧为展园入口广场，以晋祠"对越"牌坊为原型，设园门，上书"锦绣太原"作为展园大门。湖岸设置以"晋阳古八景"为主题的石雕栏杆；湖东南，有溪流，潺潺至东，末端设景墙一座，寓意汾河入黄口。整体景观映射反映了山西人民通过"依法治理，综合治理，系统治理，科学治理，自然修复"，治理因近代工业化过程中过度开发和排放造成的汾河生态环境突出问题，正逐步实现清水复流，再现汾河素波横荡漾、水落雁南飞的美好景象。

　　"花谷剪影"景观脉络以山西产业转型发展之路为依托，通过山西传统园林、建筑的材料选择和应用，展示山西聚焦创新驱动转型发展，在新基建、新技术、新材料、新装备、新产品、新业态上不断取得突破，成为向文化、生态转型发展的一个小小缩影。

　　园内砖木结构的主体建筑牌坊、亭台等，绚丽夺目的梁柱油漆彩画、精致秀气的斗栱，辅以传统木雕及油漆彩绘等无不带有太原建筑特色的元素，让人一眼就能看到太原古典园林建筑的风韵。屋面瓦采用青瓦打底琉璃剪边，尽显古朴风韵。"锦绣太原"牌坊，四柱三楼，边柱加人字支撑，柱顶华丽的斗栱支撑着上面的屋盖。和牌坊外饰面同样风格的正六角形"汾源"亭，两者一南一北遥相呼应。油漆彩绘以古太原八景、人文景观、历史故事等为题材的山西特色的汉文锦彩画为主，精美的砖雕展现渔樵耕读、竹林七贤、梅兰竹菊等内容（图 8.1.3-2、图 8.1.3-3）。

图 8.1.3-2　"净水流芳""花谷剪影"景观

图 8.1.3-3　牌坊

4　山东（烟台）园

提起山东烟台，很容易使人想起"八仙过海，各显神通"的人间仙境——蓬莱阁。提起蓬莱阁，"海市蜃楼"又跃然脑海。海市，本是一种大气光学折射、反射现象。但是在古代，人们无法解释其成因，便生出许多奇妙的幻想和美丽的传说，例如说其是"神仙居住"之地（蓬莱、方丈、瀛洲三座仙山），是"秦始皇东寻求药"之地，是"汉武帝驾御访仙"之地。山东（烟台）园以"仙境海岸，鲜美烟台"为主题，以海、云为要素贯穿始终，采用"一池三山"的传统造园布局，构画"佳期""起云""浮生"三个意境，营造出一个开合有度、主次分明的游园场所，整体造型宛若海涛中的仙岛（图 8.1.4-1）。

图 8.1.4-1 山东（烟台）园鸟瞰

主入口——佳期。五湖四海宾朋相约烟台，共度佳期，随着入口铺装的引导，让游人随海波入境，如梦似幻，进而入胜。通过烟台印象风动片景墙在阳光微风下，呈现出波光粼粼的动感来展示佳期，体现了烟台园与游客相遇在美好的时光，让人们对仙境烟台有了初步的印象。

中心广场——起云。与鲜美主题融合，以海岸线为创作原型引入概念，踏浪而行，建立鲜活印象。主体景观"烟云台"融合了云层、船帆色彩元素展现其特殊的造型，随"云"而上，与海洋、海滩、草地的模拟地貌景观融会贯通，实现了烟台海岸线异地再现；结合海洋文化，从"云端"垂下的水雾，与"海洋"中弥漫的雾气，形成"海市蜃楼"一样的视觉感受，在"云端"之上，可远眺风动景墙的海浪纹；在蜃楼般的"海滩"里寻觅贝壳、海玻璃，一正一反地双重表达，从仙境文化中引申出沿海城市"寻味鲜美"的生活特色。

文化休闲——浮生。山海云天，园入林影，仙境海岸景观赋予烟台文化新的活力，仙境海岸，文化烟台。云墙以传统民俗剪纸的形式展示了八仙过海景观，结合浮生广场的暗八仙装饰小品，增加了休憩场所，搭配涟漪彩带式的植被环绕，共同展示出烟台仙境海岸特色文化。次入口设置烟台葡萄酒城象征的葡萄酒桶等小品元素，欢迎全国各地的朋友前来聚会，体验烟台风情。

植物选择上将烟台与徐州的市树、市花结合布置，象征烟台徐州携手共进创造美丽家园。种植设计主要为疏林草地风格，采用流线型彩色绿带栽植方式，为展园的"一池三山"布局创造意境，结合常绿造型植物，点缀其中，形成一个半闭合空间，若即若离之感呼应仙境主题（图 8.1.4-2）。

图 8.1.4-2　山东（烟台）园景观

5　河南（郑州）园

　　黄河是中华民族的母亲河，是华夏文明的摇篮，河南省位于黄河中游。华夏民族始祖、人文初祖、中国远古时期华夏部落联盟领袖黄帝，曾联合炎帝族打败了九黎族，其后黄帝与炎帝发生冲突，黄帝战胜炎帝而定居中原，奠定了中华民族的基础，这也是我们中国人被称为"炎黄子孙"的由来。郑州位于黄河中下游的分界处，嵩阳书院位于郑州市嵩山南麓，是中国古代四大书院之一，也是中国理学史上影响最大的书院，属于"天地之中"历史建筑群。河南（郑州）园以"溯源"为主题，提取黄河及嵩阳书院文化元素，运用造园艺术手法，通过"闻声、听雨、予茶、书影、寻真"五个主题空间，打造中原文化传承"书苑"。溯文明之源，览园林之美，品书中之韵，享文化之醇（图 8.1.5-1）。

　　河南（郑州）园以黄河"几"字形"寻真"之路引领游人"溯源"。闻声，闻潺潺流水之声、读书声；书影，映讲者、读者之影。景墙分别雕刻滔滔黄河、巍巍嵩山、嵩阳书院、书院传道、书院诗词的画面。从入口以潺潺流水声伴以"印卷"景墙进入园区。拾级而上，赏文化墙，景墙印刻黄河诗词书卷，开启寻真之道。穿月季花廊，循潺潺水声，过"黄河"，到"予茶堂"。"予茶堂"顶部取自古建筑屋顶倒三角斗栱形式，象征东方哲学的"天"，海纳百川，有容乃大。外墙取自古代城墙梯形的土墙形式，象征东方哲学的"地"，浑厚敦实，支撑万物。厚重的夯土墙与轻巧的木架形成鲜明的对比，整体浑厚敦实。室外水系环绕，背依"传道、授业、解惑"浮雕文化景墙，室内"程门立雪"、百姓书房，尽显书院文化（图 8.1.5-2）。

图 8.1.5-1　河南（郑州）园鸟瞰

图 8.1.5-2　文化景墙

图 8.1.5-3　植物景观

出予茶堂、廊架、曲水、山林、花木、地形、景石，相映成景，环境静好。沿阶而下，印卷景墙映入眼帘，刻有嵩阳书院特色文化、4500 年"将军柏"、清·乾隆之《嵩阳书院》。

展园种植突出郑州市花月季和乡土树种国槐、油松等的应用，充分利用现状地形地势、背景山林，进行植物造景、文化建园（图 8.1.5-3）。

阅读本是寻常事，繁华静处遇知音。河南（郑州）园以林为媒，以水为界，以卷为友，以水跃汩汩，簌簌微声，绿丘扶枝，动静相宜。阳光透过摇曳的树梢隐隐洒落下来，映到水池中、墙壁上，寻得读书的静谧与惬意，为游人提供一处安放心灵的归处，给游人提供修身、静思、冶心的空间环境。

6　河南（洛阳）园

"洛阳牡丹甲天下"。牡丹是中国名花之一，花朵硕大，花容端丽，雍容华贵，超逸群卉，素有"花王"之称。唐宋时期，牡丹就在洛阳被广泛种植。传说唐武则天在一个隆冬大雪纷飞的日子饮酒作诗，她乘酒兴醉笔写下诏书"明朝游上苑，火速报春知，花须连夜发，莫待晓风吹。"百花慑于此命，一夜之间绽开齐放，唯有牡丹抗旨不开，武则天勃然大怒，遂将牡丹贬至洛阳。刚强不屈的牡丹一到洛阳就昂首怒放，这更激怒了武后，便又下令烧死牡丹，枝干虽被烧焦但到第二年春，牡丹反而开得更盛。唐朝诗人白居易"花开花落二十日，一城之人皆若狂"和刘禹锡"唯有牡丹真国色，花开时节动京城"的诗句正是描写的洛阳牡丹。

"人间佳节惟寒食，天下名园重洛阳。"河南洛阳这座城市悠久的园林营造历史自中华文明肇始，经汉魏锤炼，终盛于唐宋。洛阳园以"花开富贵，月圆九州"为主题，采用隋唐园林尊山形、就水势、植花木、筑台轩的造园手法，以牡丹为元素，通过牡丹种植、牡丹诗词、牡丹小品、牡丹文化等方式展示洛阳牡丹花之美、诗之雅、艺之精、韵之深，以有形的园林承载文化，倾心打造精致优雅的壶中天地，以此展示"绿色城市·美好生活"。展园取"一轴一环六节点"总体布局，一条中轴线，通过现状地势高差，从入口小品到中央水系，再到台地园林建筑，层层高起以应山势；一条主路串联国色天香、天津晓月、千叶融春、长河觅迹、丹诗花韵、奇石盆景六个景点（图8.1.6-1）。

主入口为圆形月门，两侧楹联书"洛阳地脉花最宜，牡丹尤为天下奇"，正面匾额为"洛阳园"，背面为"国色天香"，点出展园的主题与特色。大门内侧正前方，一幅雍容华贵的牡丹画屏静静绽放，栩栩如生的花瓣浓烈而夸张，四处延展，犹如牡丹散发的清香扑面而来（图8.1.6-2）。进大门右转，绿荫夹道，牡丹辉映，登高洛阳桥，驻足晓月亭（图8.1.6-3），俯望园区，只见清风徐来，垂柳摇曳，脚下碧波荡漾，那首"天津桥下冰初结，洛阳陌上人行绝。榆柳萧疏楼阁闲，月明直见嵩山雪"的诗句，

图 8.1.6-1　河南（洛阳）园鸟瞰

图 8.1.6-2　入口

图 8.1.6-3　洛阳桥与晓月亭
（潘存喜　摄）

图 8.1.6-4　沁芳亭

夹带古风雅乐，营造出的隋唐胜景，别有一番滋味。伴着苏辙"未换中庭三尺土，漫种数丛千叶花。
造物不违遗老意，一枝颇似洛人家"的古诗，悠然漫步来到千叶融春（名字源于牡丹名贵品种魏紫，
因花瓣多、高贵、稀有，有千叶难觅之称，取其繁盛、珍贵之意）这座唐风浓郁的庭院中，该景点
位于展园轴线主景点上，借助高台地势而建，由水榭、曲廊与景亭半围合而成（图 8.1.6-4），曲折
有致，疏密有度，空间自然而巧妙，穿梭其中，牡丹花香沁人心脾，直达"沁芳"之意境。主体建筑

图 8.1.6-5 千叶花榭（潘存喜 摄）

图 8.1.6-6 凤丹池

千叶花榭（图 8.1.6-5）采用歇山顶，形制壮丽，结构简练。建筑色彩以赭石红、月光白、淡雅灰为主色调，与山水环境相融合，配合牡丹、桂花、海棠等植被，打造花开盛世庭院观牡丹绝佳之处。继续前行，移步凤丹池（图 8.1.6-6），驻足停歇，远听淙淙流水，经溪绯桥下，汩汩作乐，近看水波森森，水雾森森，月牙、画屏、小桥、丹诗花韵，影影绰绰，似仙境，似人间，置身其中，真真假假，实难辨容。观长河觅迹，曲折、自然的"河流"在绿色花墙交织、碰撞，诉说着千年古都、牡丹花城的深厚历史，展示着天堂、明堂、应天门等盛唐时期的美景。

园内材料契合生态创新与低碳发展理念，融入地域特色，突出洛阳牡丹，配合彩叶与常绿植被，多层种植，达到四季可赏、四季可绿的景观效果；景观小品彰显隋唐风韵，造型古朴，色彩淡雅，与园内建筑和谐一致，相得益彰。

园区构建了展示洛阳园林发展的窗口，也营造出一个"古今辉映""诗和远方"的地方。

7 陕西园

陕西又称为"三秦"。由陕北、关中、陕南组成，是中华民族和中华文明的重要发祥地之一，也是中国革命的重要出发点和落脚点，"红军不怕远征难，万水千山只等闲"。1935 年 10 月，从江西于都出发的中央红军，跨越逶迤五岭，攀过磅礴乌蒙，跋涉滚滚金沙江，征服滔滔大渡河，翻过皑皑岷山，历尽千辛万苦，终于抵达陕北。从此，红星，从这里照耀中国，陕北成为夺取中国革命胜利的出发点，巍巍宝塔山，为中华民族升起实现复兴的辉煌曙光，培育的延安精神源远流长。陕西园以"红色传承三秦颂歌"为主题，谱写陕西建设新篇章，集中展现红色文化，弘扬延安精神，全园布局运用"三秦"的概念，分为"秀美陕西""开拓陕西""传承陕西"三大主题区域（图 8.1.7-1）。

主入口广场以中国大鼓与安塞人民打腰鼓的形象营造鼓舞迎宾的欢快气氛，搭配水韵三秦的互动水景和油菜花海的陕南风光，展现陕西青山绿水的生态秀美景色。主轴中心区域设由汉唐风格的

图 8.1.7-1　陕西园鸟瞰

飞檐演化形成的"腾飞"构筑物 1 座，并采用红色强化使其成全园景观焦点，与反映在西安召开的第十四届全国运动会、全国第十一届残运会暨第八届特奥会盛典的主题景点交相呼应，象征陕西正以腾飞之势追赶超越快速发展。过中心区向南，筑全园最高点"宝塔山"，满山红色的山丹丹花等围绕宝塔，象征着传承发扬延安精神。仰望宝塔，领略延安精神带给我们如今的幸福生活，使人产生红色记忆、想起红色故事。跌水之源水系象征着中华文明、延安精神源远流长（图 8.1.7-2）。

图 8.1.7-2 景观节点

以红色叶植物应用为主，辅助秋色叶植物，凸显红色文化，如山丹丹、红枫、黄栌、红叶李、火焰南天竹等；辅以具有陕西特色的乡土树种如白皮松、石榴树、柿树、枣树等，体现陕西地域特色（图 8.1.7-3）。

图 8.1.7-3 植物景观

8　甘肃园

汉乐府《陇头流水歌》曰："西上陇阪，羊肠九回。山高谷深，不觉脚酸。"上古的人们，为了与世界的互联互通，不畏关山险阻，大漠沙狂，打通了全长 7000 多 km 的丝绸之路，其中我国境内 4000 多 km，而甘肃段约 1600km，从东至西纵贯全境。古老的丝绸之路穿越了两千多年浩瀚的历史时空，留下了灿若群星的文化遗产和历史遗迹，成为丝路文化的载体和见证，并在历史的演进中形成了甘肃独具特色的精神财富。甘肃园以"交响丝路、如意甘肃"为主题，以最具代表性文化元素、丝绸之路的产物"一台戏——大梦敦煌""一幅画——莫高壁画、绚丽丝路"[①]和承载当代文化丝路之任的"一本书——《读者》"为载体，采取"一心两面"的景观布局，突显甘肃文化特色。"一心"是以"大梦敦煌"雕塑为核心的中心景观；"两面"是指东侧"读者之门"和西侧照壁景墙中甘肃画卷，通过园路及花坡将各元素有机结合，从主入口至西入口形成一条"起承转合"的观景序列，从历史文化传承和城市生态修复等方面充分勾勒出一幅交响丝路、如意甘肃的大美画卷（图 8.1.8-1）。

图 8.1.8-1　甘肃园鸟瞰

全园以"读者之门"开篇。《读者》作为甘肃最具代表性的现代文化元素，以其优美的文字、高度的心灵契合走出国门、走向世界，被誉为现代版的"大漠瑰宝"。门形的《读者》杂志立面造型，立在广场之中，六边形蜂巢及象征《读者》杂志刊徽的小蜜蜂随机镶嵌于铺装之上，向"读者之门"的方向聚拢，寓意走进"读者之门"。铺装既活泼又富有运动感，色彩与铺装材质既调和又对比。金、银、铜三色的"读者之门"寓意真、善、美。三重"读者之门"层层递进，将视线收拢于"大梦敦煌"雕塑处。园林小品"读者之门"及地面铺装融入匠心设计，将甘肃代表性的文化元素以创新的手法展示出来，实现人景之间的互动（图 8.1.8-2）。

[①] 公元前 138 年，汉武帝派张骞出使西域，开通了内地与中西亚之间举世闻名的"丝绸之路"，敦煌地处丝路南北三路的分合点，融合了东西方艺术的佛教石窟——莫高窟，从前秦宣昭帝苻坚时起，经北朝、隋唐、五代十国、西夏、到元朝等历代兴建，形成了 735 个洞窟、壁画 4.5 万 m^2、泥质彩塑 2415 尊的世界现存规模最大、内容最丰富的佛教文化艺术历史宝库。

图 8.1.8-2 "大漠瑰宝"景观　　　　　　　　图 8.1.8-3 "大梦敦煌"雕塑

　　"大梦敦煌"雕塑（图 8.1.8-3）以敦煌艺术
宝库的千百年创造历史为背景，青年画师莫高与大
将军之女月牙的感情历程为线索，演绎了一段可歌
可泣的爱情故事，生动优美地展现了敦煌辉煌的历
史文化传承与创新。雕塑西北侧布置形似敦煌弯曲
如新月的"月牙泉"形水体。"月牙泉"被誉为沙
漠第一泉，自汉朝起即为"敦煌八景"之一，这样
的奇景曾一度几近消失，进入新世纪以来，敦煌市
乃至甘肃省紧抓生态文明建设，"月牙泉"才得以
继续存在，成为城市与自然和谐共生、人居环境改
善最好的见证。北侧布置从"马家窑彩陶罐"①流
出的繁花似锦花坡景观（图 8.1.8-4）。西入口布
置"莫高壁画、绚丽丝路"题材的景墙，造园手法
上既是西入口的障景又是繁花似锦花坡的延续。景
墙正面展示"交响丝路、如意甘肃"的大美画卷，
背面展示"黄河之滨也很美"的绿色美景，画面以
敦煌壁画风格体现（图 8.1.8-5）。

图 8.1.8-4 "马家窑彩陶罐"景观

图 8.1.8-5 景墙

<hr />

① 马家窑文化产生于距今 5700 多年的新石器晚期，是黄河上游
　仰韶文化庙底沟类型向西发展的一种类型，制陶业非常发达，
　其彩陶继承了仰韶文化庙底沟类型爽朗的风格，但是表现更
　为精细，形成了绚丽而又典雅的艺术风格，经仰韶文化又进
　一步的发展，艺术成就达到新的高度，在我国所发现的所有
　彩陶文化中，马家窑文化彩陶比例是最高的，而且它的内彩
　也特别发达，图案的时代特点十分鲜明。

次入口园路的节点处布置"兰州牛肉面"和"热冬果"情景雕塑。兰州牛肉面起源于清嘉庆年间，是兰州的传统名食，具有"一清二白三红四绿五黄"的特征，色香味美，誉满全国。热冬果是兰州人喜食的街头小吃。兰州地气干燥，热冬果乃冬季下火之佳品，每年初冬，兰州街头卖热冬果的小摊随处可见。"兰州牛肉面"和"热冬果"雕塑将兰州独特的地方特色演绎得传神、生动，同时还留出供游人拍照互动的区域，将参与性融入展园之中（图 8.1.8-6）。全园植物以甘肃特色的疏林、花海景观为主，展示树常绿、花常开、景常在的展园特色。

图 8.1.8-6　地方风情雕塑

第 2 节　水韵灵秀长江园林

长江园林区域范围为淮河以南至整个长江中下游地区，以北、中亚热带地带性植被为主，文化基底为吴越文化、徽文化、楚文化等，可划分扬州园林、海派园林、苏南园林、浙派园林、徽派园林、荆湘园林等亚派。扬州园林以市民、商人、文人、学士为主体创造出来的开明精巧的文化为基底，园林建筑技术早在隋帝三下扬州，从官方派遣大批优秀北方工匠来扬州开始，其南北风格便有了在技术层面上的交流与融合；清代皇帝南巡和大批徽商云集，使得扬州园林建筑工艺纳百家之长，演变为北方官式建筑与江浙民间建筑之间的介体，加之水月石花茶等自然属性及其衍生出的文化特色，催生出"扬州以名园胜，名园以垒石胜"的赞誉。海派园林随着近代上海发展进程中西方园林文化的传入，从传统苏南园林演化嬗变而来。在貌似"洋腔洋调"中，欧洲自然式园林布局风格，放任的疏林草坪，建筑在整个园林中失去掌控全局的地位，重视建筑小品本身功能性和装饰性的扩展与延续，构建技术、结构和功能的现代化，体现了海派园林的时代性。苏南园林文人写意山水园集中体现了我国造园艺术的精粹，并催生了中国造园史上最经典的理论著作《园冶》，中国古典园林理水、叠山、建筑、花木、铺地和陈设诸要素"实践"与"言说"互文，成为中国古典园林文化艺术的"珠峰"，苏南园林可以进一步划分为娄东园林、苏州园林、无锡园林、金陵园林等支派。浙派园林景借绿水青山，以植物造景为主，空间布局因地制宜，依山傍水，有开有合，退距合宜，大气自然；地形塑造蜿蜒起伏，过渡自然和谐，构图精美；建筑点景，粉墙黛瓦，质朴天然，景观小品造型优美，体量适宜，人文内涵丰富；整体开放大气、精致和谐、文韵深厚。徽派园林以徽商文化为基底，以山水田园在内的整体生态环境为基质，依托徽州建筑而形成独有的空间形态，粉壁、黛瓦、马头墙，丹桂、修竹、风水林，井台、清溪、石板路等构成徽派园林恬淡而清秀的独特景观。荆湘园林追求"独具特色的自由奔放，浩瀚而热烈的气质"，布局开放，组景多巧思妙想，讲求虚实互补、有无相生的"空灵"美，浪漫主义色彩浓厚，建筑层台累榭，错落有致，但空间尺度大而冷落，建筑造型闳旷、挺拔升腾，细部雕琢不多，色彩美观大方，整体对比鲜明而又朴素精致。荆湘园林可以进一步划分为荆楚园林、湖湘园林等支派。

1 江苏（苏州）园

"谁谓今日非昔日，端知城市有山林"（清·乾隆《狮子林得句》），"隔断城西市语哗，幽栖绝似野人家"（清·汪琬《再题姜氏艺圃》）。苏州素有园林之城的美誉，苏州古典园林溯源于春秋，发展于晋唐，繁荣于两宋，全盛于明清，清末时城内外有园林170多处，现存50多处。苏州古典园林宅园合一，"居、赏、游"相融，被誉为"咫尺之内再造乾坤"，所蕴含的哲学、历史、人文习俗是江南人文历史传统、地方风俗的一种象征和浓缩，展现了中国园林文化的精华，在世界造园史上具有独特的历史贡献和重大的艺术价值。江苏（苏州）园以"幽然居"为设计主题，意出北宋苏舜钦《沧浪亭》诗句"一迳抱幽山，居然城市间"。"居"字既体现城市山居——大隐隐于市，亦代表文人居所——宁可食无肉，不可居无竹。展园以灵活多变的园林空间、自然写意的山水意向、文人雅士的生活载体为设计要点，以达到静赏有诗意，坐观有画意，回环却步，妙趣横生的景观效果，着力传承古典园林思想、展示苏南园林艺术、引领未来造园方向（图 8.2.1-1）。

图 8.2.1-1 江苏（苏州）园鸟瞰

图 8.2.1-2　入口

图 8.2.1-3　中庭一隅

展园的空间格局依据地块整体东高西低，南高北低，南侧背靠山林，北侧可借景花溪杏林，依山借势、眺远借景。整体布局主次有序，渐入佳境，前院——序院——写意山水园——古典苏式园——竹院——后院，层层递进，富于变化，以有限之空间造无限之景色。入口庭院虚实结合，清朗自然、恬静清幽，以黑松为特色植物，结合山石搭配红枫、木香、桂花、南天竹等传统植物，营造恬淡静谧的文雅之境（图 8.2.1-2）；中心庭院设置建筑、山池、花木，在传统围墙上开设窗洞，打造创新盆景墙，院内种植黑松、白皮松、桂花、梅花、海棠、鸡爪槭、芭蕉、蜡梅等园林植物，展现"疏影横斜水清浅，暗香浮动月黄昏"的四时景观；新山水园以砂石代水、置石代山，竹与山石、园路相得益彰，竹径通幽、粉墙竹影、移竹当窗，并融入生态海绵理念，

展现古典园林与时俱进的特点（图 8.2.1-3~ 图 8.2.1-5）；竹园以"竹"为特色，结合亭廊、山石地形，营造出庭院深深的意境（图 8.2.1-6）；出口以松、竹为特色，结合蜿蜒园路形成幽远苍翠之境，修竹夹道，曲径通幽，一派绿竹成荫的生动景象。全园尽显"一迳抱幽山，居然城市间"隐逸之感。

整体植物配置展现诗意画卷，以山水共融的丰富季相植物群落体现无穷之态，招摇不尽之春。外围巧借石山种植白皮松、乌桕、银杏、无患子、柿树、桂花、鸡爪槭、红枫等植物，在秋冬季形成彩色背景林，环绕全园，形成一个"结庐在人境，而无车马喧"的恬淡闲适之所；古典庭院"一院一景"，与建筑、山石、水体相结合，各成其景（图 8.2.1-7）。新山水园运用早园竹、金镶玉竹、箬竹等多种竹类，展现出新时代下山水园林古朴、清幽的意境；出口处蜿蜒的竹林小径含蓄深邃，修竹夹道，突显"曲径通幽处，禅房花木深"的情境。（图 8.2.1-8）

图 8.2.1-4 内庭驳岸

图 8.2.1-5 竹香馆

图 8.2.1-6 粉墙竹影

图 8.2.1-7 植物造景

图 8.2.1-8 修竹夹道

2 江苏（扬州）园

"汴水流，泗水流，流到瓜州①古渡头。"（唐·白居易《长相思》），扬州占京杭大运河与长江的交接之地利，在千年历史长河中，"春风十里扬州路，卷上珠帘总不如"（唐·杜牧《赠别二首·其一》），"淮左名都，竹西佳处"（宋·姜夔《扬州慢·淮左名都》），《扬州画舫录》赞曰："杭州以湖山胜，苏州以市肆胜，扬州以园亭胜，三者鼎峙，不分轩轾"。扬州园以《扬州画舫录》描述的扬州市井生活和"北有瘦西湖，南有古三湾"的地理特色，展示扬州独特的人文风情以及园林风貌（图 8.2.2-1）。

图 8.2.2-1 江苏（扬州）园鸟瞰

造园布局基于描写瘦西湖的名句——"两堤花柳全依水，一路楼台直到山"（《随园诗话·卷六·八十七》）、扬州大运河文化元素，组合运用障景、框景、隔景、借景、对景等手法体现扬州园林寄情于山水、淡泊高雅的境界。北门入口"运河古韵"，在亲水平台上可以看见东侧的玉箫桥（图 8.2.2-2）与对面的揽胜楼（图 8.2.2-3）。沿着环路观"箫音拂柳，芦汀晚舟""亭楼览春，戏说新扬""层林尽染，秋叶萧萧""山亭远眺，悬泉飞瀑""缩龙成寸，苍古雄奇"，登"爬山廊"、抵"濠濮轩"、进"香影榭"等（图 8.2.2-4~图 8.2.2-6）。园内"南山菊瀑""悬泉飞瀑"通过片山块石的合理排布达到"作雨观泉"的意境，并配置以高洁的菊花造景，把自然中的流水之美，再现于园

① 万古长江，奔腾而下，一路劈山造陆，到京口段（今镇江市区西北），南冲北淤，晋朝时北岸（扬州）泥沙不断淤积形成露出水面的"沙渚"，其状如"瓜"，遂称"瓜州"。唐时瓜州已与北岸相连，江南物资过江后须水陆或迁道转运，时任润州刺史齐澣奉命开挖伊娄河（亦称瓜州运河）连通大运河，省去转运之苦，李白在《题瓜州新河饯族叔舍人贲》中赞曰："齐公凿新河，万古流不绝。丰功利生人，天地同朽灭。"瓜州"瞰京口、接建康、际沧海、襟大江"，成为历代联系大江南北的咽喉要冲。北宋起，瓜州改由扬州江都区所辖。

图 8.2.2-2　玉箫桥

图 8.2.2-3　揽胜楼

图 8.2.2-4　爬山廊

图 8.2.2-5　濠濮轩

图 8.2.2-6　香影榭

图 8.2.2-7　朴野之趣

林的环境之中，体现出自然的朴野之趣（图 8.2.2-7）。"山亭远眺""亭楼览春""缩龙成寸"更是体现出扬州园林建筑之精妙，园林在有限的空间中以小中见大，局部的精微变化体现出园林的妙处（图 8.2.2-8）。"秋林野趣""层林尽染""秋叶萧萧"以种植槭树科色叶树为主，让游人感受层林尽染、秋叶萧萧的秋林野趣（图 8.2.2-9）。

"亭亭山上松，瑟瑟谷中风。风声一何盛，松枝一何劲！冰霜正惨凄，终岁常端正。岂不罹凝寒？松柏有本性。"东汉刘桢的一首《赠从弟（其二）》诗，道尽了青松之刚劲，使其成为"高俊雄伟，傲骨铮铮"英雄气慨的代名词。形态各异的造型松柏，与山石通过艺术的构图组合成景，是扬州园的一大特色。各种造型松或置于疏朗草坪，或置池边，或置于假山旁，从外姿看，松柏或直耸，或虬曲，或俯偃，树干苍劲，枝条旁逸，如龙似蛇，带给人的是震撼心灵的力度美，使扬州园又多了一股勃勃不灭之生气，并配以彩色叶树种如红枫等，中层自然型黄红秋色叶灌木以及竹子，营造了富有江南特色的植物景观；在景观小品方面，采用黄白色系，融入运河文化，苏南园林、皇家园林等元素，体现了古典园林古色古香的优美意境（图 8.2.2-10）。

图 8.2.2-8　山亭远眺

194

图 8.2.2-9　秋林野趣

图 8.2.2-10　植物造景

图 8.2.3-1 浙江（杭州）园鸟瞰

3 浙江（杭州）园

人们一提到杭州，就会想到西湖。"水光潋滟晴方好，山色空蒙雨亦奇。欲把西湖比西子，淡妆浓抹总相宜。"北宋·苏轼的一首《饮湖上初晴后雨二首·其二》，"遂成为西湖定评"（清光绪年间学部主事、京师大学堂教习陈衍语）。杭州园以"家在钱塘"命名，通过对西湖村民安居乐业、生活美满、安宁和谐与自然人文环境亲近相融美好画面的描绘，展示西湖风俗风貌和自然生态风光，让人体验西湖人家精致休闲慢生活（图 8.2.3-1、图 8.2.3-2）。

展园布局模拟西湖自然山水构架，植入深厚的西湖文化底蕴，构造"竹隐""云舍""湖居""问茶"和"寻香"5 大景观区。丰富且有序的空间序列和景观层次，展示了西湖"景中村"不同的生活情境，可让游人产生生生不息的生命感悟，步移景异带来肆意酣畅的游览体验。

竹隐作为入口主题，开篇借鉴西湖的"茂林修竹"，翠竹成荫，小径蜿蜒，营造出绿郁寂静、云清幽隐的景观氛围。入口照壁"人与天调，然后大地之美生"的书写，令人感受到造园之精髓。通过描绘"居安舍、事茶园"的场景，展现"云舍"主题，还原西湖人家安居劳作的生活情景（图 8.2.3-3）。在传统的民居生活场景中，融入云智能、现代农艺等现代科技元素，予以参观者尽可能多的体验空间，使其感受到杭州数字科技以及现代农业的发展。

196

图 8.2.3-2　主入口

图 8.2.3-3　"云舍"

　　"一万个读者有一万个哈姆雷特"（莎士比亚），一万个人有一万个乡愁。傍水而居，倚水相望，湖光山色，景与居融，是大多数久居城市的人长存心中的天然水墨画，更是缠绕着游子的无尽乡情。杭州园突出西湖人家安居劳作的生产要素，以果蔬花园、田埂农作、设施农艺等形式展示现代诗意栖居的田园生活，并以茶园的形式，展示西湖人家的慢生活。在设计中通过民居建筑、茶间小院、古井山道等情境的模拟展现闲适自在的美好生活。登高览胜、探源寻溪，通过茶田、龙井泉、听泉亭、溪流等景观元素，展示西湖人家问山、问水、问茶的游赏情致（图 8.2.3-4）。

图 8.2.3-4　诗意栖居

　　展园植物景观以西湖的植物造景模式为蓝本，选用毛竹、香樟、沙朴、枫香、松、桂花、红枫、龙井茶树等代表性植物，采用近自然、节约型、群落化的植物造景手法并结合设施农艺、农事地景等特色园艺手法，模拟西湖常绿落叶阔叶混交林植物群落，打造自然优美、秋色迷人的风景林，整体呈现出清新淡雅、秀美自然的艺术风格，让游人寻得一片来自乡村的诗意（图8.2.3-5）。

图8.2.3-5　植物景观

4　浙江（温州）园

　　温州古为瓯地，《山海经·海经·海内南经》载："瓯居海中。"晋·郭璞注："今临海（郡）永宁县，即东瓯，在歧海中也。"这是有关温州这块土地的最早文字记载之一。独特的造陆——海侵的沧海桑田变幻[①]，造就了温州特有的山水格局和植被特征，"东南山水甲天下"。东晋时，中国山水诗鼻祖谢灵运登上华盖山，赋《郡东山望溟海诗》："采蕙遵大薄，搴若履长洲。白花皜阳林，紫蒨晔春流。"大量文人骚客如孟浩然、陶弘景、陆游等也都在温州留下许多脍炙人口的诗作，成为中国山水诗发源地，有"东南邹鲁"之美称。温州园依据场地条件和温州山水人文，从"一次溯

① 梁岩华."瓯居海中"考[J].东方博物，2006，（4）：84-92.

图 8.2.4-1　浙江（温州）园鸟瞰

源的思考"出发，以"屹立亿年的山、流淌万年的河、吟诵千年的诗"为切入点，构建温州山水世界，探寻谢灵运的山水诗之路。以诗入境，充分体现温州山水园林与山水诗的文化，在方寸之间完美呈现园林艺术、文化展示、科学技术这三种异质化的关系（图 8.2.4-1）。

　　展园一虚一实构建了丰富的自然山水世界和虚幻的建筑展陈世界：自然山水世界以温州山水特征为原型，采用堆山叠石的造园技法，表现"虽由人做，宛自天开"的意境，结合山水绘画"平远、高远、深远"的空间营造，展现温州山水园林的艺术；山水游线结合谢灵运的山水诗之路为主题，针对不同的空间意向设置不同的空间节点，将山水诗始祖谢灵运的诗词融于各个节点处，表达人文性的叙事方式、与"谢公"跨越时空的对话。建筑展陈世界则以覆土的空间形式呈现，去建筑化，以温州浓厚的山水文化为主题，通过虚拟展陈等现代科技，带给游客沉浸式的体验，表现展陈的体验性、参与性，营造与自然山水世界差异化的虚拟世界（图 8.2.4-2）。

　　展园入口根据不同的场所关系，利用山石、植物等自然山水格局的营造，结合瓯地山水诗文化，设计了两种入境方式，主入口为"近涧涓密石、远山映疏木"的旷奥视野，体验谢公"未若长疏散，万事恒抱朴"的人生感悟；次入口为"涧委山屡迷，林迥岩愈密"的深渊体验，曲幽秘境，临崖悬壁，营造静谧的山水空间。构建温州山水世界，探寻谢灵运的山水诗之路。以诗入境，充分体现温州山水园林与山水诗的文化，回归园林的本源（图 8.2.4-3）。

图 8.2.4-2　景观节点

图 8.2.4-3　入口

　　植物配置遵循"绿色生态""文化传承"原则，选取既代表温州植物特色，又适应园博园立地环境的品种，再现温州画境中的植物景象。上层以较有骨架感的树种如马尾松、黑松、榉树、柿树等为主，下层则以箭竹等较为常见的园林植物为主，结合水景布置鸢尾、芡实等，营造出有画意的植物景观。景观小品采用有温州特色的木构建筑、廊桥、舴艋舟等，融入山水世界、温州文化，与展区、远山形成呼应，同时表现温州传统建筑的建造技法（图 8.2.4-4）。

图 8.2.4-4　植物景观

5　安徽（合肥）园

"歙浦烟山蟠万叠，钓台云日拥千章。两侯好事洗寒劣，宝槛移春入燕香。"（宋·范成大《次韵朱严州从李徽州乞牡丹三首·其二》）。安徽（合肥）园以"徽风韶华"为主题，内溯古印记、外呈新形象，寓意安徽正年轻、合肥当韶华——依托文化底蕴展"徽风印象，皖韵人文"、运用新型材料与技术展现合肥新面貌。整体布局依场地自然高差，就高置山、随低理水、临水构筑，形成"一轴一径一核"的景观结构体系：一个贯穿南北的景观轴，一条景观游览的主路径，一个点睛全园的建筑核，展现出一幅"皖山傍皖水、皖水映皖城、皖城留皖人"的优美画卷。隐显结合、虚实相间、欲放先收、欲扬先抑的古典造园空间布局，地形、游园路径、水系三者的穿插、过渡、分割、渗透，将展园分为科教之城——入口展示区，廉洁之城——清风高地区，中心之城——核心景观区3个展示区，蜿蜒的主游线从南至北将三大主题分区串联起来，分别展示合肥科教之城、廉洁之城、中心之城三大名片，从而打造出一场回溯合肥城市风貌、讲述合肥文化故事的花园之旅。副游线与主游线相辅相成，单元成环，道路与景观相互渗透融合，形成步移景异的观景效果（图 8.2.5-1）。

入口大门取徽派特色建筑马头墙形式，立面轮廓优美，使人一眼便入徽风印象。马头墙的传统形象与材料，与镀锌钢相互碰撞，虚实间融入安徽广电中心、合肥市政府大楼、合肥大剧院等合肥的地标剪影展示城市面貌。新旧材料与形象的碰撞，形成了视觉上的生动反差，使得合肥园内溯城市古印迹，外呈大城新形象的这种意趣更加鲜活地凸显出来（图 8.2.5-2）。

图 8.2.5-1　安徽（合肥）园鸟瞰

图 8.2.5-2　主入口

图 8.2.5-3　假山幽亭

　　入口右侧筑山立亭成全园的制高点，竹林幽亭、假山跌水、拱桥清溪形成了一个丰富、立体、古朴的驻足观景点，可一览园中全景；廉泉亭、孝肃桥、一碗清莲、洗耳池处处是老徽州的经典典故，寓示打造廉洁之城、清风高地的初心（图 8.2.5-3）。

　　中心之城主体是一个由片墙与长廊结合成的半围合建筑，凝练徽派建筑特征①，以"四水归堂"②为基础，提取粉墙黛瓦的元素，形成合院的空间，开合有度、进退有序、虚实得宜。雨天时候雨水沿屋顶滴水落下形成雨帘，汇集到庭院中心，也是空间和视觉的向心力，传达出徽派建筑中"四水归堂"的智慧，也寓意合肥合纳四方、开放共享。堂南一泓碧水，中建一岛，迎客松傲然挺立岛上，松石搭配不仅清新脱俗，而且巧成障景，以别内外（图 8.2.5-4）。

　　植物以合肥市树广玉兰、市花桂花和石榴为主题，打造春映廉泉、霜红寻翠、照水浮花、丹若闹枝、银花玉雪、丹桂飘香、松石迎客、秋林烟霞 8 大景点，依主园路步移景异，美不胜收（图 8.2.5-5）。

---

① 粉墙、瓦、马头墙、砖木石雕以及层楼叠院、高脊飞檐、曲径回廊、亭台楼榭等的和谐组合构成徽派建筑的基调。

② 徽派建筑特色"有堂皆井"源于天人合一的理学思想，四檐跌落的"四水归堂"是徽州先民赋予天井的文化蕴含——在风水理论中，天井和"财禄"相关，徽商以聚财为本，四水归堂寓意四方之财如同天上之水，源源不断地流入自己的家中。

图 8.2.5-4　中心之城景观

图 8.2.5-5　植物景观

6　江西（南昌）园

南昌古名豫章，《禹贡》属扬州地，春秋属吴，战国属楚。汉初汉将灌婴平定豫章后设官置县，取吉祥之意"昌大南疆""南方昌盛"为县名，首立南昌县为豫章郡之附郭。"豫章故郡，洪都新府。星分翼轸，地接衡庐。襟三江而带五湖，控蛮荆而引瓯越。物华天宝，龙光射牛斗之墟；人杰地灵，徐孺下陈蕃之榻。雄州雾列，俊采星驰。"初唐四杰之王勃《滕王阁序》生动地描述了江西"物华天宝、人杰地灵"的胜境。南昌园以南昌辉煌发展历史中的重要片段为脉络，取赣派传统庭园风格，景观布局顺应场地的地形变化，形成以南昌会馆为景观中心，一条环形园路串联入口区、中心景观区和梯田乡野区3个景观区"一心一环三区十景"的景观结构，并融入现代VR技术，打造一座"古与今、实与虚、静与动"的豫章园林新景观，一展"古韵豫章""花园南昌"风采（图 8.2.6-1）。

图 8.2.6-1 江西（南昌）园鸟瞰

　　展园主入口区突出豫章汉文化主题，采用海昏侯墓[1]出土的漆器盘为设计元素组合成动感的流线造型，广场以滕王阁剪影嵌于地面之上，红色的外轮廓线搭配白色的水洗石，造型曲折动感，富有现代韵律感，色彩搭配也十分醒目。入口对景照壁采用漆器盘组合赣派建筑剪影造型，融入红色元素。整个入口区体现了古与今、传统与现代交融成趣的景观效果（图 8.2.6-2）。

　　中心景观区以主体建筑南昌会馆为主景，四周花环水绕，展示明清时期南昌地区典型赣派建筑和江右商帮文化。南昌会馆建筑为砖石结构，二进"马头墙"山墙四合院式院落，空间上大开大阖、高大宽阔；平面呈方形，外墙四周围合，中间形成"进财"的天井；两侧山墙为变化多姿的"马头墙"，加之丰富的门罩、门楼、门斗、门及廊门窗隔扇等，使整座建筑特点鲜明，具有强烈的江西文化特点（图 8.2.6-3）。山墙转角置《滕王阁序》小品（图 8.2.6-4）。会馆前掘池成"东湖"[2]，自然式布局，结合雨水花园、假山叠石，合理消减地形高差。东湖西端有四角方亭置于水中，名孺子亭，亭基湖石重叠，亭畔垂柳倒映，亭树与湖水相映，出豫章十景之"徐亭烟柳"的意境，更让人感受到王勃《滕王阁序》之"人杰地灵，徐孺下陈蕃之榻"的豪气。湖东部设木桥，名南浦桥，既是豫章十景"南浦飞云"之隐喻，亦是《滕王阁序》"画栋朝飞南浦云，珠帘暮卷西山雨"意境的表现（图 8.2.6-5）。

---

① 海昏为豫章郡县名，汉高帝六年（公元前 201 年）设。海昏侯为西汉所封爵位，第一代海昏侯为汉废帝刘贺，其墓葬在 2011 年被发现于南昌市新建区，是我国发现的面积最大、保存最好、内涵最丰富的汉代侯国聚落遗址。

② 南昌著名古园林，南北朝·雷次宗《豫章记》："东湖，郡城东，周回十里，与江通。"唐时已堤上万柳成行，洲上百花争妍，湖中水光潋滟、荷花满湖，美不胜收。从宋到明，著名的豫章十景便据二景即"东湖夜月"和"苏圃春蔬"。

206

图 8.2.6-2　主入口

图 8.2.6-3　南昌会馆

图 8.2.6-4　东湖及滕王阁序小品

图 8.2.6-5　"孺子亭""南浦飞云"

图 8.2.6-6　"梯田花海""独好亭"

　　会馆南置梯田景观，以茶园梯田化解地形高差，展示花园南昌、秀美田园之风采。梯田南侧全园制高点处设独好亭，近可览全园景色，远可眺东北方向的吕梁阁。独好亭名源自毛泽东主席《清平乐·会昌》："踏遍青山人未老，风景这边独好。""江西风景独好"也成为江西省旅游宣传的主题口号。植物主要选取了草本植物醉蝶花打造梯田花海的醉人景观（图 8.2.6-6）。

7　湖北（武汉）园

　　楚是多元的，作为上古华夏重要的一族，族源来自何方，历来众说纷纭①。然而楚国国名的来源，《清华简·楚居》记载明确：鬻熊（yù xióng，芈姓季连部落酋长）的妻子妣厉生熊丽时难产，剖腹产后妣厉死、熊丽活。死后，巫师用"楚"（荆条）包裹妣厉埋葬，后人为纪念她称自己的国家为"楚"。楚人"筚路蓝缕"辛勤开发、不断扩张，到战国时期疆域达到极致，大致形成了以江汉和南阳盆地为中心的楚文化发祥地和核心区（南楚）、淮河中下游流域楚人东迁的移民同化区（西楚）和较晚

① 主要有郭沫若"楚本蛮夷，亦即淮夷"（《中国古代社会研究》）等东方说、范文澜的苗人说、姜亮夫的高阳氏颛顼（发祥地昆仑山）说，以及江汉土著居民说等。

图 8.2.7-1　湖北（武汉）园鸟瞰

开拓的淮河、长江下游征服区（东楚）3 大区域^①。其后，由于秦国不断扩张，楚人不敌，转而两次大规模东迁，着力经营江淮、淮泗地区，文化核心区也随着统治核心区的转移而向东迁移^②。到楚汉相争时，项羽定都徐州，号"西楚霸王"，印证了战国晚期徐州为中心的淮泗地区已成为楚文化的中心区。可见武汉与徐州同处楚地，同源相生，文脉相承。武汉园以"楚韵流芳"的历史元素为主题，春秋至战国早期楚国宫苑园林的经典代表——楚王水上离宫（渚宫）为原型，既体现武汉楚文化发祥地的文化特色，又与徐州的西楚文化有所区别，同时引发两地人民的情感共鸣（图 8.2.7-1）。

　　东周时期楚国境内，宫室星罗，庭台林立，以供楚王外出狩猎、游玩巡视、盟会歇息之用，渚宫就是其中一处楚船宫地。《左传·文公·文公十年》记："王在楚宫，下见之。"《水经注·卷三十四》云："今城，楚船官地也。《春秋》之渚宫矣。"展园以渚宫为原型，一展楚辞（屈原）《招魂》中"高台邃宇""层台累榭""川谷径复""临槛曲池""芙蓉芰荷"的盛景（图 8.2.7-2）。

　　全园整体东高西低，顺应场地高差分三个部分：第一部分主入口区，设置入口广场用于人群集散，广场中央设入口衡门，形成广场的中心轴线空间，广场北侧设重檐楚亭，作为广场的视觉重点。第二部分全园主要建筑群渚宫，由中央展厅、望楼、连廊、水榭共同组成。建筑群为楚式风格，以建筑的二层作为入口，一层面向庭院，形成内院与外院的空间布局，建筑形制为高台及干栏式，整

---

①　汉·司马迁《货殖列传》："夫自淮北沛、陈、汝南、南郡，此西楚也。彭城以东，东海、吴、广陵，此东楚也。衡山、九江、江南、豫章、长沙，是南楚也，其俗大类西楚。"

②　郑威，易德生.从"楚国之楚"到"三楚之楚"：楚文化地理分区演变研究 [J]. 江汉论坛，2017，（4）：115-120.

体布局开敞，层台累榭，错落有致，整体气势雄浑，装饰以红、黑为主体基调，手法细腻，特色鲜明，古朴大方。第三部分为曲池与西侧的长廊。曲池作为全园的主要水景，环渚宫挖建，呈半圆状，寓意展现渚宫位于洲岛之上的景观效果。渚宫与水榭隔水相望，从水榭望向渚宫，空间疏密有致，极具园林趣味（图 8.2.7-3）。

图 8.2.7-2 "渚宫"

图 8.2.7-3 入口、望楼、曲池

种植设计充分运用《楚辞》中的植物，将楚文化与景观相融，结合跌水、坡地、叠石、水池等不同环境，以朴素淡雅的郊林野趣为格调，吸取水上离宫园林之本色，绽放楚风园林特色，表达楚文化的雅韵、浪漫、瑰丽。园内种植近 120 株武汉市树水杉统一全园基调，辅以乌桕、玉兰、竹、芭蕉、桂花、菖蒲、芦苇、香蒲等在《楚辞》中曾经出现的花草，用简洁明朗的种植方式形成"幽"的氛围、"清"的色调、"雅"的意境（图 8.2.7-4）。

图 8.2.7-4　植物景观

8　湖南（长沙）园

　　唐贞元十八年（802 年），时任潭州刺史兼湖南观察使、后入拜京兆尹、官终太子詹事的杨凭建了一座园林，取名东池，池为半月形人工湖，环周 4.5km。杨凭常在此盛款宾客，3 年离任时将东池送给了"宾客之选者"戴简。戴简系晋代谯国（今安徽亳州）名士戴逵之后，精通孔孟，旁及庄文，虽举贡却"志不愿仕"，与人交总谦让三分，成为杨凭至交。戴简得东池后在南岸半岛上筑堂而居，"以云物为朋，据幽发粹，日与之娱"。元和元年（806 年）柳宗元谪永州司马，路过潭州，戴氏将其延至府上，宴间得柳氏《潭州东池戴氏堂记》。到五代时，南楚开国国君马殷扩建为楚王宫附属的宫廷园林，并仿唐太宗十八学士登瀛洲故事，将湖中小岛起名"小瀛洲"。清饶智园《十国杂事诗》注云："今城内马王街有马王庙祀殷。傍有方塘，塘中有小岛名小瀛洲，居人植柳，四面环碧，麓山送青，风景绝胜。"清道光年间中期，原沅陵县知县王璋卜居省城，购得小瀛洲地，再造园林，一时称为胜境。长沙园即以唐代长沙城内首个记载于史册的府第园林"东池胜境""东耀湖湘"为主题，以"绿色城市展厅、美好生活画卷、湖湘文化载体"为主线，"东池胜境"反映的湖湘人文美学为副线，借东池宫苑园林元素，讲述在"打造美丽舒适宜居现代化大都市"指引下湖南大地的生态美、生活美、文化美，塑造湖湘园林新典范，展现湖湘城市发展新水平。

空间布局按照全园西南低、东北高、高差 6m 的自然地形，借鉴东池"右有青莲梵宇，岩岩万构，朱甍宝刹，错落青画；左有灌木丛林，阴蔼芊眠，不究幽深，四时苍然"（唐·符载《长沙东池记》）与"东池丘陵林麓距其涯，垣岛渚洲交其中。堂成而胜益奇，望之若连舻縻舰，与波上下，就之颠倒万物，辽廓眇忽；树之松柏杉槠，被之菱芡芙蕖，郁然而阴，粲然而荣"（柳宗元《潭州东池戴氏堂记》）的景观特征，通过地形整理、水系梳理及假山跌水、亭阁台等景观建筑，打造"一心二廊六境"的景观结构，从入口传统中式的浓重风格，到东池瑶台的质朴，最后到岩石园、花径的新奇有趣，强烈的景观空间序列一展湖湘山水画卷，呈现优美和谐、清新自然的景观风格，表达出长沙山水洲城的美好意境。湖湘戏曲文化表演的瑶台展示了长沙人富足幸福美好的生活，登高驻足的小瀛洲彰显了长沙城经久不衰的湖湘文化精神（图 8.2.8-1）。

入口景观以"右有青莲梵宇，岩岩万构；左有灌木丛林，阴蔼芊眠"的景致，配以照壁诗词墙、牌楼、鸳鸯井、雕像等文化元素，表达长沙山水洲城的美好意境（图 8.2.8-2）。景观核心"东池"以"聚"为主的开阔水面，通过园内掇山理水的地形营造和特色景观元素的打造，借势进行假山、亭、廊、曲桥、花木等的布置，呈现"山水景观廊"和"文化展示廊"两廊，串联各大景点，交融山岳、水系、竹园、花径等。主建筑东池阁采用典型的湖南乡土建筑形式，室内展厅通过现代科技手段讲述当代长沙人民幸福美好的生活故事。园区根据不同的主题特色，分为"源起东池""故事长沙""文化长沙""艺术长沙""绿色长沙""诗画长沙"六大情境空间，运用诗词照壁、名人雕像、古石牌楼、鸳鸯井营造文脉悠长的人文景观，表达湖湘大地上浓厚的历史文化气息。提取湖湘戏曲文化表演台吹香亭与三拱桥、水岸大树这些要素进行组合，在平面布局上形成良好的条理性和秩序感，以吹香亭为主体，三拱桥、水岸大树与它相互呼应、对比和递进，来展示湖湘的戏曲文化，营造东池园林之美。吹香亭内抚琴、唱曲，古老的湖湘艺术抒发出现代情怀，这些视觉与听觉的共鸣所构成的生动情景，共同展示了长沙人民富足、美好的生活。古朴的青石与锦绣的繁花搭配打造出富有地域气质的景观情境。小瀛洲的建筑原型选自湖南典型建筑自卑亭，飘檐较远，体现湖南建筑技术工艺，展现湖湘人文境界，具有较高的标识性。由小瀛洲俯瞰而下，全园诗画般的景致尽收眼底，呈现出一幅美丽的湖湘生活新画卷（图 8.2.8-3）。

植物以历代文人所喜爱的竹为基调。竹有叶绿、心空、有节、耐寒、挺拔等物质特性和高风亮节、宁折不屈、坚韧忠贞、虚心有节、清劲挺拔等文化精髓。以竹造景，竹境生姿，竹径通幽、竹篱茅舍、移竹当窗、粉墙竹影、竹深荷净以及各类竹石小品，无不彰显出竹文化的无穷魅力。漫步于青石步道之上，两侧是花境竹林夹道，疏朗的竹影、沙沙的竹音共同营造出悠然清静的景观氛围。

图 8.2.8-1　湖南（长沙）园鸟瞰

图 8.2.8-2　入口

图 8.2.8-3　"东池阁" "吹香亭" "三拱桥"

洲岛内通过东池题石、特色景观树、生态花径、错落的水生植物等营造出一片静谧自然的生态景象，表现长沙绿色城市、山水洲城的建设成就。池中荷花的花和叶均散发出淡淡清香，"月在碧虚中住，人向乱荷中去。花气杂风凉，满船香。"泛舟于荷塘，周身环绕着若有若无的花香，采一枝莲、哼一首曲，好不惬意，长沙园的"清歌采莲——净莲园"就打造了"悠悠泛绿水，去摘浦中莲。莲花艳且美，使我不能还"的意境（图 8.2.8-4）。

214

图 8.2.8-4　植物景观

第3节　畅朗玲珑岭南园林

岭南园林区域范围为福建、台湾、两广和海南诸地,以南亚热带和热带植物为主,可划分闽台园林、广东园林、广西园林、海南园林亚派。秦朝及以后历次北人南迁,使中原文化与古越文化等相交融,形成了独特的园林文化艺术景观（这些古代中原文化在其发源地多已逐渐演变掉）,及至近代"西学东至",西方建筑和园林的某些特征引入造园体系之中,使岭南园林兼有东西方之妙,产生出一种有别于东西方传统的独特魅力。其中,闽台园林以塑石见长,建筑依闽南式。广东园林采用建筑包围园林的布局方式,山水石池、竹林花木只作为建筑的附属部分存在,空间特征为内收型与扩散型相结合；建筑轻巧通透开敞,外形轮廓柔和稳定大方,色彩多华丽堂皇,屋顶脊饰往往表现历史典故和吉祥图案,华丽丰富、"疏朗通透,兼蓄秀茂"的特色独树一帜。广西园林依凭原生石峰石潭、流瀑等原生自然地保护、整理加工,和摩崖石刻、民族民居等少数民族特色人文元素有机结合的传统,成为古而不假、今而不俗的园林景观。海南园林是我国园林大观园中的新秀,以海景为主题,大部分园林景观围绕风景区展开,古典园林遗存较少,黎苗文化、热带文化和南洋文化、中原文化等共同构成海南园林文化的基础,自然的海滩、海岛、椰林和民族特色建筑构成了最为突出的园林元素。

1　福建（厦门）园

"暮色归来万重霞,白鹭乘风尽翔翔。疑是飞入九天外,岂料此处是天堂。"厦门城在海上,海在城中,不仅地形酷似白鹭,是一座风光旖旎的海上花园,而且栖息着成千上万的白鹭,因此也被昵称鹭岛,简称鹭。白鹭是一种非常美丽的水鸟,它天生丽质,身体修长,全身披着洁白如雪的羽毛,犹如一位高贵的白雪公主,头后还垂着长长的白冠毛,觜长如丝,背部有白色疏松的鬃毛和尾翼,形态潇洒,惹人喜爱。"两个黄鹂鸣翠柳,一行白鹭上青天"（唐·杜甫《绝句》）,古人对白鹭的赞美,让其成为中国人心中诗情画意的一部分。厦门岛鹭去鹭回的变化,最好地见证了这座城市发展和生态环境综合治理的历程。厦门园以"鹭"为载体,"生态城市,宜居花园"为主题,融入厦门历史文化特征及时代特色,展示厦门的魅力与个性（图8.3.1-1）。造园中废旧材料如树枝、海蛎壳等城市固体垃圾科学而巧妙的利用,突出了展园"生态利用,循环再生"的营造理念。

主入口门厅"鹭明轩",为一个"门"形画框,使入口小广场形成空间的半围合,起到框景效果,红砖铺地体现厦门地域特色。次入口的照壁取闽南大厝[①]的外形,饰以红砖面贴成的厦门城市形象代表——鼓浪屿的剪影,通过外形与色彩两方面加强和突出地方特色（图8.3.1-2）。

沿园路向前可见卵石滩、礁石上面屹立的白鹭雕塑,栩栩如生（图8.3.1-3）。展园的近中心位置设流香亭,临水而建,与水面相映成趣,有较好的视角与观赏面（图8.3.1-4）。水面横跨一座曲桥,名为"凌云桥"（图8.3.1-5）。水岸边设一观景廊,名"藏海廊",其转角空间作成天井,增加了

---

① 闽方言中"厝(cuò)"相当于"宅""屋",在地名中的意义类似北方"庄""屯"等。

图 8.3.1-1　福建（厦门）园鸟瞰

图 8.3.1-2　入口

空间的渗透性和明暗变化，布置的三角梅桩景又增添了景观趣味；廊墙设树枝格栅和景窗，具有框景的效果，并体现园林废弃物再利用的理念；屋面也以树枝装饰，既自然又有装饰性（图 8.3.1-6）。

　　植物配置突出厦门乡土植物，以其品种多样性和景观丰富性，书写厦门风情，同时搭配朴树、梅花、樱花、金枝槐、红枫、金叶女贞、锦绣杜鹃等，使展园凸显当地特色（图 8.3.1-7）。

图 8.3.1-3 　白鹭雕塑

图 8.3.1-4　流香亭

图 8.3.1-5　凌云桥

图 8.3.1-6　藏海廊

图 8.3.1-7　植物景观

2　广西（南宁）园

　　"未辨吴官鹭，谁收骆越铜。抑扬三今内，和乐五音中"（宋·丁谓《鼓》），"忆昔伏波下交趾，骆越鼓正鸣阗阗"（清·翁方刚《铜马篇示冯生》）。骆越古国是战国至东汉时期壮侗语系祖先在岭南建立的北起红水河流域，西接云贵高原，东至广东西部，南含海南岛和越南的红河流域的庞大国家，在岭南独特的自然环境和生产方式下，创造了绚丽的铜鼓文化、稻作文化、花山壁画文化等独特的文化。先民们以鼓为器，一代又一代传唱着历史的变迁，铜鼓上的太阳纹、水纹展现了广西人对自然的关注，蛙纹、鹭纹表示祈求风调雨顺、农业丰收。壮乡先民住在水头，他们热爱江河，热爱自然，希望江河不断，自然不死，体现了从古至今广西人对生态的重视。这些铜鼓纹路记录了壮乡的历史和文化，反映了当时的经济状况和精神面貌。广西（南宁）园名"鼓骆园"，"鼓骆"又同"古骆"，即古代骆越的意思。展园以"八桂绿韵，壮乡天境"为景观主题，以"铜鼓"为文化主线，以"闻声寻桂，壮美广西""鼓乐喧天，风调雨顺""生声不息，五福临门"和金鼓迎宾门、贝侬桥、同心楼、天籁池、丰收台、敢壮山、飞泉叠瀑、望乡亭"3 区 8 点"的表现手法，将古老的文化现代化表达，以小见大，将广西以壮族为中心的民俗文化、歌会文化等细致地展现出来，构成了别具一格的园林艺术空间，不仅展现了广西自然山水和人文文化，更展现了各族人民心手相牵、团结奋进，共创中华民族美好未来，共享民族复兴伟大荣光的精神（图 8.3.2-1）。

220

图 8.3.2-1　广西（南宁）园鸟瞰

　　主入口闻声寻桂区展现壮族的人文初印象，金鼓迎宾门以"壮族人们举鼓迎宾客"为设计理念，手形构建向上延伸，同时融入了铜鼓造型、壮锦图案、雷云纹图样等传统元素，体现新时代下壮族传统元素的创新利用，散发着民族文化的光彩与魅力（图 8.3.2-2）。

　　鼓乐喧天区展示壮乡丰收时节的生活环境和瑰丽山水，"天籁池"将广西特色的喀斯特地貌呈现到游人眼前，"天籁池"上"贝侬桥"（壮语意为兄弟姐妹）体现了各民族兄弟情深。贝侬桥横跨天籁池，与金鼓迎宾门互为对景，桥中间的铜鼓装饰倒映池中，如一轮初升的太阳，照耀天池（图8.3.2-3）。

　　生声不息区布置全园主建筑同心楼，"依山而建，傍那（壮语意为水田）而居"。壮族先民在利用自然的过程中，开创了稻作文明的先河，据"那"而作，凭"那"而居，赖"那"而食，靠"那"

图 8.3.2-2　闻声寻桂

天籁池　　　　　　　贝侬桥

图 8.3.2-3　鼓乐喧天

而穿，依"那"而乐，以"那"为本的生产生活模式及"那"文化体系，造就了与北方旱作文化和游牧文化截然迥异的生计方式和文明类型。将水土较好的坡脚作为耕作空间，山腰作为居住空间，山顶作为"水土保护林"，不仅体现了壮乡民族独特的空间规划文化，而且体现了"可持续发展的生态智慧"。同心楼以广西巴马"铜鼓楼"为设计原型，采用"圆廊＋八角重檐"的形式，融入铜鼓纹样、壮锦装饰等图腾元素，展现广西精神，并歌颂美好、传递福运（图 8.3.2-4）。

图 8.3.2-4　同心楼

3 海南（海口）园

"琼州南去海冥冥，婺女垂光应地灵""九域于今总一家，文昌谁道隔天涯"（明·蒲庵禅师《送胡文善之官海南文昌县》）。海南位于辽阔的南海中，在古老的帆船时代，海南渔民即能熟练利用航海技术和航海工具，在南海诸岛海域进行渔业生产和生活，到唐宋时期，逐渐成为海上丝绸之路的重要通道，明代郑和下西洋时达到极盛，从海南出发开拓了很多南海航行路线，并且把这些航路的各种信息作了记载，形成"航行更路"的抄本——《更路簿》[①]。随着海上丝路的发达，海南的中转船舶增多，造船业勃兴，明代琼山人唐胄编辑的《正德琼台志》记载："宋代海口浦修造的优质大型木船北航于长江流域，上至嘉陵江，南航达东南亚各国。"《海南省志·交通志》记录，明代海口为广东造船中心之一；清雍正五年(1727年)和嘉庆十八年(1813年)，海口两次被定为广东十大船舶修造中心之一；民国陈献荣所编《琼崖》也记载了当时海南船舶鳞次栉比和航运繁盛的景象。海口园以"琼林海浪，椰香韵蓝"为主题，以"舟游琼崖"为主线，融合海洋文化特征与海南地域特色，用"贸易之舟""旅游之舟""文化之舟"的3舟，从时间、空间维度展现海口本土文化的特性及海口"新城建"不断发展的景象，形成人、自然与文化共生的和谐图景，让游人体验椰风海韵的风情（图8.3.3-1）。

图 8.3.3-1　海南（海口）园鸟瞰

---

① 郑锦霞，康蠡，施喜莲. 南海天书——海南渔民《更路簿》[J]. 兰台世界，2018,(4):131-134.

图 8.3.3-2　贸易之门雕塑（郝丰　摄）

图 8.3.3-3　"一叶扁舟"风动墙

图 8.3.3-4　城市剪影

图 8.3.3-5　旅游之舟

"贸易之舟"展示海南自由贸易港的新高度，以"贸易之门"为主景，辅以现代导光系统的小品，用现代科技融合海南风情，展示自由贸易港贯彻落实"创新、协调、绿色、开放、共享"发展理念的成果，展示繁忙的沿海交易场景（图 8.3.3-2）。

"旅游之舟"意出国际旅游岛，以停靠在水边的"一叶扁舟"风动墙为主要表现形式（图 8.3.3-3），远处草坪上点缀着仿酒瓶椰子、槟榔、苏铁等热带植物特色雕塑，这些"奇花异果"将草坪妆点得更加美丽怡人。白天，以阳光、沙滩、椰林、海浪等海南风光映衬下的海口城市立面剪影（图 8.3.3-4），投影在一片片活动金属镜面上，展示海南休闲文化及热带岛屿的风貌特色。矗立在这幅画卷前，让人仿佛置身于美丽的海南岛上。沙滩上三三两两的椰树随风摇曳，只见那一片一片青翠欲滴的叶子，层层舒展着、妩媚着，好不惬意。傍晚，海湾的水面映衬着如火烧一般的落霞，徜徉在松软的沙滩上，椰林疏影，凉风阵阵，如诗如画，又如痴如醉，那种静谧和神奇，把一切铅尘洗净，让你焕发出崭新的活力（图 8.3.3-5）。

"文化之舟"意取海口特有的历史文化，以船形玻璃结构作为表现主体，两侧立面饰以玻璃结构表现骑楼造型（图 8.3.3-6），形成一艘搭载文化的"城市之舟"，寓意海口不断发展，继往开来。火山岩石门、火山口元素点缀其中展现省会海口浓郁的文化底蕴，老爸茶体验、黎苗图腾柱（图 8.3.3-7）等展现海南淳朴乡情，并以火山岩点缀石斛，椰子壳种植兰花等形成生态、趣味的空间植被。穿梭于林荫小径，迎着叶间漏下细碎阳光，让人开启一段美好的文化之旅。

图 8.3.3-6　海口骑楼

图 8.3.3-7　黎苗图腾柱

4　台湾园

台湾园是以卑南族"少年猴祭"生活原型创造的，以卑南族青少年集合训练的会馆为主景（主展馆），辅以类似台湾岛屿形状的环岛旱溪为水脉，强化台湾岛特征，形成"一脉"——环形水脉、"一核"——少年会馆与和谐广场、"多园"——日月映潭、兰花谷、玉山枫林、阿里樱花园、红桧林、小桥倒影、友谊之路、徐台一家亲石刻的景观结构。主景"少年会馆"与吕梁阁俯仰相合，园中各要素有机结合，水环绿绕，裁云剪水，形象生动，打造了独特的具有台湾地区风情的观展空间（图 8.3.4-1）。

图 8.3.4-1　台湾园鸟瞰

主入口采用洪秀柱题词的"徐台一家亲"主题石刻，浓烈表达徐台两地以及大陆与宝岛人民血浓于水的民族情感，喻示两岸人民对于祖国统一美好愿望早日实现的期盼（图8.3.4-2、图8.3.4-3）。进入展园，首先映入眼帘的是日月映潭，其形态与美丽的台湾日月潭相似，潭边矗立一座刻有"日月映潭"大字的标识碑，景色与题名相得益彰，游客至此犹如身临其境。"日月映潭"旁边便是兰

图 8.3.4-2　主入口

图 8.3.4-3　"徐台一家亲"主题石刻

花谷。台湾兰花驰名世界，曾在国际花卉展览比赛中多次夺冠。通过种植蝴蝶兰，与"日月映潭"景点交相辉映，彰显台湾植物特色及当地盛名（图8.3.4-4）。

　　缘溪而行，登"少年会馆"，芭蕉、青竹绿屿环翠，尽现亚热带地区的风貌特点，有"处方寸而沐大洋"之意境。"少年会馆"建筑呈圆形，为双层木结构。圆锥形屋顶覆以天然茅草。一层下沉广场为游客休憩停留场所，二层为主展馆（图8.3.4-5）。

图8.3.4-4　日月映潭

图8.3.4-5　"少年会馆"

第 4 节　自然清幽西南园林

西南园林区域范围为重庆、贵州、四川大部，云南大部以及陕南、湖南、广西西部少数民族地区，以南亚热带和热带植物为主，可划分川蜀园林、云贵园林等亚派。川蜀园林以巴蜀文化为文化基底，英雄崇拜、名贤崇拜是巴蜀古典园林的灵魂，独特的水文化催生出其少叠石造山、多水景的园林景观格局，建筑多为简朴典雅的平民化风格，植物运用以竹和花为主，体现了蜀文化的人文精神。云贵园林以云贵高原文化为基底，其浓郁的传统民族风情建筑，气势恢宏、视野开朗，清幽古雅而神秘的自然山水成为其显著的标识。

1　重庆园

"峡深明月夜，江静碧云天。旧俗巴渝舞，新声蜀国弦"（唐·张祜《送杨秀才游蜀》）。重庆山峦缠绵，城在山上，山在城中，是长江、嘉陵江两江交汇处，水深浪平的天然良港樯桅如林、船篷相连，岸上各种各样的街市人们熙来攘往，市井百态融入一条条山城街巷当中，形成了独特的山城文化。其中的"院坝文化"是 20 世纪"老重庆人"绕不开的记忆，院坝曾是邻里关系的公共空间。坐茶馆吃茶、摆龙门阵是最休闲的重庆生活，茶馆遍布大街小巷。人们喜欢坐茶馆，不仅仅是为了喝一盏茶解渴提神，茶馆对市民的吸引，还在于它在情感交流与信息传播方面的功能。重庆园正以"大江行千里，孕育万物；包容致广大，美美与共"为主题，通过"文脉溯源、生态筑景、生活注魂"三条主线，展示重庆"山水之城、美丽之地"的定位和特有的巴渝文化。全园景观布局根据场地地形变化高差较大的地利因素，梳理空间序列关系，以"生活注魂"，形成江滩休闲、山城拾阶、水岸楼居、院坝茶叙 4 个具有代表性的山城生活场景，通过连接主次两个出入口的环形游路，连接各主要景点，形成丰富多样的体验游线（图 8.4.1-1）。

走进展园，"江行千里"波涛上下浪三千，雉堞危崖拱上游之势扑面而来，江、滩、崖、石、瀑、廊等景观要素展示了重庆磅礴大气的江滩盛景，再现重庆江滩记忆的休闲情境，同时塑造出生物生态和谐的栖息之所（图 8.4.1-2）。

跨过"大江"，拾级而上，远眺重叠错落的立体山城景象，"秀湖滴翠"，天光水色融入巴渝原乡。涉水驻足"坐石临流"，享天光水色，品重楼复道，方隅之间意无穷，体现了巴渝园林前园后院、山峭水绕、布局灵活的鲜明特征，以及理水上动静结合、线面相交、分散布局的造园特色。穿过柴扉门行至襟江榭，忽见巴渝人家临崖而筑，错落农田阡陌交通，俯仰之间可听林风跌泉，观池底游鱼，好一派山清水秀的原乡景象（图 8.4.1-3）。

行至"渝崖山廊"，复道重楼，"层城缓步望渝州""山城步道寄乡愁"，体验爬坡上坎重庆日常。穿廊而出至临远楼，错落有致、布局灵活的民居院落映入眼帘；再从前院穿巷通过，拾级而上至院坝平场，巴渝胜景一览无余。登顶而上，院坝人家，老井山泉，体验"院坝茶叙"，感受海阔天空、天南地北的重庆休闲生活，茶院挑台上遥望远处群峰叠翠，俯视窗下叠石流水，令人遐思不尽（图 8.4.1-4）。

图 8.4.1-1　重庆园鸟瞰

图 8.4.1-2　江滩盛景

230

徐行而返，"沁芳坡田"，感受花田美景果树飘香。"唤客煎茶山店远""看人获稻午风凉"。茶尽意阑珊，石板小径寻归途，至路边禾亭，暂坐回望，远处青山如黛，近处建筑灵巧，叠石流水芳草葱翠，令人遐思不尽、回味悠长（图8.4.1-5）。

植物种植通过垂直式崖壁绿化、梯级式台地绿化、缓坡式自然绿化、拟自然式亲水绿化等手法展现了重庆立体绿化建设成果，形成"秋月""流香""毓秀"三大植物分区，构建了山水画卷、诗意巴渝之意境（图8.4.1-6）。

图 8.4.1-3　秀湖滴翠

图 8.4.1-4　渝崖山廊

图 8.4.1-5　沁芳坡田

图 8.4.1-6　植物景观

2　四川（成都）园

"茂陵多病后，尚爱卓文君。酒肆人间世，琴台日暮云。野花留宝靥，蔓草见罗裙。归凤求凰意，寥寥不复闻。"唐·杜甫这首《琴台》一表"蜀都胜迹文君井，千古情话凤求凰"千古佳话。话说汉代文景之治时期，蜀郡临邛县（今成都邛崃）的卓家传到了卓王孙这一代已成巨富，卓王孙有女卓文君，姿色娇美，精通音律，善弹琴，有文名，嫁后丧夫，返回娘家住。司马相如在景帝时，以赀为郎，为武骑常侍，然非其所好，后病免，客游梁。及梁孝王卒，归家，贫无以自业，往依临邛令王吉。一日，卓王孙邀司马与县令做客，酒兴云浓，县令请相如弹琴，相如奏《凤求凰》等曲。文君慕之才，与之私奔，乃于临邛买酒舍，当垆卖酒，身与庸保杂作。王孙愧之，乃分与文君僮百人、钱百万，双双归成都，买田宅，为富人。后武帝读到司马相如《子虚赋》，甚为赞赏，遂召之，又以《上林赋》被封为郎（帝王侍从官），不久欲纳茂陵女子为妾，冷淡卓文君，卓文君写诗《白头吟》给相如，司马相如回了一封"一二三四五六七八九十百千万"十三字信。文君聪明，一行数字，惟独无"亿"，

图 8.4.2-1 四川（成都）园鸟瞰

心凉如水，十分悲痛，回《怨郎诗》，旁敲侧击诉衷肠，司马相如看完信，遥想昔日，恩爱之情，
羞愧万分，从此不再提遗妻纳妾之事，两人白首偕老，安居林泉。而今邛崃城里，"文君井""琴
台"古迹犹存，"文君酒"也成为历史文化名酒，被民间称作"幸福酒""旺夫酒"。四川（成都）
园以司马相如与卓文君的爱情故事展开创作，全园以七段园景展开故事画卷（图 8.4.2-1）：

路遇：以文君"当垆卖酒"的历史典故为起点，用开门见山的方式，以"文君坊"为店招，以
主体建筑作为全园主入口，坊中以图片等形式，展示相关文化内容（图 8.4.2-2）。

听琴：过了酒坊，眼前一阔，设一茶坪（图 8.4.2-3），为临水平台，坊上"当垆居"匾以示卓
文君与司马相如二人居家温馨生活，此处可为游人品茶听琴之处。

寻声：沿池水右侧缓坡游历而上，隔水与酒坊相对高台上设一敞轩，名为"琴台"（图 8.4.2-4），
设置匾联，引人入胜。

琴挑：琴台内置一古琴、榻、琴桌，正面山石之上刻"凤求凰"三字，使琴台中虽无琴时也能

图 8.4.2-2　文君坊

图 8.4.2-3　茶坪

图 8.4.2-4　琴台

图 8.4.2-5　凤凰池

图 8.4.2-6　文君井

图 8.4.2-7　"绿绮"亭

使人浮想联翩，琴弦拨动，演绎一段千古情话场景。台侧清泉溪流沿山石而下，水声叮咚，四周竹林环抱（图 8.4.2-5）。

　　瞻井：通过一段曲折游步道，来到全园中心景观"文君井"（图 8.4.2-6）。井正面照壁刻有"文君井"三个隶书大字，背面刻汉代临邛酿酒生活场景，相传文君取此井水酿酒、烹茶。环绕井周，种植芙蓉、翠竹，相映成趣。

　　辨琴：过文君井，曲水之中小岛之上，设一小亭，取名"绿绮"，以纪念中国四大名琴之司马相如钟爱古琴——绿绮琴，借此表达对一代琴宗司马相如的景仰（图 8.4.2-7）。

图 8.4.2-8　"风流传千古"题词刻石

　　余音：在全园最后置石，嵌刻老革命家张爱萍将军题词"风流传千古"作为全园结尾（图 8.4.2-8），游园至此结束。

　　全园以"守正创新"的思想，"景面文心"的方法，通过对司马相如与卓文君爱情故事的园景营造，表达对文化繁荣、生活幸福、国家强盛、民族复兴的不断追求。

3　四川（泸州）园

　　有道是"江阳古道多佳酿"。四川泸州古称"江阳"，别称酒城、江城。早在秦汉时，泸州酿酒即已极负盛名，文学巨子、汉赋第一人司马相如与卓文君居临邛，虽然与泸州相隔千里，但是仍被泸州酒的醇香美味倾倒，司马相如用一首《清醪》表达了他的偏爱和赞誉："昊天远处兮，彩云飘拂；蜀南有醪兮，香溢四宇；当炉而炖兮，润我肺腑；促我悠思兮，落笔成赋。"及至后世，历代更是多有文人雅士对泸州名酒赞咏有加，如唐宋八大家之一的苏轼在泸州邀明月醉美酒，留下了"佳酿飘香自蜀南，且邀明月醉花间，三杯未尽兴犹酣"（《浣溪沙·夜饮》）的豪句；明代三大才子之首杨慎发出了"江阳酒熟花如锦，别后何人共醉狂"（《寒夕与简西岜（xué）小酌话别》）的感慨；清代性灵派三大家之一张问陶《咏泸州》写下"城下人家水上城，酒楼红处一江明。衔杯却爱泸州好，十指寒香给（jǐ）客橙"赞语。近代教育家章士钊《答筱泉并谢见赠旧窖名酒》诗曰："秋风

图 8.4.3-1　四川（泸州）园鸟瞰

又拂古泸阳，重问高人水一方……名酒善刀^①三百载，却惭交旧得分尝。"我国开国元勋朱德驻节泸州时，作《除夕》诗："护国军兴事变迁，烽烟交警振阗阗。酒城幸保身无恙，检点机韬又一年。"酒城泸州由此明确。四川（泸州）园以"酒文化"为切入点，提取中国名酒老窖郎酒的酒文化元素，分浓香鼻祖酒文化景观区、酱香典范酒文化景观区及酒文化公共空间三个区域，通过景墙、绿雕、小品及绿化的搭配，以生态的方式生动展现天地人共酿、源自泸州、际会徐州、聚汇一城的"酒生活"文化，也描绘了泸州这样一座热情好客城市的风土人情，展现人们"酿"造幸福及对美好生活的追求和豁达的人生哲学（图 8.4.3-1）。

"山水神韵，醇香酒城"，进入泸州园主入口，开篇点题迎接四方来宾的是用长江奇石刻就的"酒城"置石（图 8.4.3-2）。沿着题刻而下，进入酒文化民俗广场，这里是展会期间及今后饮酒唱酬等互动活动空间的主阵地，有许多特色民俗活动展示，如"寻找民间好舌头"品酒活动等。

广场布置有 99 个书体各异的小"酒"字环绕在巨型"酒"字周围组成的《百酒图》，形同众星拱月，把中国传统书画艺术和泸州酒文化完美地融为一体，再现了泸州悠久而丰富的酒文化历史。广场北侧"风过泸州带酒香"景墙，以剪影的形式融入泸州长沱两江交汇地的地域特色和泸州两大名酒的抽象酒雕塑元素，线条飘逸，景墙中央以酒坛异型门洞形成对成都园的框景，穿过

---

① 先秦庄周《庖丁解牛》有："善刀而藏之。"善刀者，原意将刀擦净收藏起来，意即珍藏。

图 8.4.3-2　"酒城"题刻

图 8.4.3-3　《百酒图》及风过泸州带酒香

景墙，凭栏临水，风过留香，浓香抑或酱香，都是对生活的热爱，也是仁者乐山、智者乐水的处世智慧（图 8.4.3-3）。

广场东侧是浓香鼻祖酒文化景观区，集中展示了浓香型酒文化的元素。在花境景观中，一座高近5m 的生态绿雕酒樽，周边散布着的六个体态憨厚、神情呆萌的麒麟温酒器趣味雕塑（图 8.4.3-4）。酒樽以泸州老窖浓香酒樽艺术装置为原型，形象展现泸州所产浓香型白酒的鼻祖地位。温酒器依照泸州出土的古代酒器孤品麒麟温酒器，以卡通拟人化的趣味雕塑形式展现，游人可以扫描二维码免费领取麒麟温酒器趣味宝宝微信表情包。广场东往次入口方向的园路一侧，屹立着李铁映同志为世界物质文化遗产——泸州老窖400 多年窖池题书的"中国第一窖"景石（图 8.4.3-5），再往前便是世界非物质文化遗产浓香酒酿制技艺精髓部分，以花岗石 + 铜雕塑的形式进行直观展现，给人以深刻印象。广场西侧是酱香典范酒文化景观区，采用泸州石材，通过假山堆叠，再现酝酿泸州古蔺郎

图 8.4.3-4　趣味雕塑

图 8.4.3-5　"中国第一窖"景石

图 8.4.3-6　假山和酒阵

酒的自然生境天宝峰及洞藏圣地天宝洞——世界最大的天然酒库。山脚下多只土陶酒坛通过艺术堆叠形成酒阵（图 8.4.3-6），与周边的自然景观融为一体，体现"中国酒坛兵马俑"之壮魄，山体及酒坛的倒影映照在尽欢池中，仿佛在唱着美酒河的酿造故事。

4　贵州园

贵州襟湘桂山川之险隘，扼川滇通道之要冲，高原山地居多，群山起伏，素有"八山一水一分田"之说。"江从白鹭飞边转，云在青山缺处生"（宋·赵希迈《到贵州》），就是古人对贵州印象的描述。

世居大山的苗族历史悠久,《山海经·大荒北经》云:"西北海外,黑水之北,有人有翼,名曰苗民。"苗族人民以布为纸,以线当墨,以针做笔,把民族的风风雨雨绣在衣裙上,把几千年的历史用刺绣记录下来。苗绣不仅造型独特、朴实、生动,而且构图饱满、色彩艳丽、对比强烈,体现了原始、纯真、古朴、大方的民族特色。苗绣中每种动物、植物纹样都隐藏着一个优美动听的传说故事和古风遗迹,每一个图案样式都具有一定的象征意义,如"◇"纹表示田园、"Z"纹表示江河、"凸"纹表示房屋城镇,花衣的披肩和褶裙的裙沿图案中两条彩色镶边的横道花纹,一条叫"温仿"即黄河,一条叫"温育"即长江,如此等等,这些是苗族历史文化的重要载体。习近平总书记曾为苗绣点赞说,传统的也是时尚的,你们一针一线绣出来,何其精彩!一定要发扬光大苗绣,既能继承弘扬民族文化、传统文化,也能为扶贫产业、乡村振兴作出贡献[1]。

贵州园正是以"多彩贵州·锦绣黔城"为主题,用不锈钢飘带串联整个园子的空间,融入贵州山水文化、民族文化、农耕文化、植物文化、建筑文化和红色文化,用虚实交替的手法描绘出有田园可耕、有花园可赏、有家园可居的乐园,打造一个宜业宜游、质量优、生态美、百姓富有机统一的"多彩贵州公园省"的缩影(图8.4.4-1),展现人与自然和谐共生的锦绣黔城。总体布局:八山一水一分田;景观序列:入口印象——幸福家园——休闲花园——致富田园——多彩台地。

图 8.4.4-1 贵州园鸟瞰

---

① 新华网,习近平为苗绣点赞:一针一线绣出来,何其精彩。

图 8.4.4-2　入口景墙

图 8.4.4-3　苗侗民居吊脚楼

图 8.4.4-4　红色文化

展园主入口北侧置轻巧精致的不锈钢飘带景墙，景墙上代表山水林田湖及动植物的苗绣绣品穿插于景墙之中；南侧设粗犷且布满苔痕的老石墙（图 8.4.4-2），两道景墙交互蜿蜒辗转，展现原生态与现代之间的对话与碰撞，打开了贵州园的山水台地园林画卷。

沿景墙而下，山石选泉之间，苗侗民居吊脚楼傍山而立，以黄果树瀑布上游的陡坡塘瀑布为设计灵感的水景环绕其间，营造了山水相依、枫叶斑斓、竹径清幽的幸福家园（图 8.4.4-3）。吊脚楼内布置为展厅，展示贵州红色文化、城市建设及生态园林建设的内容和成果。

贵州是当年中央红军长征途中活动时间长、活动区域广、发生重大事件多的省份之一，红军长征路上一朵朵鲜红的烙印，深深镶嵌于黔山秀水之间。展陈以中央红军在贵州的活动为主线，黎平会议、遵义会议、四渡赤水、娄山关战役等展陈内容形式多样，内容丰富，展示了贵州在红色文化、红色血脉方面的赓续传承。记住红军敢闯新路、敢于突破、敢于胜利的"三敢"精神，对激励全党全国人民在新的历史条件下，积极投身中国特色社会主义建设伟大实践，必将发挥新的更大的作用。展陈还从城市高质量发展、园林绿化成果展示等方面展现了贵州在"绿色城市·美好生活"等方面的建设成果，呈现贵州生态、人文、智慧、开放、舒适的城市新印象（图 8.4.4-4）。

从石墙向下，是堂安泉，取自堂安侗寨的古瓢井，由青石打制的方形带把石斗形如木瓢，下方用多边形石磴支撑，清冽的泉水在斗中聚满，从左右凹槽流出，非常独特。泉水流经的圆形地雕，是苗绣的鱼头龙身图案（图 8.4.4-5）。

　　吊脚楼西面，设计结合高差，运用岩石花境与台地园林的造园手法，将贵州乡土花卉植物与多种适生植物组合搭配，形成有趣又有特色的花境，又是最惬意的休闲花园（图8.4.4-6）。

　　吊脚楼前为一由三道跌水坝拦蓄形成四级水面的水体，实现雨水的收集和利用，最下级水面上设石桥一座。水体右岸用写意梯田及实景梯田，采用现代与传统结合手法，演绎贵州特有的山水梯田、农耕文化与大地艺术，营造乡村振兴、增收致富的田园风光（图8.4.4-7、图8.4.4-8）。

　　贵州园的植物设计充分运用了乡土植物及色叶植物呼应多彩贵州的立意，还大量运用了贵阳的市树"竹"营造幽静深远的意境及展现"知行合一、协力争先"的贵阳精神；市花"紫薇"呈现出干枝飘逸，花枝繁茂的景色（图8.4.4-9）。

图 8.4.4-5　堂安泉

图 8.4.4-6　岩石花境

图 8.4.4-7　山水梯田

图 8.4.4-8　写意梯田

图 8.4.4-9　植物景观

5 云南园

　　"五云南国在天涯，六诏山川景物华。摩岁中山标积雪，纳夷流水带金沙。翠蛙鸣入云中树，白雉飞穿洞口花"（明·楼琏《云南即事》）。西汉元封二年（公元前 109 年），武帝降滇王，设益州郡，云南为其一县。县名取"云南"有三说：一说因在"彩云之南"，二说因在"云山（现宾川鸡足山）之南"，三说汉武帝夜梦彩云，遣使追梦，在今祥云县境追到彩云，因置云南县。云南为低纬度内陆山地高原地形，东部云贵高原发育着各种类型的岩溶（喀斯特）地貌，西部高山峡谷相间，地势险峻，形成奇异、雄伟的山岳冰川地貌。境内河川纵横，大小湖泊不计其数，流光溢彩，最著名的有滇池、抚仙湖等。滇池位于昆明市，古称滇南泽，又名昆明湖，属地震断层陷落型湖泊，晋·常璩《华阳国志·南中志》说其因"下流浅狭，如倒流，故曰滇池。"滇池为西南地区最大（全国第六大）的淡水湖，一日之内，随着天际日色、云彩的变化而变幻无穷，十分壮丽，被誉为"高原明珠"。抚仙湖位于玉溪市，是中国蓄水量最大湖泊、最大高原深水湖泊、第二深淡水湖泊，珠江源头第一大湖泊，呈南北向的葫芦形，《徐霞客游记》记载："滇山惟多土，故多壅流而成海，而流多浑浊，唯抚仙湖最清。"古人称之为"琉璃万顷"。抚仙湖畔的帽天山，埋藏着大量距今 5.41 亿年的寒武纪原始多细胞海洋生物的化石，有力地证明了地球生物进化史上著名的"寒武纪生物大爆炸"的存在，为揭示地球早期生命演化的奥秘提供了极其珍贵的证据，是目前全球仅有的两处这样的化石地之一（另一处在澳大利亚，但其化石的丰富程度远不如帽天山），在世界范围内都稀有。云南园以此两湖一山为蓝本，以"桃源胜景，云上秘境"为主题，根据场地的地形，由北向南布置"桃源秘境"与"起源花园"两个花园，着力展现云南缤纷美好的湖居桃源生活画卷（图 8.4.5–1）。

　　桃源秘境：以滇池生态恢复为背景，讲述湖泊与城市、湖泊与人和谐共生共存的故事。清澈的镜面水池是云南的宁静与美好，起伏的玻璃景墙是云南连绵的山川。利用七彩玻璃景墙串联各个空间，通过障景、框景、围合等设计手法使园内空间富有变化，运用色彩与光影变幻折射出流光溢彩之景，寓意"七彩云霞"，结合花境营造美轮美奂的梦幻景象，展示云南多彩迤逦的自然风光（图 8.4.5–2）。1985 年，来自西伯利亚的红嘴鸥等候鸟飞抵云南城市湖泊，迄今已 37 年，标志着云南湖泊的生态环境不断改善，水池一侧设置"鸥群"雕塑，记录下滇池治理的成果（图 8.4.5–3）。

　　起源花园：以抚仙湖自然生境为蓝本，以"一幕水帘"为花园主景，搭配朦胧水帘，柔和安静、愉悦灵动、晶莹梦幻，宛如"雨"的重组，制造一丝朦胧浪漫的气氛，寓意云南人民对保护高原湖泊生态环境的决心。将来自抚仙湖畔的帽天山 5.3 亿年前寒武纪早期"纳罗虫"等化石巧妙地融合到水帘之中，展示来自远古的世界自然遗产，开启一段愉悦灵动的生物起源之旅（图 8.4.5–4）。景观表现采用现代工艺，玻璃彩砖通过内置云南特有动植物标本模型展示云南"动物王国、植物王国"生态品牌，内置化石标本模型展现"生命起源"，充分展示了云南的生物多样性之美和优美的生态环境。丰富的花卉、观赏草等配置植物花境，展现云南自然风光绮丽、植物资源丰富。

图 8.4.5-1　云南园鸟瞰

图 8.4.5-2　"七彩云霞"

图 8.4.5-3　"鸥群"雕塑、"云·花"构筑物

图 8.4.5-4　"一幕水帘"及"纳罗虫"化石

第 5 节　林海雪原东北园林

东北园林区域范围为黑龙江、吉林 2 省和辽宁北部，以温带湿润、半湿润地带植物为主，文化基底为中原文化延展的松辽文化，近代园林渗入俄日等异国文化，可划分长春园林、哈尔滨园林等亚派。近代长春园林发展受日式园林影响，设计理念为中日相结合，包含水、桥、石头、石质灯笼、凉亭、围栏等日式园林要素，特点为典雅简洁、水秀山清，且与书法绘画紧密结合。哈尔滨的绿化和园林艺术形式具有俄罗斯式的"巴洛克"风格，布局手法上基本采取有轴线的整形式平面，游览线沿轴线方向布置，景区和景点依轴线作对称或拟对称的排列，结构井然有序，园景简洁开朗。

1　辽宁（沈阳）园

"拔地蛟龙宅，当关虎豹城。山连长白秀，江入混同清"（清·纳兰性德《盛京》）。辽河流域是中华文明的重要发祥地之一，沈阳因地处古沈水（又称小辽河，浑河）之北而得名，其北郊新乐遗址证明，早在公元前 5200 ～前 4800 年的新石器时代，就具有了比较发达的农业和手工业，纹陶等原始艺术也有一定发展，并形成了比较固定的原始村落[①]。到战国时，燕于公元前 299 ～前 297 年开边建郡时在此建城（辽东郡候城县），开沈阳建城史[②]。秦汉时期，《汉书·志·地理志》载："辽东郡，秦置，属幽州。户五万五千九百七十三，口二十七万二千五百三十九。县十八……房，候城，中部都尉治。"《后汉书·志·郡国志》载："玄菟郡武帝置。雒阳东北四千里，六城……候城，故属辽东。" 1625 年，清太祖爱新觉罗·努尔哈赤建立的后金迁都于此，更名盛京。1636 年，清太宗爱新觉罗·皇太极在此改国号为"清"，建立清王朝。1644 年，清军入关定都北京后，以盛京为陪都。中华人民共和国成立后，沈阳成为中国重要的重工业基地，被誉为"共和国装备部"，有"共和国长子""东方鲁尔"的美誉。沈阳园以远古的新乐文明到现代的都市文明发展史为文化主线，整体布局依照场地西南侧高差较大，东侧公共绿地区域也存在一定高差的特点，采用先围后开、欲扬先抑的手法，采用景观石调整地形高差，中部以大型水体纵贯全园，水体岸线上南岸自然曲折与北岸现代几何线形形成鲜明对比，表达沈阳"一河两岸"的山水格局、城市风貌的变迁与城市建设、生态文明建设的成就（图 8.5.1-1、图 8.5.1-2）。

主入口以新乐时期标志性的茅草屋（图 8.5.1-3）、陶器和充满野趣的植物景观为开端，以此开始一段沈阳城市发展的寻觅之旅。接着往前是辽代沈阳城的标志景观，以石佛寺辽塔为模板，采用现代钢结构实现传统的古辽塔建造，立面以绿植覆之，阳光照射之下，游人可感受到一种别具特色的质感和时空的穿越感（图 8.5.1-4）。再向前行，假山叠水上矗立着一座双檐八角凉亭，由清代沈

① 黎家芳. 新乐文化的科学价值和历史地位 [J]. 中国历史博物馆馆刊,1986,(3):10-15.

② 李仲元. 古候城考 [J]. 辽宁大学学报，1999，（4）:50-54.

阳故宫大政殿风格衍变而来，展示出深厚的文化内涵（图 8.5.1-5）。过八角亭，是一组铸铁景墙，景墙之后，为全园主建筑玻璃展厅，以沈阳的盛京大剧院作为原型（图 8.5.1-6），既能体现沈阳现代城市建设的新成就，同时也有功能展示的作用。

图 8.5.1-1　辽宁（沈阳）园鸟瞰

图 8.5.1-2　一河两岸水景

图 8.5.1-3　新乐时期茅草屋

图 8.5.1-5　八角凉亭

图 8.5.1-4　石佛寺辽塔

图 8.5.1-6　玻璃展厅

工业铸铁景墙（图 8.5.1-7）选用耐候板，生锈的质感与色彩生动地体现了近代沈阳工业的历史脉络；景墙的造型取较大的体量，在园中随形而弯，依势而曲，或临水际，通花渡壑，蜿蜒无尽，不仅是展示景墙，也将中庭框出了不同的景观空间，增加了空间的景深和层次感。景墙的尽头设有沈阳八景几组小型展示景墙，或与花池相结合，或与多边形小水景结合，随机点缀，犹如散落在地上的钻石熠熠生辉（图 8.5.1-8）。

图 8.5.1-7　工业铸铁墙

图 8.5.1-8　沈阳八景展示景墙

园林植物突出了北方的植物景观特色，以沈阳的市树油松和市花玫瑰为基调植物，配以丰富的花灌木、花卉，季相分明，色彩丰富，花影重叠，野趣横生。"松涛在耳声弥静，山月照人清不寒。""胜地花开香雪海，妙林经说大罗天。"空山松风、明月花香，悄然地传递着沈阳的情韵，悠悠扬扬，渺渺漫漫……从远古走来，在自然的混响声中蓬勃，在自然的迷离光影中绚烂，用自己的声音、形态感染着每一个亲近它的人。

2　吉林（长春）园

"寒葱绝顶云喷日，烂漫危崖雾抱松。鹿过溪泉寻野趣，客临壑谷觅仙踪"（林承强《辽源寒葱顶国家森林公园》）。在地球生物进化史上，鹿是一种比人类资格更老的动物，早在距今 3500 万年前就已经出现了，现在地球上的鹿科动物共有 17 属 51 种，我国有 9 属 20 种[①]。中国养鹿历史悠久，早在西周时期就已形成了圈养鹿的雏形。《诗经·豳风·东山》记有："我徂东山……町畽鹿场，熠耀宵行。"成书于汉代的《神农本草经》称鹿茸"味甘湿，主漏不恶血，寒热惊痫，益气强志，行齿不老。"明·李时珍《本草纲目》称鹿茸可以"生精补髓，养血益阳，强筋健骨，治一切虚损，耳聋

① 潘清华，王应祥，岩崑. 中国哺乳动物彩色图鉴 [M]. 北京：中国林业出版社，2007.

图 8.5.2-1　吉林（长春）园鸟瞰

目暗，眩晕虚痢。"鹿不仅有极高的医药和经济价值，而且还有重要文化表征意义，是"美丽、富有、和平、长寿"的象征，与鹤同被"仙化"，有"仙鹿"之美称，是仙人的骐骥和成仙的脚力。《诗经·大雅·灵台》说："王在灵囿，麀鹿攸伏。麀鹿濯濯，白鸟翯翯。"鹿是健美的化身、通灵之物。《诗经·小雅·鹿鸣》记："呦呦鹿鸣，食野之苹。""呦呦鹿鸣，食野之蒿。""呦呦鹿鸣，食野之芩。"说鹿"欲食皆鸣相召，志不忌也。"鹿成为仁慈、善良的君子风范。吉林是中国梅花鹿的故乡，长春市（双阳区）是梅花鹿产业发展核心区。长春园以"麓野仙踪"为主题，背靠青山，仿吉林的自然山水，落位于闲情逸致的美好生活基调，融入鹿文化等地域文化瑰宝，取名"麓园"，创造出一幅"山谷处觅林、遇水时见鹿"的优美自然画卷，传达尊重自然万物、与自然和谐共生的理念，诠释美好生活与人文地脉，为游人开启一场神秘的麓野仙踪之旅（图 8.5.2-1）。

　　造园方案取自然元素，将之革新为艺术。主入口以长白山为灵感，用灵动飘逸的弧形景墙呈远峰环抱之势，白色轻盈的构架仿佛缠绕在山顶的云朵，墙角处隐约可见的林间鹿影，吸引着游人前去探寻（图 8.5.2-2）。沿着"山路"而上，走进蜿蜒的九曲夹道，蜿蜒的白色挡墙引导游览路径，白色挡墙从入口的景墙延续而来，将人们引入森林峡谷，传达对自然山水的意境追寻，别有意趣。继续前行，一条长廊掩藏在青山之中，借场地高差与后侧山脉连成一体，探入其中，亭亭白桦，呦呦鹿鸣，仿若幽谷秘境。穿过长廊，豁然开朗，萋萋芳草，点点星灯，以大草坪模拟粼粼松江水，富有灵气的鹿形雕塑为点睛之笔，形成一番绿波涟漪的自然美景。麓之山湖林谷，园中石光水树，每段自有风雅，从入口白山寻鹿的序幕，到林深鹿影的过渡，直至鹿谷林语的温馨，最后以卧鹿涟漪的惊叹结尾，步步皆趣，入眼皆景（图 8.5.2-2）。

室外植物以徐州乡土落叶树种为基调，配植桂花、紫薇、槭属等观赏植物，采用自然组团式种植手法，营造精致多层次的景观。室内采用白桦树干的造型与林海雪原的内装风格凸显长春的东北地域特征，传达对自然山水的意境追寻，开启了自然与人文的对话（图 8.5.2-3）。

图 8.5.2-2　幽谷秘境

图 8.5.2-3　植物景观

3　黑龙江（黑河）园

"黑龙江头气郁葱，武元射龙江水中。江声怒号久不泻，破墨挥洒馀神功"（元·刘因《金太子允恭墨竹》）。在先秦时期，《左传·昭公·昭公九年》记："王使詹桓伯辞于晋，曰：……肃慎，吾北土也。"金朝黑龙江省隶属上京路，元朝分隶开元路和水达达路，明朝初隶属辽东都司，1409年后隶属奴儿干都指挥使司，清初大体沿袭明制而略加改变，1683 年 12 月，清廷为抗击沙俄入侵，调整军政体系，形成盛京、宁古塔、黑龙江三将军并立，"自是东北三分，吉江并列。"[①] "黑水新城近，黄龙旧府遥。家传肃慎矢，人媛挹娄貂。残雪埋松塔，微风变柳条。春明二三月，也复种青苗"（清·杨宾《宁古塔杂诗其三》）。《辽史·本纪·卷二》云："庚辰，有龙见于挞剌山阳水上，上射获之，藏其骨内府"，说神册五年（920 年），辽太祖耶律阿保机狩猎时，在挞剌山阳水上看见了一条龙，用弓箭把这条龙射杀捕获了，将龙骨取回放在辽国的内库里。其后辽国便将黑龙视为祥瑞。黑龙江（黑河）园以"冰雪森林，生态黑江"为主题，融入黑河独特的欧亚文化、火山地貌、民族风情和冰雪元素，以及中俄交融的异域风情，展现黑龙江的自然与文化，诠释大冰雪、大森林、大粮仓，大湿地等地方特色文化与北国风光的园林艺术，一展城市与自然和谐共生美丽图景（图 8.5.3-1）。

---

① 隋岩. 黑龙江省疆域沿革考略 [J]. 黑龙江史志，2016，（3）:4-8.

图 8.5.3-1 黑龙江（黑河）园鸟瞰

图 8.5.3-2 景观廊桥

图 8.5.3-3 花镜旱溪

展园整体布局用气韵流畅的"龙"字行书构图，凝练黑河地标景观——黑龙江大桥元素，形成雕塑式景观廊桥（图 8.5.3-2），桥下仿界江——黑龙江设计为有自然曲线的花境与旱溪（图 8.5.3-3），龙字形成的八字作为登上桥体的两个自然坡道，将桥身与界江隐于龙字之中。廊桥既是全园观景焦点，也是游人观景的最佳点，桥下按黑龙江自然地貌特征，置火山石地质展示区，桥西侧设置鄂伦春歌舞表演场，形成桥端的特色区域，凸显黑河城市和北方少数民族特色（图 8.5.3-4）。拉小提琴的少女为主体的大型雪塑墙雕塑与俄式风格的建筑，展现了中俄边境口岸城市黑河的特色（图 8.5.3-5）。

展园主体建筑木刻楞展馆采用浓浓的欧式"异域风情"，直径 20cm 的自然等圆落叶松原木，颜色朴素、造型精美。墙体采用井干式结构，以原木交叉垒成，不用铁钉，只以木楔固定；屋顶部分为人字形坡屋顶，以减少积雪的重压，屋顶开天窗，用于通风和贮藏，以增加木质建筑结构的使用寿命。建筑的举架较高，平均室内高度为 3 ~ 5m，这为通风和采光奠定了基础，同时也保持了室内的空气流通。放映厅通过播放宣传片、专题片，VR 全

图 8.5.3-4　歌舞表演场

图 8.5.3-5　雪塑墙雕塑

景虚拟演示等，全方位多视角地展示黑河乃至黑龙江全省的自然风光和地域文化（图 8.5.3-6）。

植物景观的营造方面，建筑物旁采用花楸及白桦配合，龙字步道两侧采用自然粗放的野花，鄂伦春表演场旁采用白桦林，体现北方自然的植物群落景观。在此基础上，增加北方特色树种如五角枫、鸡爪槭、紫丁香等，地被花卉选择黑心菊、萱草、八宝景天、千屈菜等宿根花卉，形成植物群落及空间围合（图 8.5.3-7）。

图 8.5.3-6　木刻楞展馆

图 8.5.3-7　植物景观

第 6 节　长风万里西北园林

西北园林区域范围为新疆、甘肃西部、内蒙古西部、西藏、青海。其中新疆、甘肃西部、内蒙古西部，可细分为宁新园林亚区、青藏园林亚区。宁新园林亚区为温带干旱区，人们生活在被戈壁沙漠包围的环境中，园林营造凸显沙海中求生存的心理诉求和环境诉求，民族和宗教的风格浓郁，并表现出较高的艺术成就，特别是伊斯兰建筑、藏传佛教木构架大屋顶等特色风格建筑成为显著标识。青藏园林亚区范围为西藏、青海以及川西北藏区，以藏文化为基底，传统园林起源于远古部落时代的野外踏青活动，历史悠久、渊源深厚，有庄园园林、寺庙园林、宗堡园林 3 种园林类型，园林空间通常以主体建筑为中心，布局疏朗，规整大方，不作故意的曲折变化，林地、建筑、道路关系明确，密度很低。庄园园林以各类植物为主，淡于"理水"，朴素、自然；寺庙园林特别注重宗教仪式功能；宗堡园林结合了庄园园林和寺庙园林的特色，从体例、形态、色彩上充分显示拥有者的社会地位和宗教地位。

1　宁夏（银川）园

"九曲黄河万里沙，浪淘风簸自天涯"（唐·刘禹锡《浪淘沙·九曲黄河万里沙》），"贺兰山下果园成，塞北江南旧有名"（唐·韦蟾《送卢潘尚书之灵武》）。千百年来，黄河百害，唯富一套，"沐甚雨，栉疾风"的贺兰山，让桀骜不驯的腾格里沙漠止步东移，"入塞复出塞，黄河如奔马"（清·俞明震《晓发铜青峡望贺兰山绕河套北行》），黄河在此静静流淌，滋润着大地，这里气候湿润，土地肥沃，光照充足，五谷丰登，形成了沃野千里的"塞外江南"，让古老深远的黄河文化、雄浑刚健的边塞文化、独一无二的贺兰文化、特色鲜明的绿洲文化等在这块神奇的土地共聚，为后人留下了许多珍贵的遗迹和探寻不尽的奥秘。宁夏（银川）园以"塞上江南，水韵宁夏"为主题提取贺兰山、黄河、湿地等银川代表性景观风貌与文化元素，着力体现银川黄河文化和国际湿地城市景观，展示塞上江南、神奇宁夏、魅力银川的城市画卷（图 8.6.1-1）。

全园布局"一心一环一廊"，以山水画卷、连湖景观湿地、朔方观景台、历史文化、贺兰酒庄、塞上田园、特色展园、生态悦动八组景观节点，通过园路串联成环、廊。"一环"——城市发展景观环、"一廊"——生态发展廊道。围绕中心湿地景观，利用"融合绿岛"进行生态景观渗透，以道路为载体，以时间为主线串联五个景观节点组团，体验纵情于山水之间的时光之旅，追溯史前文明及古代历史文化，演变到现代城市及绿色产业发展，在生态和田园之中沉淀，在具有银川特色的植物展园当中升华，畅想生态悦动的城市未来。让游人开启穿梭时光之旅，探索贺兰山中的神奇之境；品味贺兰山东麓葡萄酒文化、体验城市休闲慢生活。

展园以湿地景观作为展园的"一心"，凸显西北干旱地区的人们对于水的独特感情，以黄河的"几"字形态景观水系塑造中心水体构架，引用银川黄河灌溉水渠的原理，解决场地地形的南北高差，也更好地塑造出场地的亲水性及连通性；引入黄河文化、国际湿地城市景观文化要素，突出体现韧性城市、湿地生态恢复、生态净化、植物多样性等城市湿地生态治理特色及先进水土保持技术，展示银川绿色、开放、共享的湿地城市生活（图 8.6.1-2）。

图 8.6.1-1　宁夏（银川）园鸟瞰

图 8.6.1-2　中心湿地景观

历史文化节点以山水岩画、地域风貌为主题文化，展示贺兰山历史文化、六盘山红军长征红色文化。

贺兰山岩画、西夏文化、活字印刷术、贺兰山背景墙似画卷轴展开了雄浑贺兰、神秘之境的画面。感悟黄河母亲之恩，追溯银川根脉（图 8.6.1-3）。

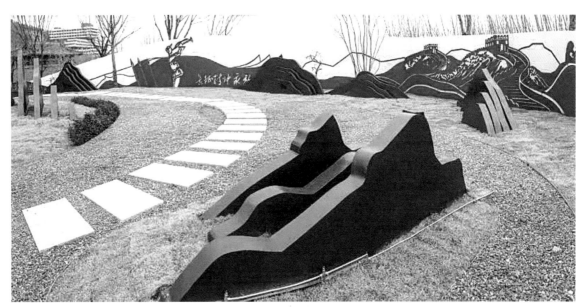

图 8.6.1-3　雄浑贺兰

凤凰酒庄节点，结合自然地形，融合绿色建筑和贺兰山东麓葡萄酒文化，建筑采取如凤凰般自然灵动的曲线样式，结合窑洞原理打造绿色覆土建筑，营造丰富的景观层次，唤醒城市记忆。该建筑既保持了贺兰山建筑独有的材质肌理，又让人感受现代公园城市的诗意栖居（图 8.6.1-4）。

塞上田园节点，利用节点开阔的视野，打造视线通廊，与南侧的清趣园互为借景，两园相融相映，形成独具特色的景观空间，营造塞上田园风光、浪漫梦幻花境（图 8.6.1-5）。

生态悦动节点，以活力互动、诗意生活为主题文化，给人以沉浸式体验空间，展示城市现代生

图 8.6.1-4　贺兰山葡萄酒庄

图 8.6.1-5　塞上田园

图 8.6.1-6　生态悦动

活品质及绿色生态未来；打造生态科技互动景观，塑造沉浸式体验空间，同时起到水体净化作用，保障湖体的水质及水池生境；结合植物生长变化创造出线性四维空间，展示城市活力及绿色生态未来；引领市民健康的生活方式，在展开的现代品质生活画卷中诗意栖居（图 8.6.1-6）。

特色展园节点，以节水低碳、城市花园为主题文化；展示绿色低碳、节水节能及先进的水土保持技术及植物品种改良技术；在景观塑造的过程中重现城市的记忆，将传统材料及场地挖出来的石材进行现代的运用，形成具有冲击力的视觉景观；营造银川独有的地域特色及自然特色，营造自然生境。

2　新疆园

新疆远离海洋，四周有高山阻隔，海洋气流不易到达，形成了明显的温带大陆性气候，缺水严重，人们吃水与农业灌溉都离不开冬天的雪。新疆的雪可以说是新疆人生活离不开的宝贝，孕育着这片土地。新疆园以"壮美纯净、诗意栖居、古今共融、雪蕴生机"为主题，采取自然式造园布局，仿照新疆的典型自然地理特征，以特色植物空间、新疆民居、忆古思今景墙、高山品莲水景等景观节点，营造新疆特有的自然、人文与历史线索，形成了入境—探居—登峰—品莲的景观序列（图8.6.2-1）。

主入口广场置"新疆是个好地方"标识墙，石榴元素作为装饰，寓意各民族团结共融；背景起伏的缓坡地上栽植大面积花卉，以特色林的衬托展现壮美辽阔、纯粹疏朗的新疆印象。入口内侧顺中部冲沟而上，蜿蜒的路径将空间逐步抬升，形成依高建高的台地，顺场地竖向变化的蜿蜒园路两侧，设置流线型景墙，融入古今文化元素，游人行停之间，在荒漠绿洲、壮美丰饶的生境万象下，忆古思今，丝路古道、文脉交融、共融共拓的景象徐徐道来。位于场地最高处象征雪山的台地水景，粗犷的石材与精致的水景交织，雪莲花点缀其间，在常绿背景林的映衬下，既是对天山雪莲的艺术演绎，也寓意了纯粹圣洁、坚韧不拔的精神内涵（图8.6.2-2）。

图 8.6.2-1　新疆园鸟瞰

258

图 8.6.2-2　新疆特色景观（郝丰　摄）

　　主体建筑借地形的高差设置，空间布局相对自由，布置有不同功能的相对独立房间，每个房间带有大小不等、形状各异的有漂亮小休憩花园功能的庭院。户外是设有棚架（葡萄架）的公共空间，从楼梯上到屋顶，设有露天平台，平台连接楼上各个房间。由大小不等的庭院组成多重院落，虽是多重院落，但没有受中原传统院落的中轴及礼制影响。建筑主体为砖木结构，颜色几乎为材料本色，土黄色为主色调，偶有白色的外墙。外墙面由形态各异的花式土黄色砖砌筑而成，白水泥勾缝，白色墙面上的门窗洞口，周圈或采用土黄色砖券，或采用木材本色门窗框边；建筑为平屋顶，各屋顶之间横跨着木架式过街，使建筑呈现出奇特的空间造型。丰富的建筑空间变化、精致的装饰构件、特征性的色彩运用，带有明显新疆地域风格，凸显新疆人民的生活热情与对自然的热爱（图 8.6.2-3）。

　　种植突出秋季景观季相美，拟态天山垂直生态带的植物分布特征，串联起特色花境、秋果秋实、沙漠绿洲、秋色斑斓、常青纯净五大植物特色景观；入口处高大乔木背景林前栽植大面积花卉，营造纯美辽阔特色花境，形成前山草原花海的景观意向；围绕民居周边点缀果树及开花灌木（无花果、石榴等）烘托民居特色，体现精致浪漫的生活气息；结合丝路古道点缀荒漠植物体现新疆植物景观的反差美；地势高点以常绿植物作为背景林，营造纯净壮美的背景空间。

图 8.6.2-3　建筑及室内外装饰组图

3　内蒙古园

　　"敕勒川，阴山下。天似穹庐，笼盖四野。天苍苍，野茫茫，风吹草低见牛羊"（南北朝《乐府诗集·敕勒歌》）。"骏马四蹄风，形容有杜公。一尘不动外，千里飒然中。白草连天靡，苍鹰蹋翅从。檀溪不须跃，随意过从容"（明朝·徐渭《赋得风入四蹄轻四首·其一》）。在广袤无垠的草原、大漠之中驰骋的蒙古人眼中，"马并不是牲畜与动物，它是一种骄傲的、具有神奇速度、外貌俊美的高等生物"（茅盾文学奖作家鲍尔吉·原野《流水似的走马》）。"蒙古马，是蒙古人的亲密战友，是蒙古人希望的翅膀，是蒙古人的坚强靠山，是蒙古人的吉祥火种。蒙古马与蒙古人和谐相处如日月同辉。没有蒙古马，蒙古人就像丢了魂魄。没有蒙古马，蒙古草原就像没有鲜花一样空荡。""蒙古人特别喜欢骏马，他们对待自己的骏马就像对待自己的眷属和好友一样。在马背上长大的蒙古人的子孙，怎么能不热爱自己的骏马呢？当他们稳坐马背时，视野开阔了，沙丘变小了，遥远的路程缩短了，前程清明了。马是蒙古人的胆量和意志的一部分。把蒙古马称作牧民和骑兵的手足，是一点也不过分的。蒙古马陪伴蒙古人度过了千秋万代。没有蒙古马的蒙古英雄史诗，简直是难以想象的"（内蒙古作家协会副主席策·杰尔嘎拉[①]）。马驮着北方民族从远古走到了今天，从传统社会迈向现代文明。"吃苦耐劳、一往无前的蒙古马精神"[②]是草原上最具活力的精神标识，世世代代鼓舞着草原人民艰苦奋斗、开拓进取。内蒙古园以"骏马昂首，重装再驰"为造园主题，采取自然式造园布局，仿照内蒙古自然景观，引入"蒙古马精神""草原风貌""生态屏障"等地域文化，展示辽阔疏朗的草原风貌，通过富有民族特色的亭、浮雕等景观元素体现草原人民对自然的感恩与崇敬，体现内蒙古绿色发展、生态修复、特色风貌保护的建设成果（图 8.6.3-1）。

　　入口处长 20m、高 3.7m 的大型"乌兰牧骑"风情浮雕景墙，徐徐展开了内蒙古民族风情的一幅画卷，向人们诉说乌兰牧骑这支草原上的红色文艺轻骑兵以天为幕布以地为舞台，迎风雪、冒寒暑，长期在戈壁、草原上辗转跋涉，传递党的声音和关怀，为繁荣草原文化事业作出的卓越贡献。从左侧拾级而上，是依势而建的"塞北挑台"。挑台表面为抬高架空的流线型地形，下部形成建筑空间，建筑屋顶与地面铺装通过台阶连成一体，过渡自然，丰富了竖向景观层次，视线开阔，蒙古草原的广袤之貌在这里尽入眼底。从右侧下台阶，可看到景墙后侧展示丰富、独特的内蒙古文化的"多彩内蒙"文化展示墙。继续顺着象征草原河流的蜿蜒园路，走入中心草原空间，是自然成团的植物群落，以及兼具休憩和智能互动的"智能休憩站"；草原尽头，是主展馆"云上智享"（建筑外形以六边形"蜂巢"为单元，二层，薄壁轻钢结构），利用鄂尔多斯节能环保材料发泡陶瓷板作为建筑墙体主要材料，模块化建造。展园内草原舒朗的风貌与智能城市发展浑然一体，跃然绽放（图 8.6.3-2）。

---

① 马晓华. 文学中的蒙古马精神 [J]. 文艺报 ,2020.
② 习近平总书记 2014 年初在内蒙古自治区考察时说："蒙古马虽然没有国外名马那样的高大个头儿，但耐力强、体魄健壮，希望大家要有蒙古马那样吃苦耐劳、勇往直前的精神。"2019 年 7 月习近平总书记在内蒙古自治区调研时再次提到要弘扬"蒙古马精神"。2020 年的两会上习近平总书记又一次提到弘扬"蒙古马精神"。

图 8.6.3-1　内蒙古园鸟瞰

图 8.6.3-2　内蒙古特色景观

4 青海（西宁）园

"极目岩疆万里平，披图镫底塞霜清。摩天雪岭春无草，伏地黄河夜有声"（清·文孚《观青海图作》），"醉跨玉龙游八极，历历天青海碧。水晶宫殿飘香，群仙方按霓裳"（宋·刘克庄《清平乐·纤云扫迹》）。受青藏高原高海拔地形的影响，太平洋和印度洋的水汽，随印度季风和东亚季风来到这里后，不得不一路攀爬，攀爬的过程中随着温度的降低发生冷凝，于是形成了降水。因为这里平均海拔4000m以上，是地球上最高的"世界屋脊""第三极"，降水不是以雨的形式降落，而是落地成雪，久而久之形成大规模的大陆性冰川，使整个高原冰川广布、湖泊密集、河流纵横、湿地遍布、冻土千里，在时间的长河中，冰川不断地叠加、融化，在重力的作用下，冰川中的冰舌向山谷低处缓慢蠕动，最终在冰舌前缘融化成水，形成了涓涓溪流，这些溪流最终汇成了著名的"三江之源""中华水塔"[1]。而发源于"三河间"地区的河湟文化，是黄河源头人类文明化进程的重要标志，与河洛文化、关中文化、齐鲁文化等一起，构成黄河文化的重要分支和中华文明的重要组成部分，柳湾彩陶的发现被列为20世纪中国100项重大考古发现之一，是黄河上游迄今为止规模最大的新石器时代原始社会部落聚集区遗址，出土彩陶文物6万余件，在全国首届一指。西宁园以"幸福西宁、生态画卷"为造园主题，有机融入河湟文化、高原防风固沙等当代生态文明建设成果，整体布局将"山水林田湖草冰沙"组成"远古记忆""飞鹤迎宾""固沙草格生态治理""大美青海·山川秀美""锦绣家园·河湟雅苑"5个景区，将绿色、文化、自然景观与之交融，"看得见山，望得见水，记得住乡愁"，展示高原这片神奇而美丽的土地（图8.6.4-1）。

图8.6.4-1 青海（西宁）园鸟瞰

---

① 黄河总径流量的49%，长江总径流量的1.8%，澜沧江总径流量的17%从青海流出。

　　"远古记忆"置于主入口区，由一组错落有致的夯土景墙表现，提取远古彩陶纹饰符号镶嵌于墙面；夯土墙采用立体绿化与片石相结合的形式勾勒出山形轮廓，呈现独具特色的高原山水画卷，之后是以展现民俗特色的"湟源排灯"为景观引导，排灯内容展示高原美丽城镇建设成果（图 8.6.4-2）。

　　在主入口后设置一片镜面水景，利用远处的雪山、植被等倒影的虚实结合，将游人引入园内。在东侧制高点设置"宁阅亭"，供游人一览展园全貌（图 8.6.4-3）。

　　"固沙草格生态治理"，利用镜面水体西侧坡地，展示防风固沙植草格景观，通过与水系的自然衔接，展现生态绿色家园的景观意境，表现高原人民在高原防风固沙、防治草场沙化、沙漠化治理过程中优秀的人文精神。

图 8.6.4-2　"远古记忆"

图 8.6.4-3　"山水交映"

　　"大美青海·山川秀美"，园东侧区域抬升地形，塑雪山造型主题景观和高原精灵"藏羚羊""雪豹"雕塑小品，展示高原自然地貌和河湟谷地地域特征，展现优美的生态环境（图8.6.4-4）。

　　"锦绣家园·河湟雅苑"，展园南侧置砖木结构的"河湟雅苑"主体建筑，以河湟民居的院落形式布局，主立面配以精美的纯手工木雕装饰，左侧与景观廊相接，廊内刻有描绘青海及西宁的诗词，彰显西宁市悠久的历史文化内涵（图8.6.4-5）。

　　绿化配置着重体现高原植物生态群落，以高原草甸景观和青海云杉背景林，结合乡土树种及特色植物，打造青海自然风貌。入口处栽植高原特色花卉萱草、马蔺等，以营造强烈高原风貌主题的生态氛围；展园内结合微地形栽植特色乔木青杨、青海云杉、青杆等，微地形草坡栽植缀花草坪并自然点缀特色灌木金露梅、银露梅、观赏草等，结合置石打造高山草甸的生态景观效果，展示共建生态文明，共享绿色发展之理念（图8.6.4-6）。

图 8.6.4-4　"大美青海·山川秀美"

图 8.6.4-5　"锦绣家园·河湟雅苑"

图 8.6.4-6　植物景观

5 西藏园

一亿多年前，位于南半球的印度板块与冈瓦纳板块分离，开始了跨越赤道向欧亚板块的漂移。最迟在三千五百万年前，印度板块和欧亚板块终于碰撞在了一起[1]。在这场"漂洋过海来看你""之死靡它"的"旷古绝恋"中，印度板块始终保持着强劲的生命力，它积蓄起全部的力量，在大约700万~800万年前开始斜插进欧亚板块的底部，"相恋相依"叠置挤压，开始逐步隆升；在360万年前开启青藏运动的A幕（急剧隆生），在约240万年前地壳继续隆升，发生了青藏运动B幕；在167万年前进入青藏运动的C幕（脉冲隆升），在80万~110万年进入昆黄运动（脉冲隆升），在15万年前进入共和运动（脉冲隆升），整个高原脱胎成型[2]。当年轻的高原从古特提斯海中脱颖而出时，地球改变了模样，曾经的沧海，成了离天最近的"世界屋脊"。西藏的天，灿烂的阳光、洁白的云朵、纯净的天空……西藏的地，巍峨的雪山、安静的湖泊、辽阔的牧场……珠峰砌成，耸云天台；风将云彩，裁成经幡；非凡的生命、独特的文明，沿习本真、刻求原貌，生活在一个自在的时间和空间里——因为这样，他们更接近生命的源头。西藏园以"大美西藏、匠心西藏、幸福西藏"为主题，巧借地块狭长（东西约120m，南北约35m）、高差大（从西向东渐高，相差约9m）的地利，依山就势，以西藏民居为表现主体，融入西藏特有的人文元素和汉藏一家的历史渊源故事，以"自然""传统""当代"3个篇章展现西藏壮丽的自然风光、优美的景色，织绘出一幅展现西藏当地风光和人民幸福的画卷（图8.6.5-1）。

图 8.6.5-1 西藏园鸟瞰

[1] 孙知明，曹勇，李海兵，等.青藏高原形成和演化的古地磁研究进展综述 [J]. 地球学报，2019，40（1）:17-36.
[2] 李吉均，文世宣，张青松，等.青藏高原隆起的时代、幅度和形式的探讨 [J]. 中国科学，1979，（6）：78-86.

"自然"——大美西藏。

说起西藏，第一时间会想到什么？是别具风情的建筑？还是优美秀丽的景色？……每个人心中可能都有不同的答案。其中，不得不提的是各种独特的植物。格桑花又称格桑梅朵，藏语"格桑"是"美好时光"或"幸福"的意思，"梅朵"是花的意思，这是一种植物学界至今还未能确定"种名"的天赐植物，是高原上生命力最顽强的花。相传很久以前，藏族地区暴发了严重的瘟疫，当地首领想尽办法也无法解决。直到有一天，一位来自遥远国度的活佛途经这里，利用当地的一种植物治愈了大家，自己却积劳成疾，不幸去世了。由于语言不通，人们对活佛的唯一印象就是他嘴里常说到的"格桑"——用来治病的植物，于是人们就把这位活佛称为"格桑活佛"，草原上最美丽的花则被称为"格桑花"，寄托着藏族人民期盼幸福吉祥的美好情感（图 8.6.5-2）。

图 8.6.5-2　大美西藏

"传统"——匠心西藏。

基于特殊的地理位置和地貌特征，藏地的建筑多顺应地势，依坡而建，与自然环境融为一体，这样既减少对耕地的占用破坏，又可以避免因夏季雨多造成的山洪灾害，体现了西藏人民尊重自然、顺应自然、保护自然，天人合一、匠心筑家园的理念。主展馆西藏民居依照地块 9m 的高差与相对狭长的地形，设置多个层次，逐层递增，暗合西藏本地高低起伏的高原地貌。采用西藏民居传统的门窗和墙垛，以及传统的西藏建造方式和材料，通过地面、墙面的艺术组合，形成西藏建筑独特个性的建筑组合（图 8.6.5-3）。藏民居室内墙壁上方多绘以吉祥图案，客厅的内壁则绘蓝、绿、红三色，寓意蓝天、土地和河流。设计时把藏式客厅搬到馆内，通过藏式家具大方华丽的造型、精美绝伦的图案、风格独特的雕刻技艺，展现丰富的藏民族家居文化。

"当代"——幸福西藏。

现代化是人类社会发展进步的趋势和潮流，在传承和发扬西藏优秀的传统文化中与时俱进地实现现代化，是西藏全体民众的共同心愿。主展馆以"八大代表人物"为主线，运用图文、藏式客厅等实景打造了一个"沉浸式"展览空间，用艺术展现西藏的自然美景和人民的美好生活，让来访的游人将个人体验与西藏风土人情联结起来，通过八个人物的故事感受属于西藏人民的幸福，寻找属于自己的"最好的时光"。

图 8.6.5-3　匠心西藏

第9章 披沙拣金：寰宇辉耀新玉珠

18世纪以前，中西方的造园艺术原本是并无交集的两条平行文化。中西古典园林艺术由于是在相对独立的文化圈中独立发生和发展的，因而形成了对方所没有的独特风格和文化品质，蕴涵了不同的造园思想。

从西方造园艺术的发展轨迹可以看出，虽然其风格是多变的，但是主流总体上是规则的几何式。决定这种风格的哲学基础主要是理性主义，它以形式的先验的和谐为美的本质，集中表现了以人为中心、以人力胜自然的思想理念。当然在这一主流的内部，不同的时期和国别，也有不同的表现：在文艺复兴时期，园林受人文主义思想的影响，力求在艺术和自然之间取得和谐；人文主义者崇尚自然，好沉思冥想，喜在郊野营造别墅园林，眺望自然景色，而在花园内部，则是理性主义的几何风格，园林艺术追求一种"第三自然"的风格。而在英国，几何式园林却被自然风景园代替了，造园艺术的激烈变化，并不是因为规则的几何式园林布局的单纯、构图的和谐、风格的庄严忽然都变成丑的了，英国人不再喜欢营造规则的几何式园林，不过是因为在新的历史时期，人们有了新的理想——这就是在英国资产阶级革命之后所体现的反专制主义的政治理想，这一时期占主导地位的经验主义构成了自然风景园"崇尚自然"的造园思想的哲学基础。

与西方不同，中国古典园林自其生成以来，经过两晋南北朝的升华，沿着"崇尚自然"的道路一直延续着。尽管数千年来朝代几经更迭，造园艺术也时有兴衰，但中国的文化传统和哲学思想没有变，因此，中国园林得以在"崇尚自然"的道路上不断发展、完善，终于形成了自然写意山水园的独特风格，体现了人与自然的和谐与协调。如果说儒、道、释的自然观（如"天人合一"）决定了中国古典园林崇尚自然的特质，那么，中国古典园林的写意手法则是在禅宗和宋明理学的影响下得以发展和深化的。

然而，随着中西方文化的不断碰撞与交流，到19世纪中叶开始的"国门开放"，西方造园思想逐步输入，特别是伴随着外籍设计师在中国"租界"设计的实现，如上海外滩公园（1868年）、虹口公园（1900年）、无锡城中公园（1906年）、天津维多利亚花园（1887年）等，本土的造园师也尝试接受西方造园艺术，随之出现了一批与中国古典园林造园思想与手法融合的作品。如20世纪初营造的汉口中山公园，不仅辟有中国自然曲线形园路，还在东区仿建了网格状几何形园路，表现出东西方园林艺术风格交融共存的特点。北京恭王府花园的园路，将中国传统园路的曲线形态与西方园路的几何形态相交融于一体，以至于无法具体指出哪一段是弯曲园路，哪一段是直线园路，反映出园林中西交融手法的巧妙和复杂。圆明园（长春园）更可称得上是"西学东渐"的一次大规模的具体实践。与此同时，沿海一带的民间花园也开始引入欧式风格。随着西方现代生活观、审美价值观的辐射，中国园林也通过吸收外来形式，使本土形式自身发生变异，从而推动了园林文化内部的重构与更新，除西洋风格的园林建筑外，植物应用也一脱江南古典园林盆景式"点景"的表现手法，花坛花境花群和草地地被被大量运用，园林的景观空间也变得极为通透，"花宫清敞"成为最显著的特征。

第1节　花宫清敞现代园林

1　上海园

上海是长江三角洲冲积平原的一部分，随着海岸线的不断外移而形成，南宋咸淳三年（1267 年），在上海浦（松江的一条支流，今外滩至十六铺附近的黄浦江）西岸设置市镇，定名"上海镇"。元至元二十九年（1292 年）上海镇从华亭县划出，设立上海县，标志着上海建城之始。1840 年英国发动鸦片战争，上海成为清朝五个被迫对外开放口岸之一。自 1843 年 11 月 17 日开埠，上海开启中国城市发展史上划时代的重大变革以来，近二百年的经济推动和中外文化的交融、积累，产生了"海纳百川，有容乃大"五光十色的"海派文化"和贯通中西的"海派园林"，突出表现为"自由形态与兼容并蓄的空间形式""功能主义与海纳百川的包容精神""颠覆传统与创新求变的海派文化"[①]。

上海园以"山水新赋"作为主题，灵感来源于徐州的地域文化特征、华夏园林中的山水文化意象以及海派文化精神，采用现代创新手法掇山理水，构建了一条变化丰富的空间景观游线，串联起五彩台地花园、旱生岩石花园、艺术云雾花园、山间雕塑花园、谷涧芬芳花园 5 个园中园和近十个主题景点，在有限的空间内，营造出立体展示空间，将单调的平面空间转化为具有未来感的立体展园，创造出了步移景异、面向未来的新型展园景观（图 9.1.1-1）。

图 9.1.1-1　上海园鸟瞰

① 王茜，王敏. 现代主义语境下的海派园林变迁探析 [C]. 中国风景园林学会. 中国风景园林学会 2014 年会论文集（上册），北京：中国建筑工业出版社，2014：128-131.

图 9.1.1-2　主入口与白玉兰雕塑（邵跃　摄）

　　主入口，结合台地花境，以上海市市花白玉兰为灵感元素，抽象再现了五朵形态各异、美丽盛开的"玉兰花"，作为上海展园主入口的形象名片，以凸显上海市特色并强化入口形象（图 9.1.1-2）。

　　造园技法上"掇山"之空间生成，通过地形处理，营造出起伏的景观山坡、下凹的中央庭院、云雾缭绕的流水山谷等，共同构成展园的园林空间骨架。"理水"之山水相融，则在空间骨架的基础上，营造中央庭院的镜面水池和叠水瀑布、流水山谷中的人工溪流和缭绕云雾等不同形态的"水景观"，寓意山水相融并提升游客体验。在高低变化丰富的空间中，多样的水景还与"光"元素产生呼应，在墙面上反射出动人的光影。一条变化丰富的空间游园动线串联起"玉兰花"雕塑及主入口花园、五彩台地花园、林间雾森花园、旱生岩石花园、都市舞台、艺术云雾花园、山涧彩叶花园、谷间芬芳花园、中庭跌瀑花园、流水山谷花园等十大主题特色景点，为游客提供了开合有致、山水交融、步移景异的独特景观游赏体验（图 9.1.1-3）。

　　上海园主题花境植物景观丰富，如同置身幽林花溪，让人们在浮华中找一处美景，在喧嚣中寻一抹静谧。五彩台地花园中选用不同色彩、形态的宿根花卉，组成丰富多彩的花卉组团，营造出美妙多彩的梦幻花园；旱生岩石花园以造型大灌木为骨架，形成常绿背景，并搭配低矮的岩生地被植物，以如花般的蒴果，在秋冬季节营造生机盎然的场景体验（图 9.1.1-4）；都市舞台采用立体绿化技术在两侧墙面展示丰富的立面变化，并设置林荫化观演台阶提供人性化的观演空间；艺术云雾花园极具艺术氛围，应用观赏草的色彩和易修剪的植物来打造云雾造型，营造朦胧般的效果，别具艺术趣味和游赏体验；山涧彩叶花园以银杏为主景观，点植红瑞木，到了秋季，一片金黄色的花园景观将引人驻足；冬季的红瑞木，洁白的雪花与红润的枝干交相辉映，极为美丽；谷涧芬芳花园选择分支点较高的伞状色叶乔木围合空间，并在花园中央增加芳香植物和造型松，营造秋季红叶鲜艳，冬季光影与树影轻盈曼舞的植物景观；流水山谷花园作为展园游赏体验的尾声，立体绿墙和人工叠水相配合，结合雾森搭配自然山石，犹如桃源仙境般，神木幽静的山谷溪涧风貌让游客心情归于宁静、忘却烦恼（图 9.1.1-5）。

图 9.1.1-3　主题特色景观

（邵跃　摄）

图 9.1.1-4　主题花镜

图 9.1.1-5　立体绿化

2 天津园

天津于明永乐二年（1404 年）正式筑城，清咸丰十年（1860 年）天津被辟为通商口岸后，英、法、美、德、日、俄、意、奥、比 9 国相继在此设立租界，天津成为中国北方开放的前沿和近代中国洋务运动的基地，异国风格建筑纷纷在津城出现，包括公共建筑、金融建筑、商业建筑、文化与宗教建筑和寓所别墅。其中，在面积仅 1.28km² 的"五大道"地区（现为风貌保护区），就集中了 2000 多幢别墅式西洋建筑，有"万国建筑博物馆"之称，现解放北路（跨英、法、德、日四国租界）的大型金融、公共建筑鳞次栉比，被称为东方的"华尔街"，奠定了天津独特的城市风貌。1911 年辛亥革命后，许多清朝皇亲国戚、遗老遗少，以及后来的北洋政府内阁包括总统、总理、总长、督军、省长、市长等各界名流人士百余人下野后，从北京来到天津租界寓居，许多富贾巨商、各界名流、红角也曾在此留下过足迹。伴随列强租界的建立，津城出现异国风格的"租界花园公园"，在诸如英式造园风格的"皇后公园"（Queens Park，现复兴公园）；以石砌欧式花架、花池和喷水花盘为前景，自然与规则设计相融的"久不利花园"（Jubilee Park，现土山公园）；圆形布局，中心置西式八角石亭并以辐射状卵石路分割的规则式"法国花园"（Franch Park，现中心公园）；圆形布局，中为罗马式凉亭，周边有小花亭、花房、喷水池及花坛的"马可波罗广场"花园（现第一工人文化宫），以及园内建有一座中国传统的六角亭而被称为"集仿主义"造园的英式格调的"维多利亚花园"（Victoria Park，现解放北园）等租界园林的影响下，历经近二百年演变，造就了与天津独特城市风貌相得益彰的中西合璧、古今兼容的"津味园林"。天津园即以"西楼博览、'津'彩荟萃"为主题，面积为 5290m²，取材以五大道为代表的"洋楼文化"，汲取典型元素，融合园林景观，营建津楼——津园——津城景观序列，展示天津中西合璧的独特城市风貌和与时俱进的百年历程（图 9.1.2-1）。

空间按照场地南北狭长的特点，由南向北依次布置主入口广场——林荫地景通道与中心广场——阳光花园，形成层层递进的主轴序列的 3 段规则式景观的空间布局，每一个景观段落都围绕中西荟萃的展园主题，选取典型符号融入景观序列。主入口广场设置具有历史文化标识特色的马车雕塑和树阵，西洋马车雕塑是天津五大道风景区的标志性景观街景小品，常年吸引无数游客拍照留念（图 9.1.2-2）。园内沿法桐林荫道依次布置的百楼百园布局图和天津历史名园特色地雕，直观生动介绍星布在天津海河两岸的洋楼风貌建筑和历史名园，特别是素有"万国建筑博物馆"之称的五大道风景区的历史传承与艺术特色（图 9.1.2-3）。中心广场以天津五大道标志性建筑——外国语学院主楼和民园体育场为原型，布置津萃轩——津萃廊——美泉叠水中心主景，打造全园景观高潮，欧式风格的建筑外形及经典的古罗马式柱，沉稳大气，外饰面主色调为橙黄色和米色。建筑主顶部采用法国古典折中主义巴洛克式券罩与段山雕花，属于天津独有的特色欧式建筑风格（图 9.1.2-4）。廊中布置五大道传统风貌建筑和历史街区保护与活化更新的建设成就的展牌。位于展园最北端的阳光花园，以英式花园风格为基础，希腊神话中秋之女神拂提诺拨戎雕塑在阳光草坪、欧式庭院花境及风景林的共同映衬下，尽显五大道欧式庭院花园风采，展现出天津风貌建筑庭院花园特色

（图 9.1.2-5）。植物种植方面，沿展园主轴序列东西两侧绿地，集中成片栽植大花月季，形成月季花海的绿化基底。在次入口中心花坛，采用天津市花月季＋徐州市花造型紫薇组合栽植，以表达两个城市间的美好祝福（图 9.1.2-6）。

图 9.1.2-1　天津园鸟瞰

图 9.1.2-2　入口西洋马车雕塑

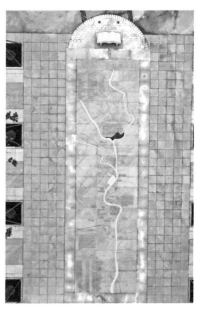

图 9.1.2-3　百楼百园布局图和历史名园地雕

图 9.1.2-4　津萃轩、津萃廊、美泉叠水

图 9.1.2-5　阳光花园

图 9.1.2-6　植物景观

3　广东（广州）园

"缘沟绿草蔓，扶橙杂华舒。轻烟澹柳色，重霞映日余"（南北朝·何逊《落日前墟望赠范广州云诗》）。广州别称"花城"。至迟在唐代，广州就已经"海花蛮草连冬有，行处无家不满园"（唐·张籍《送侯判官赴广州从军》），以花为市的交易也不迟于此时滥觞——唐代诗人张九龄在《春江晚景》有句："薄暮津亭下，余花满客船。"《岭外代答》所载更详："素馨花，番禺甚多，广右绝少，土人尤贵重。开时旋掇花头，装于他枝。或以竹丝贯之，卖于市，一枝二文，人竞买戴。"至明末清初，广州已形成固定的常年性花市，"粤中有四市，花市在广州之南，有花地卖花者数十家，市花于城。"[①]至清同治、光绪年间，花市与除夕开始融合并携手迎春，后过年行花街便成为独具岭南特色的过年习俗。光绪二十五年（1899年），张心泰所拟《粤游小志》清楚地说明："每届年暮，广州城内双门底，卖吊钟花与水仙花成市，如云如霞，大家小户，售供座几，以娱岁华。"广州园定位"南粤之乡，绿洲之湾"，以风动·花动·心动的"3动"创意，百花迎宾、花岛蝶舞和花漾清漪3段结构，形成层层递进的主轴序列和段落清晰的规则式空间布局，每一个景观段落都围绕着"花"的主题展开，让游人如坠"花海"之中（图9.1.3-1）。

入口广场花坛"花城花新动"标识搭配灿烂繁花，打造入口热烈的花海，展示出广州花城的热情（图9.1.3-2）。紧随其后的是名为"南国十二香"的岭南艺廊建筑，一共有12扇经传统改良后的订制花窗，花窗上展示了花城12个月盛开花卉的名家画作，"南国十二香"也因此得名，体现广州作为花城四季有花、四季开花的城市特色。

岭南艺廊靠水的一侧平台上，门框框景出岛屿中心的"泮塘香舟"，香舟上满"载"精品花卉。稍远处的岛屿上是象征花城风采的"风动花"，其利用金属材质打造，整体造型像迎风舒展的向日葵，每一瓣都通过弯曲的造型模仿柔软的花丝，金属的材质又展示了力量之美，徐徐的微风就能使其转动呈现出千姿百态，充分展示了科技之美和新技术新工艺。其随着风速的大小可变化转动速度，无

---

① 檀萃，凌鱼.番禺县志，乾隆三十九年（1774年）刻本。

图 9.1.3-1 广东（广州）园鸟瞰

图 9.1.3-2 "花城花新动"

需任何动力，展示了环保、可持续的理念。"风动花"形成整个园区的视觉焦点，同时也是园区的精神堡垒，象征着广州在发展的道路上永不停歇、永恒绽放的拼搏精神，生生不息永远盛开的花朵，也代表了花城人民对花城永远繁荣昌盛的美好期待（图 9.1.3-3）。

岭南艺廊左转，映入眼帘的是以粉墙为背景的时花盆栽展示，排列的盆栽暗示游人即将从迎宾区进入游园更深层次的百花齐放区。与盆景园连接的是"花城新事"文化墙，其为利用古典园林的布局及新岭南设计手法布置的白色景墙，墙上挂满展示广州城事的照片，沿游廊行走，可体会步移景异的园林景观，亦能欣赏广州过往，白墙前点植的鸡爪槭和绣球花，是每个角落的惊喜（图 9.1.3-4）。

花漾清漪区是全园中心水体的源头，"故乡馥水"代表着广州珠江的悠悠珠水，"轻音翔舞"是一个花瓣形景

图 9.1.3-3　"风动花"雕塑

图 9.1.3-4　"花城新事"

观亭，亭子中利用高科技激光投影手法，在白墙上投影展示广州形象的视频短片，行人游园至此，驻留于亭中，依亭中树休息，可通过投影看花城风貌，看广州人开拓进取的事迹。"轻音翔舞"亭外水景中层层涟漪的珠水，带着希望流向未来（图 9.1.3-5）。

图 9.1.3-5　"花漾清漪"

4 广东（深圳）园

"郁郁涧底松，离离山上苗；以彼径寸茎，荫此百尺条"（魏晋·左思《咏史》）。仅仅40年时间，深圳，从一个世人不识的小小渔村，蜕变成一个国际知名的繁华大都市，开放的政策无疑是发展之源，海纳百川、有容乃大的胸襟吸引大批新深圳人迸发出强大的生命力，"敢闯敢试、敢为人先、埋头苦干"无疑是最为关键的因素。"人生如逆旅，我亦是行人"（宋·苏轼《临江仙·送钱穆父》）。人生如此，城市发展亦如此。深圳园以"呼吸"这个一切具有生命特征的生物的生命活动和最直观的生命标志，演绎出"深·呼吸"的造园主题，以自然、绿色为基调，建筑以抽象的生命细胞"呼吸泡"、红树林"呼吸根"及叶片"呼吸脉"为设计元素，以"S"形的呼吸步道与栈桥为纽带，营造了"花·自然、树·生态、人·美好"的三重空间序列，从三个层次演绎了造园主题：一是深呼吸可以释放内啡肽（快乐激素），使身体充满年轻活力；二是空气清新、有树香、花香的优美环境会让人不由自主地"深呼吸"，使心灵得到自由和放松；三是"深"既是"森林"的"森"寓意也是"深圳"的"深"，展现深圳追求共生、共建、共享的美好生活，率先打造人与自然和谐共生的全球城市典范（图9.1.4-1）。

驻足深圳园入口，映入眼帘的是一片唯美梦幻的"呼吸"宿根花境，其采用新宿根景观运动的植物设计手法进行创新布置，以浅紫色系的宿根花卉与观赏草形成交织渐变之势，并结合入口标识，打造有风、有花、有草，会移动会呼吸的简约时尚入口景观，展现深圳世界著名花城的形象（图9.1.4-2）。

图9.1.4-1 广东（深圳）园鸟瞰

图 9.1.4-2　入口及 "呼吸" 宿根花境

　　沿着步道进入呼吸水镜，以较宽的镜面水池、绿岛及栈桥来展现深圳山城海相映的滨海城市特质（图 9.1.4-3）；趣味呼吸雕塑小品画龙点睛于水边，缓行几步，便可近观由标志物建筑抽象化的深城镜面装置，寓意深圳的创新与科技发展（图 9.1.4-4）。

图 9.1.4-3　镜面水池

　　穿过栈桥，树生态的雾森、呼吸肌理、深呼吸平台构成树林岛状的呼吸湿地空间，这里云雾缭绕，清新怡人，或行或停于其间，会不由自主地深呼吸。探至深处，水流缓缓、呼吸涟漪轻荡，令人身心愉悦，隐喻深圳以先行示范的标准让 "森林走入城市、城市拥抱森林"，展现人与自然和谐共生、宜居宜业宜游的城市魅力（图 9.1.4-5）。

　　伴随着曲折蜿蜒的步道，螺旋水景盘旋而上，栈桥若隐若现在树林中，在这极具现代感的参数化呼吸构架下感受光影的变幻、生命的跳动、城市的美好，并远赏吕梁阁，体会现代与传统的碰撞。

图 9.1.4-4　趣味呼吸小品

缓步而下，回望树林呼吸湿地、随风摇曳的 "呼吸" 宿根花境，感动于自然之美，是期许、是展望、是升华（图 9.1.4-6）。

图 9.1.4-5　树林呼吸湿地

图 9.1.4-6　"呼吸"构架栈桥

给城市一次深呼吸，给心灵一次深呼吸。整座展园讲述了一座可以深呼吸的城市——深圳：花丛中，是花绽放的呼吸，树林里，是树轻语的呼吸，溪流边，是水潺潺的呼吸。人与花、树、水，款款行。深深地，一呼一吸正好，且待美好相遇。

5　香港园

中国香港九龙西部，有一座建筑——"雷生春"，是一栋具有第二次世界大战前香港楼宇建筑典型风格的四层唐楼[①]。于 20 世纪 30 年代由九龙巴士创办人之一的雷亮先生邀请建筑师布尔（W.H.Bourne）设计而建，高 4 层，总建筑面积约为 600m²。建筑物底层原为"雷春生"医馆及药店，上层为雷氏家族住所。"雷生春"源于雷氏家族的一副对联"雷雨功深扬洒露，生民仰望药回春"，寓意着人们对医生能妙手回春的美好期望。"雷春生"的跌打茶水在当时广受中国香港市民欢迎，并且行销海外，是中国香港中医药业发展的代表，也是国人当时求生存求发展、自强不息的体现。建筑梁柱为钢筋混凝土制造，外墙为红砖身外加灰泥批荡，建筑宽阔的露台能抵御风雨及遮挡阳光，具有非常浓厚的地域特色。大楼顶层外墙嵌有家族店号"雷春生"的石匾、窗台下的墙面上的各种花纹、"菠萝皮"的窗框、建筑物内的地砖都反映出那个时期香港楼宇建筑的典型风格。"雷生春"跨越两个世纪，见证了中国香港的历史沧桑，无论是历史方面还是文化方面，该建筑都具有非常高的价值。香港园以活化香港具有保育价值的旧建筑为聚焦点，展现香港昔日建筑特色，与现今园林景致相互辉映（图 9.1.5-1）。

图 9.1.5-1　香港园鸟瞰

---

① 唐楼是中国华南以及香港、澳门甚至东南亚一带于 19 世纪中后期至 1960 年代的混合了中式及西式建筑风格的建筑，有直角转角唐楼、弧形转角唐楼等。

展园整体布局按照现场山丘地形作设计，在低处及高处分别设置主入口及侧入口，便于游人进入园区，及以不同角度观赏园区景致（图 9.1.5-2）。在侧门，会发现一颗寓意"东方之珠"的石球在喷水池内转动（图 9.1.5-3），加上旁边的香港特别行政区区花——洋紫荆，"香港园"之名呼之欲出。园内则以仿活化后具标识性的建筑物——仿雷生春大楼（图 9.1.5-4）为核心，游人可细细品味香港旧式建筑物的别致外观，例如转角式外形设计、偌大的阳台等。仿雷生春大楼内设置了观景台。

仿雷生春大楼前方花圃运用现代园林设计布局，配以各式花卉铺砌成色彩斑斓的花海，让游人在花卉簇拥下，感受赏花带来的喜悦，园圃亦特别加入地道唐楼式样的牌楼作为衬托，进一步让游人体会香港昔日的建筑风格。此牌楼仿照李节街牌楼而建。李节街牌楼位于香港岛湾仔区的一条垂直街道上，楼高三层，具有第二次世界大战前半圆形骑楼栏河及高楼底的特色，正面外墙底商挂有数

图 9.1.5-2　入口

图 9.1.5-3　"东方之珠"石球

图 9.1.5-4　仿雷生春大楼

图 9.1.5-5　唐楼式样的牌楼

个仿造的店铺木制招牌和木窗（图 9.1.5-5）。外墙的适当位置上布置有旧古物如筲箕、木台、鸟笼、神像画、字画、算盘及长形摆钟等，强化了古旧式唐楼风貌及原居民的生活面貌，让游人能认识湾仔的唐楼历史文化，也让一众街坊能集体回忆和凭吊过去。牌楼后方，是一幅以香港城市旧街道为题的立体 3D 壁画，游人穿行其间，仿佛穿越时空，可感受往昔情怀。

6　澳门园

到过中国澳门的人，回忆起来，首先映入脑海的多是大三巴牌坊，其建筑设计糅合了欧洲文艺复兴时期与东方的建筑风格，体现出东西艺术的交融，雕刻精细，巍峨壮观。建筑共分五层，底下两层为同等的长方矩形，三至五层构成三角金字塔形，无论是牌坊顶端高耸的十字架，还是铜鸽下面的圣婴雕像和被天使、鲜花环绕的圣母塑像，都充满着浓郁的宗教气氛。牌坊上各种雕像栩栩如生，既保留传统，更有创新；既展现了欧陆建筑风格，又继承了东方文化传统，体现着中西文化结合的特色。1999 年 12 月 20 日上午，莲花公园中央光洁如镜的灰色花岗石圆台上，中华人民共和国中央人民政府赠送澳门特别行政区政府的礼品——高 6m 的大型雕塑《盛世莲花》矗立在世人面前，金光闪闪，耀眼夺目，象征澳门永远繁荣昌盛，伶仃洋边怒放的盛世莲花，正释放出源源不断的芬芳与魅力。澳门园以"莲岛逸情，中西交融"为主题，引入三巴圣迹、金莲荷香、龙环葡韵、踏莲挽风、葡国石仔路 5 个澳门历史元素，运用新材料、新技术，打造一轴（龙环葡韵主体建筑——三巴圣迹——金莲荷香景观中轴）一环（一条环形园路）三区（入口区、中心水景区、主体建筑区）的景观结构，表现澳门园林新景观，展示莲岛澳门之风采（图 9.1.6-1）。

园之序曲以大三巴牌坊为入口（图 9.1.6-2），以钢结构骨架及钢板对大三巴牌坊进行复现，其上嵌入互动显示屏，在表现中西方文化交融的同时，体现了新材料新技术的应用。广场采用了澳门岗顶前地广场的波浪式铺装方式。

图 9.1.6-1　澳门园鸟瞰

图 9.1.6-2　大三巴牌坊
（韩柳　摄）

　　中心水景以莲花为主题，踏莲挽风，在"金莲荷香"水池中心放置有中华人民共和国中央人民政府赠送的"盛世莲花"等比例雕像，植物配置以白莲为主，搭配蓝绿色系水生植物营造花境，利用色彩的调和，表达澳门是一个清廉的城市，城市形象也自此而生。水池中各色调的水生花卉相互衬映，也代表着中央人民政府对澳门的美好祝福（图 9.1.6-3）。园路铺装从澳门的葡国石仔路中汲取灵感，在道路上创作出星星、海马、太阳等各色有趣的图案。

　　主体建筑区龙环葡韵，受启发于澳门龙头环地区独具欧陆风韵的葡式建筑，本次建筑设计提取其独一无二的建筑特色元素，构建葡式游廊。清新的浅知更鸟蛋绿，结合纯白的石膏线，装饰在拱券尖

图 9.1.6-3　"盛世莲花"

图 9.1.6-4　龙环葡韵建筑（韩柳　摄）

顶的廊架上，令人仿佛置身于红树林海滩的异国暖阳下。建筑前的阶梯座椅提取自莲花花瓣的意象，上也镌刻有莲花花瓣。仰观水幕跌落，俯瞰池中莲花，与风相挽而坐，心旷神怡（图 9.1.6-4）。

第 2 节　异域风情国际园

　　1984 年，徐州市与法国圣埃蒂安市缔结国际友好城市关系，这是徐州市第一个国际友城。近 40 年来，徐州市配合国家总体外交，积极拓展国际友城关系，现有国际友城 17 个、友好交流城市 42 个。德国埃尔福特市、奥地利雷欧本市、法国圣埃蒂安市、新西兰霍克斯湾地区、巴西包索市先后荣获全国友协颁发的"对华友好城市交流合作奖"。2020 年，徐州国际友好城市法国圣埃蒂安市、日本半田市、奥地利雷欧本市、俄罗斯梁赞市、韩国井邑市、德国埃尔福特市、德国克雷弗尔德市、美国摩根敦市、芬兰拉彭兰塔市、阿根廷萨尔塔市应邀参与第十三届中国（徐州）国际园林博览会的国际友城园设计。参展城市在有限的空间中，荟萃各个城市的文化精华，为游客在一睹异国他乡园林艺术的同时，留下无尽的遐想空间，为园博园增添不一样的风采，为徐州进一步深化友城关系、促进绿色产业交流合作提供了新的契机（图 9.2.0-1）。

图 9.2.0-1　异域风情国际园分布图

1 法国·圣埃蒂安园

圣埃蒂安位于法国东南部，是奥弗涅－罗讷—阿尔卑斯大区卢瓦尔省的省会，与相邻的菲尔米尼、维拉尔等地共同组成了整个法国的第六大都市圈。两个多世纪以来，圣埃蒂安市不断发展变化，从一座采矿业和工业城市蜕变为如今的创造性城市。2010 年圣埃蒂安市被联合国教科文组织评选为"设计之都"，其拥有众多设计和建筑领域的重要机构，两处勒·柯布西耶（Le·Corbusier）遗址还被联合国教科文组织收录，其现代艺术创意园博物馆藏书包含大量的 20 世纪和21 世纪重要典藏、15000 余件艺术品，展现了 20 世纪最丰富的国际艺术创作全景（绘画、雕塑、摄影与设计），并且每年都有大量新增典藏，每年都有 400 多件艺术品在世界各地巡展，使经典艺术作品和最新设计思想全世界共享，是法国最重要的图书馆之一。圣埃蒂安 1984 年与徐州建立友好城市关系。

圣埃蒂安园主题为"共享花园"，以一组复合装置为基础，在圣埃蒂安特色景观的映衬下，打造出一个富有家庭气息的花园，这是圣埃蒂安居民亲善友好的生活方式的写照。花园的构图在规则中求变化，通过布置花园形成的网格的变化，以及一组果蔬和园艺植物对应设计图显示的每种颜色密度等级，调成适合现场的网格结构。布局的主线围绕花园的亲善好客进行，与人类共享美好时光，与其他生物共享空间和资源。花园阐述了三个共享故事。第一个是关于大棚屋，它由一个藤架凉亭、一张桌子和几个长凳组成。通过最简单的表达，也通过放大的灵感向大家展示热情的元素，象征着圣埃蒂安市的生活艺术和热情好客的价值观；第二个故事通过水流可见性、家庭花园水源分配、水资源回收再利用展现水资源共享（水源的树林）；最后一个是通过一系列其他栖息地设施如刺猬庇护所、巢箱等和饮水槽，将亲善友好价值观延伸到其他生物，象征着城市对保护花园中生物多样性的兴趣。通过以上三个故事展现当代和未来的共享家庭花园（图 9.2.1-1）。

图 9.2.1-1　圣埃蒂安园

2　奥地利·雷欧本园

雷欧本是奥地利中部施蒂利亚州的第二大城市，1994年与徐州建立友好城市关系。其地处阿尔卑斯山的怀抱中、穆尔河畔，于公元904年建城，距今已超过1100年，是奥地利最古老的城市之一，历史遗迹众多，18至19世纪，这里更成了欧洲颇有名气的音乐之城，诸如莫扎特、贝多芬、舒伯特、海顿等扬名全球的伟大音乐家，都曾在此从事过音乐创作。城市文化产业发达，音乐会、广场舞会、民俗节、读诗会等活动接连不断，特别是每年夏季举办的规模盛大的音乐节，吸引着奥地利和其他国家的音乐家们前来参加。由欧盟资助的"音乐与教育——面向青少年的合作暨亚洲——欧盟西洋乐器音乐教学"项目，其中之一就是在中国徐州举办（"音乐与教育——面向青少年的合作"），该项目在徐州—雷欧本之间，架起了一座音乐之桥。

雷欧本园以"爱乐之旅"为主题，以五线谱和音符为元素，入口设置音符绿篱，引导游客随阶梯往上，开启一段爱乐之旅。阶梯黑白相间，比喻琴键，旋转式楼梯比喻乐谱，制高点设置按雷欧本市的标志性建筑等比例缩小的蘑菇塔。该建筑高约10m，其平面呈正方形，前后墙设置出入口，屋顶四周设置金色栏杆，顶部建造蘑菇形的塔亭。园区点缀一些音乐小品雕塑烘托氛围，并设置大面积薰衣草及奥地利国花火绒草来比喻乐谱，让游客徜徉在音乐的海洋中（图9.2.2-1）。

图 9.2.2-1　雷欧本园（一）

图 9.2.2-1 雷欧本园（二）

3 俄罗斯·梁赞园

梁赞市是俄罗斯最古老的城市之一，位于俄罗斯中部联邦管区奥卡河畔，是梁赞州的行政中心，1998 年与徐州建立友好城市关系。梁赞 14 世纪初为梁赞公国都城，1521 年并入俄罗斯。梁赞拥有大量的历史文化古迹，包括教堂建筑、庄园等，其中小克里姆林宫是最著名的景点之一。俄罗斯伟大的诗人谢尔盖·亚历山德罗维奇·叶赛宁、指挥家和歌曲《神圣的战争》的作者亚历山大·瓦西里耶维奇·亚历山德罗夫、苏联电影演员弗拉基米尔·巴拉瑟夫、苏联功勋演员瓦连京·祖布科夫等都出生或工作在梁赞。

梁赞园创作灵感来源于柴可夫斯基的芭蕾舞剧《天鹅湖》。这是柴可夫斯基的第一部舞曲，取材于民间传说，剧情为公主奥杰塔在天鹅湖畔被恶魔变成了白天鹅，王子齐格费里德游天鹅湖时，深深爱恋上奥杰塔。王子挑选新娘之夜，恶魔让他的女儿黑天鹅伪装成奥杰塔以欺骗王子。王子差一点受骗，最终及时发现，奋击恶魔，扑杀之。白天鹅恢复公主原形，与王子结合，得以美满结局。

展园布局由天鹅形象演化而来，主入口为黑白两只天鹅的优美雕塑，一侧放置俄罗斯标志性"洋葱头"雕塑，将天鹅雕塑放置于入口水景之中，象征俄罗斯著名舞曲《天鹅湖》的开篇。园路两侧错落放置白桦林木桩，引导游客进入，木桩的起伏象征《天鹅湖》舞曲的进程。园区中心放置梁赞标志性雕塑"带眼的蘑菇"，边上设置欧式的白色圆亭，比喻舞曲结尾白天鹅恢复人形，象征圆满幸福。游览结尾处设置水幕墙，让游客切换视线，调整心情。园区乔木以雪松为主，迎合《天鹅湖》纯洁、美好的主题氛围（图 9.2.3-1）。

图 9.2.3-1　梁赞园

4 德国·埃尔福特&克雷弗尔德园

德国在历史上被称作"诗人与思想家的国家";德国又是全球主要工业大国之一,产品技术领先,做工细腻,以品质精良著称,在世界享有盛誉;德国还是世界上啤酒消耗量最大的国家,酿造的啤酒醇纯清香,是亲朋之间喜庆生日、结婚宴请、相互馈赠的高尚礼品,并形成了一种特殊的"啤酒文化"。埃尔福特是图林根州的首府,德国制造业中心之一,德国和欧洲古老贸易路线的交叉点。克雷弗尔德

为北莱茵-威斯特法伦州的城市,是德国的纺织品中心,早在18世纪时,这座城市的纺织业就非常发达,生产的天鹅绒、丝绸和织锦畅销国际,被誉为"天鹅绒和丝绸之城",至今还立有一尊名为"波茨拉巨匠"的肩扛布卷的织工形象的雕塑,每年9月,商人、设计师和服装学校学生齐聚于此,在全世界规模最大的街头时装展上展示自己的秋冬时装系列,并穿插有精彩的舞蹈演出。巧合的是,徐州(铜山区棠张镇)是解忧①故里,棠张镇也是"中国桑蚕之乡",解忧公主把蚕桑、丝织技术和文化带到了乌孙,也是早期丝绸之路的开拓者之一。两市分别在2005年和2012年与徐州建立友好城市关系。

埃尔福特&克雷弗尔德园以"丝绸之路"为主题,契合了两个友好城市共同的历史。全园以入口叠水处"梭子"特色小品肇始,用黑、红、黄色丝线进行缠绕,呼应"丝绸之路"主题。东西两侧置"波茨拉巨匠"雕塑等特色小品,正中间水景处设彩色玻璃啤酒屋,结尾处设置酒瓶景墙,展现德国啤酒文化。绸带状的地被花卉植物将整个园区生动地联系起来。局部采用微地形来划分地块,同时在竖向设计上将克雷弗尔德市标立体化,并设置克雷弗尔德和埃尔福特 logo 字母牌,加深人们对于两个友好城市名称的记忆(图 9.2.4-1)。

图 9.2.4-1 埃尔福特&克雷弗尔德园

① 解忧公主(前120年~前49年)是汉高帝的四弟楚元王刘交的后裔,其祖父刘戊,汉景帝前元三年(前154年),参加"吴楚七国之乱"企图谋反未成后自杀。当时刘解忧尚未出生,因此她是以罪臣后代的身份出生的。西汉武帝时期,张骞出使西域,认为联合乌孙国能切断匈奴右臂,向汉武帝建议拉拢乌孙国。乌孙昆弥(君主头衔,又作昆莫)了解到汉朝正积极与西域各国建交,便请与联姻,汉武帝遂以宗室刘建之女细君公主下嫁乌孙,不料细君公主数年后即病逝。汉武帝又把楚王刘戊的孙女解忧公主嫁给军须靡(时间为太初四年,前101年,一说元封六年即前105年),解忧公主就在这种情况下代替细君公主,为巩固双方关系而远嫁乌孙。军须靡死,弟翁归靡继位,解忧公主依乌孙俗改嫁翁归靡,生3男2女。元康二年(前64年,一说神爵二年,前60年)翁归靡死,军须靡与匈奴夫人所生子泥靡嗣位,解忧又改嫁之,生一子,名鸱靡。泥靡暴虐无道,失众心,解忧于甘露元年(前53年)谋与汉使魏和意击杀之,未果,为泥靡子细沈瘦困于赤谷城,被西域都护郑吉等救出,始免于难。晚年以乌孙政局动荡,年老思乡,请归汉地,宣帝悯其难,甘露三年(前51年)与孙男女3人被迎归汉,两年后病卒。

5　芬兰·拉彭兰塔园

芬兰是圣诞老人的故乡，国名的含义为湖沼之国。拉彭兰塔是芬兰南卡累利阿区首府，位于芬兰东南的塞马湖畔，毗邻通往俄罗斯的西马运河。境内河流纵横，运河穿插于湛蓝的湖泊之间，景色旖旎，如同一座巨大而神秘的水上迷宫，有塞马湖上的珍珠之称，风景美丽、历史悠久。拉彭兰塔有芬兰最古老的东正教教堂、圣彼得堡著名家族住宅改建成的胡高夫庄园博物馆、塞马运河博物馆等，当地人对历史传统的保护和继承尤为可嘉。拉彭兰塔拥有芬兰最大的内陆港，是东南部的技术创新中心和物流贸易中心以及著名的大学城和工业城，在2017年与徐州建立友好城市关系。

展园以"芬兰之根"为主题，取意芬兰国旗故事[①]和芬兰寓言故事传说，通过"水、光、岩石、自然、建筑和设计"，完整地将"芬兰精神"展现给所有人（图9.2.5-1）。

水——芬兰被称为千湖之国，10.2%的芬兰土地都是湖泊。园展构建了一个模仿芬兰森林的池塘，形状来自于芬兰科学院院士、人情化建筑理论的倡导者阿尔瓦·阿尔托设计的一个波浪形花瓶，镜面般的池塘表达了一种古老的信仰。

图9.2.5-1　拉彭兰塔园

[①]　芬兰国旗名为"蓝色十字"旗。白色旗面上绘有一个偏向左侧的蓝十字（斯堪的纳维亚十字）。蓝十字将旗面分为四个白色长方形。芬兰以"千湖之国"著称，西南临波罗的海，旗上的蓝色象征湖泊，河流和海洋；芬兰有超过四分之一的领土在北极圈内，气候寒冷，旗上的白色象征白雪覆盖着的国土。

光——芬兰地处北纬60°~70°，有着高纬度地区独特的光照条件。仲夏时节，人们可以享受明亮的夜晚。到了冬天，芬兰北部是极夜，太阳不会从地平线上升起，而色彩斑斓的极光则会照亮芬兰的天空。展园在园区北部设置了一道木墙，墙的轮廓是波浪形的。墙高3~5m，蓝色和绿色的聚光灯打在墙上，交相辉映，就像北极光一样。天然的石头也由聚光灯照亮。

岩石——岩石对于芬兰来说也有重要的意义。芬兰花岗石是最著名的一种石头，石头建筑在芬兰有悠久的历史。展园用一道石墙的设计，既弥补场地地形高差较大的缺陷，又作为分界线，划分道路。

自然——芬兰有着广阔的自然区域，芬兰人会花很多时间在自然中徒步旅行、钓鱼、摘浆果和蘑菇。展园整个区域都种植芬兰常见树种，包括桦树、云杉、松树和花楸。池塘四周是蓝色和白色的花草地，这种颜色搭配的灵感来自于芬兰的国旗。

建筑——芬兰的传统建筑包括各式各样的木质结构，因为木头是一种容易塑形并且来源广泛的建筑材料。桑拿浴在芬兰有悠久的历史，不但是传统民俗、文化，更是芬兰人的基本生活内容，芬兰浴室对芬兰人就像阳光、空气和水一样不可或缺，是一个让人感到放松、安静和清净的地方。展园的中央设一个桑拿房，里面放置炉子、长椅和座椅，寓意"芬兰浴"故乡。

设计——简洁、实用是芬兰设计的特点，构思奇巧是芬兰设计的精髓。芬兰是一个具有创新力并且重视循环使用的国家，芬兰人特别擅长利用自然资源达到设计目的。展园阶梯五颜六色的色彩，灵感来自于芬兰传统的碎呢地毯。碎呢地毯常常由手工制成，色彩斑斓。彩色的阶梯由芬兰特质的复合板制成，可以回收再利用。

6 美国·摩根敦园

摩根敦是美国南部西弗吉尼亚州中北部的最大城市，莫农加利亚县的县治，2016年与徐州建立友好城市关系。该市四季分明，冬季最低气温–20℃，夏季最高气温38℃，不过夏天的平均温度大多介于21~27℃，最适宜做户外及体育活动；该市拥有西弗吉尼亚州最大的州立大学——西弗吉尼亚州立大学，被卡耐基高级教育基金会评为一级研究类大学，在生物技术研究方面居世界领先水平，景观建筑专业被未来设计协会（Design Futures Council）评为东部地区大学第四、全美第十三，工程学（特别是与能源有关的领域）、保健科学等也在全美榜上有名。

摩根敦园以"生态公园"为主题，融入摩根敦的自然景观和标志性构筑物，打造可持续发展的生态公园景观，从西侧主入口进入，入口设置手拿书本、朝气蓬勃的学生雕塑，拾级而上至中心广场，周边是圆弧形的绘有摩根敦市区街景建筑立面造型的景墙。景墙背面的一角叠石成山，模拟沉积岩矿层的景象，场地南侧是"篝火"区，代表西弗吉尼亚州森林的树雕为主景，对面为圆形剧场区，设有黄樟木座椅，旁边是阿巴拉契亚小提琴手雕塑。坐在"篝火"边的石头或座椅上，想象着聆听到的美妙旋律，领略着壁画墙中的摩根敦市区街景，感受着来自西弗吉尼亚大学校园的气息（图9.2.6–1）。

图 9.2.6-1　摩根敦园

7　阿根廷·萨尔塔园

　　阿根廷共和国位于南美洲东南部，16 世纪前为印第安人居住地，16 世纪中叶沦为西班牙殖民地。19 世纪初爆发了反对殖民统治的战争，并于 1816 年 7 月 9 日宣布独立，1853 年建立联邦共和国。萨尔塔省位于阿根廷西北部，西部为高大的安第斯山区和阿塔卡马荒漠高原，东部是大查科平原，萨尔塔市是萨尔塔省首府，在 2018 年与徐州建立友好城市关系。从文化视角看，阿根廷或许继承了西班牙的两大元素：热情与神圣。探戈、足球，乃至切·格瓦拉的武装革命，都热情浪漫至极。天主教在这个浪漫、自由的国度，是不可或缺的平衡，原任布宜诺斯艾利斯总主教方济各 [Pope Francis，本名：豪尔赫·马里奥·贝尔格里奥（Jorge Mario Bergoglio）] 2013 年 3 月被选为天主教第 266 任教宗，这是第一个来自拉美的教宗，成为全体阿根廷人的骄傲。

　　萨尔塔园以"朝圣者的旅程"为主题，在人工创建的"山川河流"中，开始一趟奇特之旅。桉木材质的小径模拟了信徒们行走的蜿蜒而朴素的道路。曲折起伏的路线上镶嵌着一条涓涓细流，象征着信徒们必须经过河流才能到达目的地。小径中间的长椅模拟了山脉的起伏，增添了一道行进路上的风景。在园区的绿色区域，利用不同习性的植被，模拟不规则的地形和坡度，营造逼真的自然环境，给游客带来沉浸式体验（图 9.2.7-1）。

图 9.2.7-1　萨尔塔园

8　韩国·井邑园

　　井邑市位于韩国西南端，是韩国全罗北道的一个城市，既是韩国最古老的歌谣井邑词和朝鲜时代歌辞文学的嚆矢赏春曲之故乡，也是近现代史上甲午东学农民革命之故乡。内藏山的秋季枫叶是韩国著名的八大美景之一。2000 年，徐州市与井邑市正式缔结友好城市关系。

　　中韩两国山水相连，同为东亚文化圈的一员，在漫长的历史长河中，双方在文化的接触、开放与消化、吸收的同时，仍然保持了本民族独特的文化。作为文化一种独特类型，两国园林也有着极深的渊源和联系，无论是现代风景园林还是古典园林，既有相似性又有明显的独特性。两国虽然在造园哲学和理念、布局"风水"理论、追求自然山水境界和古典园林建筑的风格等方面具有相似性，但在园林的用途、布局、构件形式、游廊、漏窗、石与叠山等方面又具有独特性。井邑园（图 9.2.8-1）体现了中韩园林的同与不同：

图 9.2.8-1　井邑园

同：设计哲学"闲庭信步"。宋·欧阳修《书怀感事寄梅圣俞》有句："出门尽垂柳，信步即名园。嫩箨筠粉暗，渌池萍锦翻。"道教全真派典籍《渐悟集》中录金·马钰《无梦令》："信步如同云水。"布局上背靠青山，园内凿池，主体建筑"背有靠前有照"。池中点石三块，"一池三山"之仙意飘然而出。建筑风格，唐风满满，雍容大度。

异：中国古典园林常常采取建（构）筑物分割空间，长廊、狭门、漏窗等景观性建筑和曲径并非从大众出发，小桥、假山等亦非消遣场所，而是退移静思之地，园林植物虽然不带任何人工痕迹，没有修剪整齐的树篱，也没有按几何排列的花卉，但是一草一木的选择和安排却源于自然而高于自然，有极高的"构图美"。韩国园林不同于中国古典园林强调"步移景异"的动态游园方式，因为其国内席地而居的生活习惯，庭院空间尺度比例多考虑静坐赏园的游赏方式，因而更为开敞精巧宜人，并无过多的非实用性的景观建筑，池中"三山"以点石示意，体现了韩国园林中对自然山水的抽象，避免了"掇山"的空间压迫感，园林植物搭配丰富，乔灌木层次分明，疏朗的林下空间，简洁自然。井邑市政府为井邑园提供了披香亭设计图，增添了点睛之笔。

9　日本·半田园

中日两国一衣带水，两国间在思想观念、文化艺术、科学技术等各个方面的交流源远流长。

半田市位于日本中部（名古屋市南部），是著名的知多半岛上五市五町的政治经济和文化中心，1993年与徐州建立友好城市关系。半田市是20世纪上半叶日本最重要的童话作家之一新美南吉（本名渡边正八）的故乡，《小狐狸买手套》《花木村和盗贼们》和《去年的树》等作品广受人们的喜爱。其中，《去年的树》入选了我国小学的人教版和教科版4年级语文课本，故事情节是：一只小鸟和一棵树是好朋友，鸟天天给树唱歌，树给鸟一个温暖的家。冬天到了，小鸟要飞到南方过冬，它们约好春天再见面。一年后，鸟儿飞回来了，它通过问树根、工厂的大门、小女孩，得知树已被工人伐倒、做成火柴、点燃，在煤油灯里烧着。小鸟对着煤油灯唱了去年给树唱的歌，目不转睛地盯着火苗看了一会，伤心地飞走了。《小狐狸买手套》的故事情节是：寒冷的冬天来了，狐狸妈妈为了不让小狐狸的手被冻伤，决定去镇上帮他买一副手套。可是快到镇上时，狐狸妈妈却想起了差点被人抓走的可怕经历，不敢再往前走了，只好让小狐狸自己去镇上。狐狸妈妈把小狐狸的一只手变成人手的样子，并反复叮嘱他一定要伸这只手出去。可是小狐狸来到商店门口时，却因为紧张伸错了手……这个故事是新美南吉最打动人心的故事，在日本家喻户晓，并被选入小学语文课本。

半田园以"童话王国"为主题，创意来自新美南吉著作《小狐狸买手套》和《去年的树》。提取"小狐狸"元素，围绕《小狐狸买手套》故事情节，牢牢把握住了狐狸母子间的温情、小狐狸的天真可爱和雪国梦幻般的美丽场景，平面构图由两条尾巴抽象化表现，比喻故事中的狐狸母子。竖向设计上以新美南吉博物馆为参考，设置起伏草坡、进行屋顶绿化，丰富景观层次。出入口进行铺装跳色处理，象征狐狸尾巴。通过场地高差及丰富的植物配置烘托森林大环境，中间的建筑则象征人类的生活空间，一个场地两个世界，小狐狸买手套的故事隐喻其中，需要游客在游览时进行探索，丰富游玩体验。植物配置以樱花作为主要树种，樱花一直以来是被作为日本国花，在日本的寓意为热烈、纯洁和高尚，是一种十分美好的象征，也是日本文化图腾和日本精神象征。在园区中心水景处栽植一株大樱花树，结合《去年的树》主题故事，增加小鸟雕塑，倒映在水面，微风拂动，景色宜人（图 9.2.9-1）。

图 9.2.9-1　半田园

第10章 "四新"应用：科技之翼显神通

现代科技的快速发展，各类新装备、新材料层出不穷，新技术、新工艺在各个领域竞相绽放，"四新"成为各行业发展的方向和标杆。本届园博会主要场馆和展园采用绿色建筑、装配式建筑、智慧园林等新型建造方式，呈现生态修复、绿建节能、工程建设等方面的"四新"应用，全面展示城市建设发展的"四新"成果。

第1节 创新示范 绿色引领

1 新技术

新技术是根据生产实践经验和自然科学原理而发展成的各种新的工艺操作方法与技能，以及在原有技术上的改进与革新。运用新技术可以提升工程价值，体现工程创造性。

1.1 城市困难立地绿化修复技术

上合友好园建设采用受损场地土壤快速改良、专用配生土、新优高抗性植物等城市困难立地绿化修复技术，提升绿地可持续性（图 10.1.1-1）。

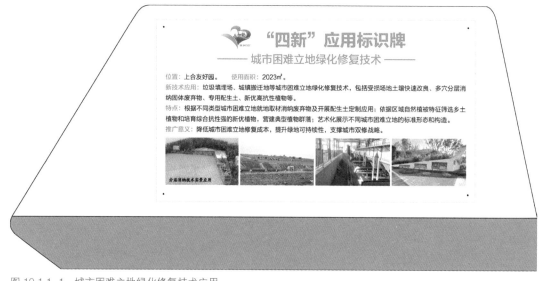

图 10.1.1-1 城市困难立地绿化修复技术应用

1.2　喷播、鳞坑、植生带技术

宕口花园生态修复治理采用喷播、鳞坑、植生带技术，践行"两山"理念。修复城市"绿肺"，使得原来裸露的采石宕口成为绿意盎然的山体公园（图 10.1.1-2）。

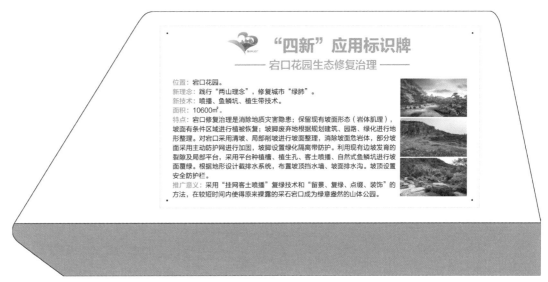

图 10.1.1-2　宕口花园生态修复治理

1.3　道路分车带雨水花园技术

园博园建设中优化传统的道路分车带绿化，建造线性雨水花园，使得一级园路分车带变成雨水花园（图 10.1.1-3）。

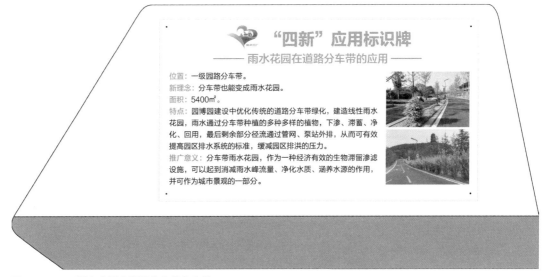

图 10.1.1-3　雨水花园在道路分车带的应用

1.4 公共绿地雨水花园技术

企业园公共绿地采用由"与雨水对抗"变为和谐共生的新理念，建成雨水花园，给人以新的景观感知与视觉感受（图 10.1.1-4）。

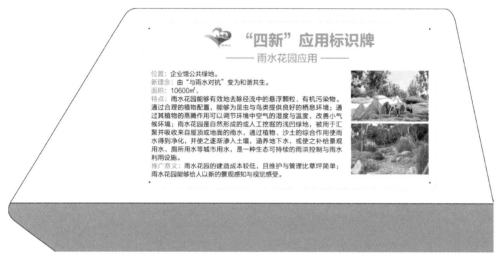

图 10.1.1-4　雨水花园在公共绿地的应用

1.5 园林废弃物再利用

园林废弃物重新利用，节约资源，环保生态。废弃物反哺绿地，园林垃圾变废为宝，使"废料"变"肥料"（图 10.1.1-5）。

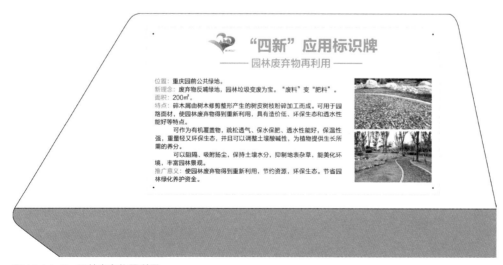

图 10.1.1-5　园林废弃物再利用

2 新工艺

新工艺是利用生产工具对各种原材料、半成品进行增值加工或处理，最终使之成为制成品的方法与过程。运用新工艺可以弥补短板、提升细节，使工程更加精致、美观。

2.1 贯木拱造桥工艺

运河文化廊木拱桥采用传统营造技艺——"贯木拱"结构技术体系，体现中国传统造桥技艺的博大精深，发扬传统文化（图10.1.2-1）。

图 10.1.2-1　"非遗"贯木拱桥

2.2 陶土砖工艺

陶土砖应用在园路铺装，实现传统建筑材料的景观新应用，并适宜当地气候特点，其古朴韵味与自然景观有机融合（图10.1.2-2）。

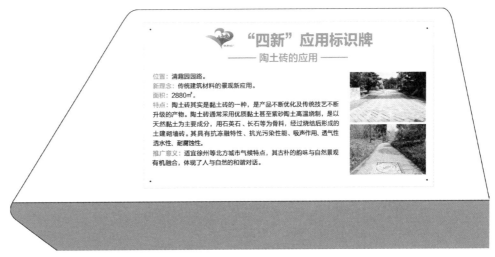

图 10.1.2-2　陶土砖应用

2.3 胶合竹木工艺

竹材作为低碳、环保、健康的建筑材料，经过新工艺的加工处理，出现在园林景观、清洁能源、生活日用等领域（图 10.1.2-3）。

图 10.1.2-3　胶合竹木应用

3　新材料

新材料是新近发展或正在发展的具有优异性能的结构材料和有特殊性质的功能材料。运用新材料可以代替传统建筑材料，达到节材、节能、减排、可持续发展的目的。

3.1 方钢外包铝板材料

徐州园采用方钢外包铝板代替传统仿古建筑木材，将传统的汉文化建筑与当下建筑新技术新材料相结合，实现了方钢外包圆形铝板的可行性实践（图 10.1.3-1）。

图 10.1.3-1　仿古建筑新材料应用

3.2　GRC、PC 砖、建筑废弃物材料

园博园建设采用的 GRC、PC 砖、建筑废弃物等材料，是符合节材、节能、减排、可持续发展方向的景观材料，其应用于广场道路、停车场以及各种景观结构中（图 10.1.3-2）。

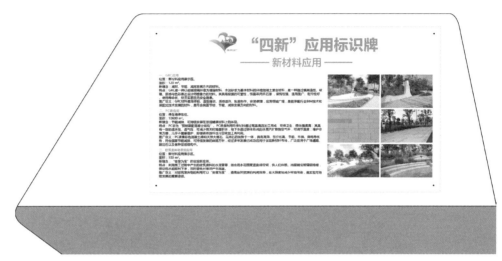

图 10.1.3-2　GRC、PC 砖、建筑废弃物应用

3.3　马道材料

园博园交通路网加入了马道的骑乘体验，驿站就地取材，充分利用现场石材，丰富慢行道形式，体现地域文化（图 10.1.3-3）。

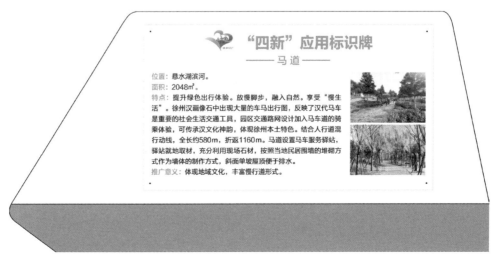

图 10.1.3-3　马道

4 新装备

新装备是通过专门的设计或改进、革新、试验及保养，能完成某一具体任务的工具和装置。运用新装备可以提高项目建设管理水平，使工程进度加快、工程质量提升。

4.1 雾森系统

雾森系统采用物联网新技术，以保湿、防尘、降温、造景为手段，提高空间舒适度，改善美化环境（图10.1.4-1）。

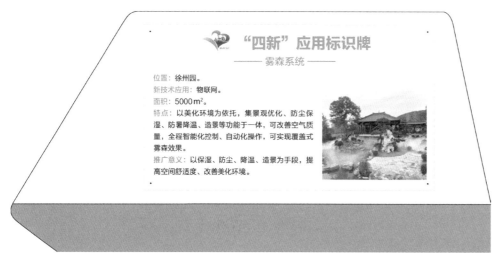

图 10.1.4-1 雾森系统

4.2 虫情监测系统

虫情监测系统采用物联网、AI 等新技术，实时监测虫情，及时提供信息，提升监测效率、准确性（图 10.1.4-2）。

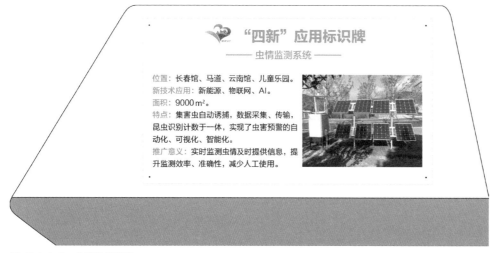

图 10.1.4-2 虫情监测系统

4.3　土壤墒情监测系统

土壤墒情监测系统采用物联网、大数据等新技术，自动、高效完成土壤监测任务，并自动分析上报（图 10.1.4–3）。

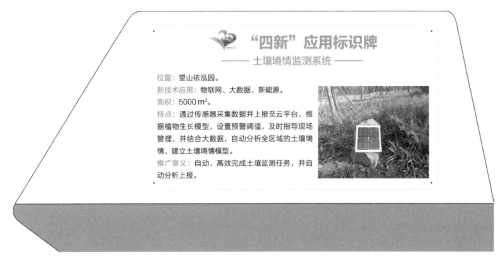

图 10.1.4–3　土壤墒情监测系统

4.4　智慧喷灌系统与割草机器人

智慧喷灌系统采用大数据、云计算、物联网、5G、AI 等新技术，实现了喷灌的智能化、科学化、精准化。割草机器人采用高精度卫星定位导航、物联网、AI 等新技术，实现了对传统燃油动力草坪机的升级替代（图 10.1.4–4）。

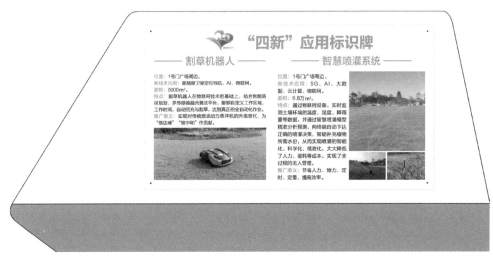

图 10.1.4–4　智慧喷灌系统与割草机器人

4.5 无人清扫车

无人清扫车采用云计算、物联网、5G、AI 等新技术，实现了自主作业，提升了作业效率（图 10.1.4–5）。

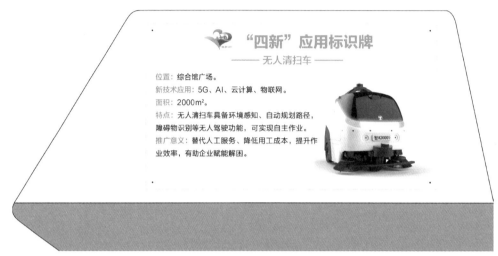

图 10.1.4–5　无人清扫车

4.6 无人零售车

无人零售车采用云计算、物联网、5G、AI 等新技术，解决无人售卖柜无法全覆盖的问题，提升了游客自动化安全购物体验（图 10.1.4–6）。

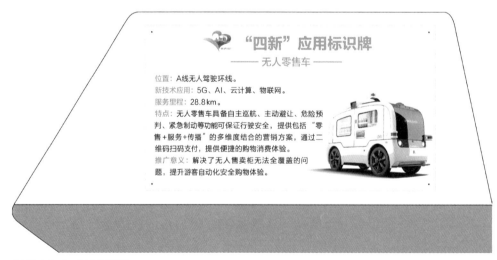

图 10.1.4–6　无人零售车

4.7 安防巡逻机器人

安防巡逻机器人采用云计算、物联网、5G、AI 等新技术，全时段移动执勤，实现了不间断运营（图 10.1.4–7）。

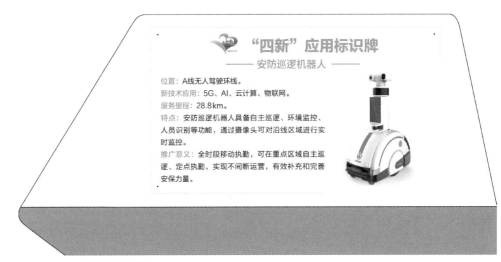

图 10.1.4-7　安防巡逻机器人

4.8　无人驾驶客车

无人驾驶客车采用云计算、物联网、5G、AI 等新技术，实现全自动无人驾驶，满足展示接待、接驳通勤、游览观光等各类需求（图 10.1.4-8）。

图 10.1.4-8　无人驾驶客车

第 2 节　落地生根　如花绽放

1　游客服务中心

游客服务中心"四新"应用涉及台斗一体整合设计新理念、钢木结合装配式新技术、可再生新材料、整体吊装新工艺（图 10.2.1-1）。

310

图 10.2.1-1 游客服务中心"四新"应用

2 奕山馆（综合馆）

奕山馆（综合馆）"四新"应用涉及建筑与自然融合设计新理念、钢木预制混凝土结合装配式新技术、可再生新材料、木纹清水混凝土新工艺（图 10.2.2-1）。

图 10.2.2-1 奕山馆（综合馆）"四新"应用

3 吕梁阁

吕梁阁"四新"应用涉及以现代手法传承两汉建筑文脉设计新理念、装配钢框架—混凝土核心筒结构体系新技术、新型可再生建筑新材料和新工艺（图 10.2.3-1）。

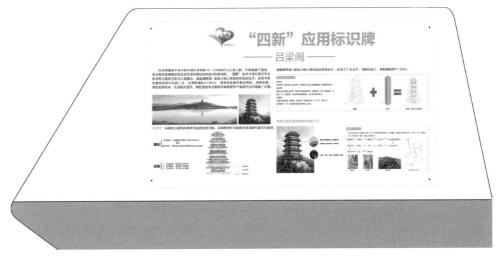

图 10.2.3-1 吕梁阁"四新"应用

4 儿童友好中心

儿童友好中心"四新"应用涉及模块化建筑设计新理念、装配式空间模块化钢结构体系新技术、全干式装饰装修新型可再生建筑新材料、装配式模块化拆装新工艺（图 10.2.4-1）。

图 10.2.4-1 儿童友好中心"四新"应用

5 竹技园

竹技园"四新"应用涉及创新竹材建筑新模式新体系设计新理念、竹材建筑构件应用新技术、绿色环保可再生竹材建筑新材料、竹材应用新工艺（图 10.2.5-1）。

312

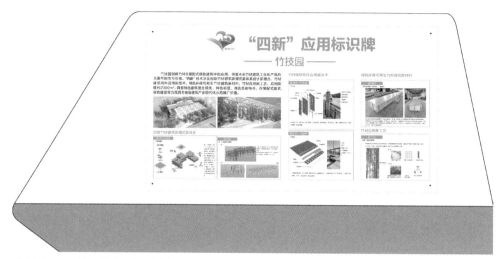

图 10.2.5-1 竹技园 "四新" 应用

6 宕口酒店

宕口酒店 "四新" 应用涉及宕口生态修复设计新理念、"超限 + 装配" 新技术、新型可再生建筑新材料，高新技术设备应用（图 10.2.6-1）。

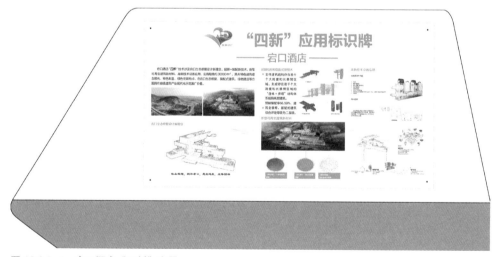

图 10.2.6-1 宕口酒店 "四新" 应用

7　天池酒店

天池酒店"四新"应用涉及宕口生态修复设计新理念、钢梁与混凝土柱连接节点装配化新技术、新型可再生建筑新材料、免支撑装配化建造新工艺（图 10.2.7-1）。

图 10.2.7-1　天池酒店"四新"应用

自 20 世纪 80 年代世界环境与发展委员会（WCED）发表《我们共同的未来》，正式使用"可持续发展"概念以来，可持续发展理念已深入人类经济社会发展的各个方面。本届园博会注重永续发展利用，在强化城市生态功能的同时，从徐州及周边地区经济社会发展的战略角度，努力开拓园博园产业植入和转型发展渠道，夯实自身"造血"能力。进一步强化园博园区域带动功能，通过"以点带面、连面成片"，景区互动、区块联动，力争形成"园博+"效应最大化、城市各板块共享共赢和可持续发展的良好局面。

4

可持续发展篇

第11章　自我造血：源头活水滚滚来

"打造园博园可持续发展的样板和典范"，树立永续利用、可持续发展理念，从规划入手，与建设同步，深度系统谋划园博园展后管理、展后利用、展后发展，积极探索形成园博会展后运营的"徐州模式"，努力将本届园博会打造成自主创新、自我造血、自我平衡的标杆，为淮海经济区经济社会发展添加新动力。

第1节　筑牢配套支撑——通途翠舍添飞翼

1　织路成网，畅通持续经营动脉

园博园规模体量大，运营成本高，仅靠本地游人支撑难度大，为周边地区的游客提供高效便捷的交通，成为园博园保持良好持续经营状况的重要条件。为此，围绕园博园实施了4条主要道路的改扩建工程。一是故黄河南岸旅游路改扩建工程。该道路是市区进入园博园的主要通道之一，原为一条乡村道路。扩建后的道路兼顾城市道路功能，双向4车道，设计时速60km/h。二是连霍高速增开至吕梁风景区连接线，路基宽21m，设计时速60km/h，二级公路兼顾城市道路功能。三是改扩建309、202县道，打通与104国道的联系（图11.1.1-1）。4条道路的改扩建，不仅为园博会提供交通保障，而且完善了城市东南片区路网，实现了老城区、新城区、经开区与园博园之间的路网高效联通，高速公路、普通国省道、农村公路等不同路网之间完美对接。道路沿线布局交通驿站等旅游基础设施，将有效推动沿线旅游资源开发，为下一步文旅和交通关联产业开发、区块经济发展融入"园博圈"打好基础。与此同时，园博园周边村镇相继实施管线、道路、桥梁等改造项目，使村镇形成"内部成网、外部成环"交通体系，有效改善周边交通环境，做好与园博园"双向输血"良性互动的准备——园博园及其配套设施为附近村镇提供就业和发展机遇，附近村镇为园博园及其配套设施提供劳动力及持续的活跃度。

故黄河旅游路　　　　连霍高速连接线　　　　309县道　　　　202县道

图11.1.1-1　织路成网

2　酒店配套，深度经营

　　传统的园博园主要以满足游人观光为主要目标，本届园博会将配套酒店有机融入园博园建设。宕口酒店、天池酒店和温泉度假酒店3个各具特色的酒店，共有客房348间，可同时容纳600人用餐。酒店面湖背山，拥抱自然，既是园博园服务设施，也是园博园重要的特色景观。园博会后酒店转变为"徐州园博园涵田度假村"，形成观景、攀山、渡桥、休憩、归园、观水的多样空间，是坐拥山间绝美之景的一隅心灵休憩之地（图11.1.2-1）。

图 11.1.2-1　宕口酒店客房、餐厅

　　园博园内高规格会议宴会场所及各种多功能厅、贵宾接待厅、先进的多媒体设施、高保真音响视听效果等，可满足各种规格的会议需求，是公司团建、年会、商务会议、婚宴的不二之选。无论是同学聚会、社团联谊，还是生日派对、茶艺品茗、多功能视听、KTV欢唱、VR游戏、亲子娱乐等都会给客人以极致的体验。大型SPA水疗池、露天温泉池及药藏池、玫瑰池、红酒池、亲亲鱼池、儿童游泳池等20多个特色泡池中，客人可静心浴泡，浸润自然灵气。在赏玩泉水、远山、楼台、繁花、修竹的同时，洗掉一身繁杂世事烦忧，撩出一波唐诗宋词的幽幽意境（图11.1.2-2）。

　　园博园内，南部以美食中心为主要商业服务中心，集中中式快餐和特色小吃，保障游客基本餐

图 11.1.2-2　温泉酒店

饮需求。北部运河"徐州街"集零售、餐饮、民俗体验等功能为一体，打造充满本地商业服务特色的民俗体验活动，增设特色主题邮局、非遗手工制作、汉风汉服体验等店铺，生动形象地还原运河热闹非凡的场景，给游客带来独具地域特色的游玩体验。

第 2 节　用好园博品牌——大鹏一日同风起

自 1997 年以来，中国国际园林博览会有效推动了各个承办城市的绿色发展。至今，园博会已经成为一个城市"贯彻新发展理念、改善城市人居环境、提升城市功能品质、产生显著综合效应的行业盛会和城市生态建设、文化建设的品牌工程"，其在国内外的广泛知名度和强大影响力，赢得了社会的广泛好评和普遍赞誉，具有强劲的吸引力。

1　借力金字招牌，合响"徐游"品牌

好风凭借力，扬帆正当时。《中华人民共和国国民经济和社会发展第十四个五年规划和 2035 年远景目标纲要》有 10 余章涉及了文化和旅游，充分反映了旅游品牌在未来城市发展中的导向作用。对城市旅游目的地多品牌共生现状进行系统的分析，并以此作为城市旅游品牌研究的重点，才能够延续城市旅游品牌的生命周期，城市旅游才能真正做到良性可持续发展。园博会的成功承办，为徐州创立响亮的旅游品牌提供了强大的助力。充分用好这块"金字招牌"，面向国内外开展"相约刘邦故里，共赴园博盛会"——园博会主题曲、吉祥物、logo 和标语口号征集活动，不仅扩大了园博会和徐州市在国内外的知晓率，而且为后续旅游系列产品的开发提供了重要的知识产权支持（图 11.2.1-1~ 图 11.2.1-3）。

图 11.2.1-1　园博会 logo

图 11.2.1-2　园博会主题曲

徐徐、州州

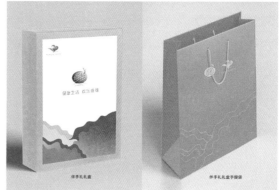

图 11.2.1-3　园博会吉祥物及部分产品（一）

图 11.2.1-3 园博会吉祥物及部分产品（二）

2 乘势园博契机，扩大徐派园林影响力

园博园集合了全国最先进的造园理念和园林科技，借园博会契机，锻炼队伍、锻造品牌，大力增强徐州园林发展内在驱动力。通过奕山馆、吕梁阁、企业馆等各类场馆展示绿色建筑、超低能耗建筑、智慧建筑、装配式建筑等绿色科技前端运用，依托各展园全面展示国内外智慧城市、无废城市、韧性城市等建设发展最新成果，利用物联网、大数据、云计算、空间信息等新一代信息技术，全方位展现"互联网+"与现代园林相融合、人工智能主导运营的智慧园区系统，建立智慧管理、智慧养护和智慧服务等平台，展示科技与园林艺术融合、建造及运营智能化管理的智慧园林，推动低碳、创新、高效、智慧的园博新理念、新技术、新工艺、新装备进一步推广普及，进而带动徐州园林、建筑等行业"四新技术"的发展，延长园博园产业链，形成"四新"产业，打造和增强园博园后续运营核心竞争力。深入总结园博园"可持续、自维持、循环式、高效率、低成本"节约型园林生态工程技术，深化园林产业链一体化经营，提升从苗木种植、园林工程设计、工程施工到养护的完整业务结构，增强为客户提供一体化的综合园林绿化服务的能力。同时，通过举办江苏省"徐派园林杯"园林摄影大赛，编著出版《徐派园林导论》《徐风汉韵 徐派园林文化图典》等图书，在《园林》《Journal of Landscape Research》《风景园林》等国内外重要期刊发表研究论文，编制《黄淮海平原

采煤沉陷区生态修复技术标准》《采石宕口生态修复技术标准》《采煤塌陷地生态修复基础环境治理技术规范》3 部生态修复技术标准，并在人民日报、新华日报、中国建设报等媒体和徐州城市绿色发展国际论坛、中国风景园林学会年会等重大行业活动上多方位、多渠道向国内外宣传推广"徐派园林"，努力推动园林产业做大做强。

第 3 节　周谋功能转化——满眼生机转化钧

园博会闭幕后，徐州园博园将作为东南城市组团核心区，转化成为"生态＋产业＋文旅＋创新＋"基地。其中 50hm² 绿地永久保留，其他区域转型为国际暖温带植物园，园内场馆建筑作为建筑建造新技术展示基地，充分发挥综合馆产学研基地、儿童友好中心国际儿童友好交流基地、一云落雨国际新理念展示基地、运河文化廊餐饮美食基地、公共展园地方特色基地等，实行市场化运营管理，使其有机融入主城区、成为最美城市后花园，进一步彰显徐州生态转型的示范效应，打造绿色发展新样板。

1　科研教学新基地

将奕山馆（综合馆）按照自然博物馆标准要求改造成国际暖温带植物研究交流中心，引进中科院植物研究所、北京林业大学等知名院校，上海辰山植物园等国内外植物研究机构来此建立教学科研实践基地，广泛开展植物科学研究交流合作，倡导全社会关心植物、关注未来。同时，依托园博园各类场馆资源，围绕区域产业转型升级要求，以产教结合、校企合作为载体，在园博园北侧创建徐州市园博园中等专业学校，开展中等职业教育，加速培育园博园职业教育实习实训基地，为区域新业态发展培养培训中高级技能人才。

2　亲子研学目的地

依托运河文化廊徐州街、汉风研学营地，植入"汉文化主题研学课程"，打造全国人文生态型汉文化研学旅行营地，积极申报省级中小学研学教育基地。在此基础上，改造运河文化廊板块，融入徐州地方非遗手工产品，尝试在运河文化廊通过非遗手工产品与住宿、餐饮、文创产品的融合体现徐州汉文化特色，并开发徐州民俗、技艺等体验项目，构建以汉文化研学营地为主体、国风商业街为配套的汉文化旅游产品，以此实现园区由观光型景区逐步转化为休闲度假与文化体验相结合的多元景区（图 11.3.2-1）。依托儿童友好中心，以"儿童友好，让徐州更美好"为主题，创立淮海儿童友好发展中心，构建儿童科技空间、儿童体验空间、儿童主题空间、儿童实验空间，打造儿童友好示范基地，鼓励儿童发展兴趣爱好，保护儿童的好奇心，提高儿童的科学人文素养和认知探究能力，助推淮海经济区儿童友好事业的发展与创新。

图 11.3.2-1 汉文化亲子研学

3 主题婚庆博览园

展后园区考量产品运营及空间组织两大维度，叠加功能置换、建安成本、景观游览、交通可达、游线组织五项筛选因子，梳理未来适合运营转化的各类展园，通过景观微改造，打造室外婚拍、婚礼圣地。在各省展园特色风貌基础上，融入潮流婚拍婚礼理念，通过现代科技及装饰手法，展现园林与婚礼融合之美。整合倪园村、川上村等乡村自然风光资源，为游客制造一场追寻本真的"田野之约"。并以此为根基，形成婚庆产业链条，上游于运河文化廊中提供中式婚礼造景，下游于核心景观区、综合馆会议中心及宕口酒店中提供婚宴场所及蜜月酒店服务，同时与婚庆公司合作，完善婚庆服务业务。婚庆产业链构建可有效解决园区平日客流运营难题，平衡景区淡旺季差异，实现全年度高质量运营（图 11.3.3-1）。

图 11.3.3-1 一站式主题婚庆

图 11.3.4-1　会展、商务会议场地

4　会议会展集聚地

依托园博会主场馆，保留展览功能，着重更新汉文化主题内容。扩大其会议厅，提升举办大型会议的能力。综合馆会议中心联动研学、康养等板块，通过文化论坛、汉服游园会、汉文化旅游节等大型活动，在园博展会基础上，提升徐州汉文化影响力，吸引商务客群、专业文化客群等高净值客群，从而拉伸产品消费吸引力，最大限度释放游客消费潜力，提升游客客单价，有效保障园区运营收益（图 11.3.4-1）。

5　户外生态康养乐园

以运河文化廊、汉风研学营地、儿童友好中心三大核心产品为主力业态，依托园博园配套酒店，白天以园林景观、汉风民俗体验、悬水湖系列水上活动及马术俱乐部、健康跑、自行车爱好者营地、乡村采摘等丰富的户外体验产品，夜晚以特色民宿、房车营地、露天电影等形式，延长游客停留时间。户外运动同康养禅修配套相结合，打造徐州首席生态度假区（图 11.3.5-1）。

图 11.3.5-1　户外生态康养

6 四季"快哉"园

围绕春、夏、秋、冬四个季节，开展踏青游园、缤纷盛夏、秋韵盛景、灯会民俗四大主题特色活动。春季以踏青游园为主题，主要利用园区春色胜景开展汉服文化节、踏青游学、风筝节等活动，同时利用牡丹园开展牡丹花文化节活动，打造徐州东南片区踏青赏花目的地；夏季以缤纷盛夏为主题，引入当下新潮音乐节，在望山依泓大草地开启盛夏狂欢派对，并在悬水湖区域策划开展水上游乐活动、萤火虫之夜活动等，结合运河文化廊，开展夜游纳凉活动；秋季以秋韵盛景为主题，以节点性菊花展为特色，在园区开展金秋文化节活动，现场设有民俗文化演艺、汉风文化市集等互动项目，并以园区金秋美景、场馆建筑为背景开展摄影大赛、亲子研学、健康跑等活动；冬季以灯会民俗为主题，策划布置大型灯展、庙会等活动，打造淮海经济区节假日网红打卡地（图11.3.6-1）。

图 11.3.6-1 四季"快哉"园

第 12 章　缀玉联珠：星火燎原谋发展

园博会的成功承办，成为徐州"五位一体"高质量发展的重要突破口。园博会闭幕后，将从完善运营体制机制出发，整合成立新的园博园生态旅游度假区综合管理机构，按照市场化运作要求，精心谋划"后园博时代"大文章，规划做好改造提升、运行管理、养护开发、永续利用等工作，充分发挥园博园"深呼吸、慢生活"的核心竞争力，构建"园林 + 建筑 + 展示 + 旅游 +"的开发利用模式，打造生态旅游新地标，吸引四海宾朋来徐体验"醉绿醉氧醉风光"。同时，整合徐州城市东南片区各类资源要素进行一体化开发，串点成线，连片扩面，打造出以园博园助力乡村振兴和区域发展的"园博模式"，大力推动"市民下乡、能人回乡、企业兴乡"，努力实现"产业兴旺、生态宜居、乡风文明、治理有效、生活富裕"的目标，真正实现园博园"闭幕不落幕，精彩不散场"。

第 1 节　助力乡村振兴——美丽田园驻乡愁

园博园坐落于吕梁山风景区，是新城区、高铁商务区、空港经济开发区的接合部，现状产业仍以农业为主，园博园的建设和运营，将实现黄河故道、新城区、吕梁景区等有机衔接，极大地激活都市农业和文旅产业集聚、联动发展动力。

1　徐州东南蓄势飞

以园博园为支点，带动马集乡村游综合体、吕梁湖乡村游综合体、吕梁特色街、铜山特优产品展示及游客集散中心、圣人窝观光农业、上庄村改造等周边"园博村"建设，为徐州东南片区乡村腾飞发展添加驱动力。

1.1　"园博村"

园博园周边的川上村、倪园西村和抗山头村，紧扣园博园周边片区"城市生态宜居宜游后花园"定位，围绕山村风貌、自然肌理、山水田园进行环境提升，立足传统产业、特色饮食和民俗文化，发掘孔子观洪①、古井、古树、石碑等人文特色，系统推进规划建设、环境整治、产业布局和基层治

---

① 《论语·子罕篇》记：子在川上曰："逝者如斯夫！不舍昼夜。"孔子观吕梁洪发生于春秋时代，流布于今铜山区伊庄镇的吕梁、城头、倪园、卯山头、白云楼、上洪、下洪和张集镇邓楼、梁塘、董家、张家及徐庄镇的山黄、圣人窝等几十个村庄。唐代为了纪念圣人事迹，在吕梁圣人窝村的洞山西坡下建了一座孔庙。明朝嘉靖十四年（1535 年），吕梁分司主事张镗为祭祀圣人，命刻圣人画像，又在凤冠山上修建"川上书院""观道亭"等。许多地名如"悬水村""晒书山""圣人窝"等都是纪念孔子到吕梁观洪。

理，加快建成诗意田园、景区乐园、美好家园，完美体现山村风貌、农村底蕴、自然生态，实现园博园及周边建设协调融合发展（图 12.1.1-1~ 图 12.1.1-3）。

图 12.1.1-1　川上村

图 12.1.1-2　倪园西村

图 12.1.1-3　抗山头村

1.2　吕梁水街

吕梁水街位于倪园村村部东侧，占地 133 亩，主要包括步行街、浮雕广场、湿地景观、水榭连廊、亲水码头、清莲池、彭祖井、拴马桩、雕塑（漕运风云、孔子观洪）、廊桥、吕梁洪浮雕、碑文（疏凿吕梁洪记）、停车场（位）等。委托中青旅等专业商管团队负责水街商业规划统筹、运营策划、推广营销等，通过缤纷业态品牌组合，已招引 30 余家企业入驻，在增加周边村民就业的同时，实现了文旅企业和周边村（居）民的良性互动、经济效益和社会效益的"双赢"目标（图 12.1.1-4）。

图 12.1.1-4　吕梁水街

1.3　白塔湖康养小镇

白塔湖康养小镇又称山外田园牧歌健康小镇，位于吕梁山风景区白塔湖西侧，占地面积 200 亩，依靠自然生态环境，围绕"5+2"式度假生活方式，配以康养酒店、膳食管理中心、健康管理中心，满足健康、颐养、禅修、亲子、田园等功能型配套需求，提供成人健康管理照顾、青少年游学、老人田园康养等会员制服务，打造具备城市微度假功能的新都市健康度假小镇。

1.4　马集特色田园乡村

马集村位于吕梁山风景区东南部，西临吕梁湖，东靠大黑山，故黄河从旁经过。马集村在以"金太阳"牌金杏为主导，凯特杏、香杏，铃枣等干鲜杂果产业为主体的产品基础上，探索杏干、杏仁茶、金杏饮料等深加工产品，形成 3000 亩 15 万株的杏林，先后获评为"国家森林乡村""江苏休闲农业精品村""江苏省水美乡村"等，马集金杏也获评为国家地理标志产品，马集村成为远近闻名的"十里杏花村"。发挥"园博园+"效应，马集村清理公共空间腾出土地 168 亩，建设滨湖公园和游步道、亲水平台、沙滩、休闲草坪等游乐场所，开辟共享菜园，依托千亩杏树打造特色绿化景观，塑造独具特色的十里杏花村风貌，发展成春赏花、夏摘果、秋赏湖、冬探雪的集农业观光、休闲体验、特色文旅等功能为一体的综合性乡村旅游度假小镇。

1.5　吕梁梯田花海

吕梁梯田花海位于倪园村东北茅山上，占地约 100 亩，按四季种植花卉，品类近百种。梯田共分为五层，一层紧扣一层从茅山山脚下盘旋而上，形成一幅多姿多彩美丽画卷，成为园博园外的观景好去处（图 12.1.1-5）。

图 12.1.1-5　吕梁梯田花海

此外，围绕园博园，周边村镇借势加大招商引资力度、盘活现有资源，成功促成凤冠山国际旅游度假村（图12.1.1-6）、海棠湾度假村、茶旅小镇等项目的洽谈签约，成功举办吕梁油菜花节、马集杏花节、吕梁海棠赏花节、采摘节等节庆活动，积极开发出吕梁砚、吕梁百籽枕、吕梁红葡萄酒等具有当地特色的旅游商品。因为"园博"，徐州东南村镇已在乡村振兴的道路上阔步前行。

图 12.1.1-6　凤冠山国际旅游度假村

2　"三园合一"携手并肩享共赢

作为园博园可持续发展的重要策略，因势利导推动一批高能级主题功能区块的构建，促进徐州园博园、方特主题乐园和九顶山野生动物园三大核心景区"三园合一"，延长了徐州东南片区发展生命线，形成了区域联动、多园共生、相互引流、资源共享、共赢发展的产品体系（图12.1.2-1）。

方特主题乐园项目位于园博园东南约10km处，总面积78hm²，其中水上乐园面积11.53hm²，年游客接待量约为450万人。方特主题乐园是集展现华夏历史、现代科技、熊出没精华于一体的高科技、高品质乐园。其以展现"中国传统文化""现代科技发展"及"流行IP文化"为三大核心主题，以科技与场景还原为手段，以"一环四区"为整体规划结构框架，以"一轴多湖"景观结构为规划原则，建造了一个集

图 12.1.2-1　"三园合一"区位图

休闲娱乐、观光度假、科普教育等主题为一体的高端城市旅游目的地（图 12.1.2-2）。

　　九顶山野生动物园坐落在睢宁岚山镇，以山水资源环境为依托，打造沉浸式的野生动物园，开辟车行、步行、坐船看动物等多种参观模式，集动物观赏、互动体验、休闲观光、科普教育等于一体。项目一期占地 2700 多亩，繁养 106 种野生动物，每年接待游客 200 万人次，实现旅游收入 3 亿元以上。九顶山野生动物园主要分区景点有风云草场、亚洲森林、水鸟世界、王者部落、亲子水上乐园、桫椤秘林、侏罗纪漂流、熊猫乐园、猩球穿越、丛林奇遇、百鸟世界、精灵王国等，展示了来自世界各地的水鸟、草食性动物和食肉性动物，让游客仿佛置身画域世界，体验不一样的游览感觉（图 12.1.2-3）。

图 12.1.2-2　方特主题乐园效果图组图

图 12.1.2-3　睢宁九顶山野生动物园（陈祥春　摄）

3　一石激起千层浪

把"园博村"效应辐射到全市"美丽乡村"的建设中，引导全市农村开展国家级精品创建工程、省级品牌创建工程、城市整体推进工程等乡村休闲旅游业重点工程，全面推进国家级休闲农业示范县（市、区）建设、国家级美丽休闲乡村建设、特色宜居田园乡村建设、休闲农业和乡村旅游观光点（园）建设，着力构建"一圈、两带、三片、十线、百村、千点"的乡村休闲旅游农业发展格局："一圈"是环徐州主城区的都市农业和乡村休闲旅游农业核心圈；"两带"是故黄河大沙河沿线休闲农业和乡村旅游观光带，310国道沿线休闲农业和乡村旅游观光带；"三片"是微山湖区域休闲农业和乡村旅游观光片，骆马湖马陵山区域休闲农业和乡村旅游观光片，岠山区域休闲农业和乡村旅游观光片；"十线"是打造10条以上全国有一定知名度的休闲农业和乡村旅游精品线路，其中5县（市）和铜山区、贾汪区各打造一条"最美乡村休闲旅游观光路"；"百村"是打造100个以上在全省有一定美誉度的休闲美丽特色田园乡村；"千点"是打造1000个以上在全省有一定影响力的乡村休闲旅游农业观光点(园)。贾汪区为全国休闲农业和乡村旅游示范县（市）区，铜山区汉王镇汉王村、睢宁县姚集镇高党村、铜山区柳泉镇北村、贾汪区茱萸山街道磨石塘村入选全国乡村旅游重点村，铜山区单棠线入选中国公路学会"第二届全国美丽乡村路"名单；全域累计创建省级美丽宜居乡村800个、省市级特色田园乡村59个，省级水美乡村162个。在徐州东南片区乡村振兴的同时，"园博村"的品牌效应和引领示范将一举激活整个徐州市"美丽乡村"游的庞大市场，让乡村文旅、乡村振兴在徐州大地上蓬勃发展、遍地开花。

第2节　提升文旅品质——千秋文脉显芳华

本届园博会给徐州市民送来了永久留存的珍贵礼物、永放光芒的艺术瑰宝。闭园后，将结合园博园空间肌理，将地理特征、人文内涵、城市精神融入其中，大力发展文化创意、影视演艺、商务会展等新兴业态，构建以两汉文化为代表的城市文化标识体系，打造城市文化新品牌，并以文化人、以文聚力，让城市闪耀人文光辉，进一步展示文化自信，并推动徐州文旅资源的优化整合和品质提升，为培育新的经济增长点，促进"强富美高"新徐州建设作出贡献。

1　推动汉文化全域大发展

园博园以"徐风汉韵"为文化基底，让游客在园林之中体验到汉文化的独特美，吸引人们爱上汉文化、寻找汉文化、深度体验汉文化，持续打造"徐州汉文化热"的文旅氛围。伴随着"文化园博"带来的徐州汉文化的"热度"，徐州全域协同构建"两带一城两翼"三种汉文化场域的市域空间格局，满足人们对"汉文化"的需求。"两带"，即故黄河文化带和大运河文化带，高标准保护传承故黄河和大运河相关的汉文化遗产。"一城"，即老城区，依托历史文化轴线推动徐州汉文化传承创新，围绕中心城区营造文旅新场景，广布"国潮汉风"空间，激发内生活力。"两翼"，即西北丰沛翼和东南邳睢新翼，营造汉源文化场域，打造汉源文化城乡特色魅力区。

市区深化构建"一轴两核多点"的汉文化中心城区空间格局。"一轴"，即汉文化传承发展创新轴，整合徐州南北历史文脉轴，将其打造成徐州汉文化传承创新轴线。"两核"，即文博核心和文旅核心，文博核心包括徐州博物馆（含乾隆行宫、土山汉墓、采石场）、户部山历史文化街区、状元府历史文化街区、回龙窝历史地段所在区域；文旅核心位于三环北路以南，天齐南路以东，金马路以北和中山北路以西的区域。"多点"，即中心城区现有的、数量众多的存量空间，如汉画像石馆、龟山汉墓、狮子山楚王陵等，及未来新开发建设的文旅度假项目等增量空间，让汉文化为新城乡、新产业、新场景提供新动能。

借园博会承办之机，同步实施规划引领工程、汉文化发掘整理研究工程、汉文化传承发展重点工程、盘活汉文化存量工程、"国潮汉风"品牌打造工程、汉文化"八进"工程等汉文化传承发展工程，编制《汉文化传承和发展规划》，对徐州汉文化的发展战略进行顶层设计，形成"总体规划＋专项规划＋行动计划"的三级体系；组织具有全国影响的著名专家学者开展汉文化研讨，深入阐发汉文化精髓，加强考古出土资料、历史文化名人传略和汉文化作品集等汉文化典籍的整理出版工作，形成研究开发、保护传承、创新发展、传播交流等徐州汉文化发展体系；重点盘活汉墓、汉兵马俑、汉画像石"汉代三绝"，推进狮子山楚王陵创建国家考古遗址公园，建设汉文化主题博物馆（园）群，着力营造徐州汉文化文旅体验新场景；持续办好汉文化旅游节，深度开发汉服、汉宴、汉乐、汉舞等汉文化系列产品，建设汉服产业基地。积极打造"听汉歌、赏汉乐、观汉舞、穿汉服、吟汉赋、品汉宴"的沉浸体验活动；推动汉文化进校园、社区、景区、机关、企业、公共空间、交通节点、乡村建设，融入市民生产生活，让汉文化的魅力吸引群众、感染群众，推动汉文化自信落实到民心、扎根于民魂（图 12.2.1-1）。

图 12.2.1-1　汉文化沉浸体验活动

2　加快树立多元文化名片

一是打造红色文化名片。在徐州园博园，伟大的延安精神、长征精神、太行精神等红色革命精神，通过多种形式，被园林人融入园林景观。借力园博园对红色文化的弘扬，以淮海战役精神为核心，"把红色文化保护好、传承好、利用好"，认真实施淮海战役遗址遗存保护规划，完善提升各类红色纪念馆、展览馆、博物馆的展陈教育功能，发布精品红色旅游线路、红色景区和红色地图，以红色文化旅游景区为核心、以徐州发生的历史事件为切入点，推出一批特色红色文化旅游线路，把徐州打造成为全国知名的爱国主义教育基地和红色文化旅游目的地。

二是打造大运河文化名片。全面落实中央和江苏省关于弘扬大运河文化、建设大运河文化带和大运河国家文化公园的决策部署，将园博园运河文化廊与大运河徐州段文化旅游资源相融合，推进一批重大建设项目，加快推进窑湾古镇核心展示园、徐州文庙、权台煤矿创意园等沿大运河的景点景区、文化街区建设，把大运河文化带徐州段建成高品位的文化长廊、高颜值的生态长廊、高水平的旅游长廊。

三是打造彭祖文化名片。园博园徐州街"饣它汤""鱼羊鲜"等徐州特色美食把彭祖养生文化、健康文化、饮食文化等展示给游客，让海内外的人们认识彭祖，了解彭祖历史与文化。通过园博会分园址彭祖园景区和大彭镇"大彭氏国"主题景观和特色活动，全面提升彭祖在全国的知名度，全面将彭祖文化与大健康、文化产业的发展结合起来，进一步加强彭祖遗址遗存遗风发掘保护、研究整理和传承传播，把历史中的彭祖和传说中的彭祖有机结合，讲好彭祖故事，弘扬当代价值。以国家级非物质文化遗产代表性项目名录的"徐州伏羊食俗"为先导，继续做大做强伏羊节文化品牌，积极申报世界美食之都，进一步把彭祖的养生文化和餐饮文化推陈出新、发扬光大。

四是打造"非遗"文化名片。园博园徐州街融入徐州传统工艺、传统表演艺术、传统庙会和特色民俗风情等非物质文化遗产，与打造徐州"非遗园博"相呼应，协同加快户部山民俗博物馆提档升级，对徐州剪纸、徐州香包、邳州纸塑狮子头、丰县糖人贡、徐州泥塑、徐州面塑等一批民间工艺进行重点保护与展示；实施江苏柳琴戏、徐州梆子戏等传统戏剧，徐州唢呐等传统音乐，徐州琴书、坠子等传统曲艺，邳州跑竹马等传统舞蹈，沛县武术等传统体育、竞技类项目传承保护计划；继承和发扬徐州饮食文化，保持和丰富其传统特色，深入挖掘彭祖菜系、楚汉菜系，保护窑湾绿豆烧、丰县泥池酒、沛县沛公酒等徐州传统白酒酿造技艺和睢宁王集香肠等传统食品制作工艺；加强云龙山庙会、泰山庙会、子房山庙会等传统庙会的传承和管理，展现徐州民俗风情特色。

3　促进文旅空间布局优化和产品供给

从徐州旅游资源分布实际出发，以园博园及其分园址为基点，促进徐州旅游空间布局进一步优化为"一轴一核两带四板块"。分园址彭祖园、回龙窝、户部山等与快哉亭、徐州博物馆、黄楼公园等传统景区串联成"一轴"，即黉学巷 – 彭城路 – 彭城路步行街 – 彭城南路 – 云东一道街 – 泰山路为南北历史文化轴线。遍布市区的泉润公园、五山公园、辛山公园等分园址全面融入老城区，形成"一核"，即集文化体验、休闲观光、融媒传播、餐饮美食、体育健康、城市休憩、文旅集散等功能于一体的核心区。园博园、方特主题乐园、九顶山野生动物园协同圣人窝、吕梁洪等徐州东南片区景点通过大运河和故黄河，连通微山湖、房湾湿地公园、骆马湖、楚河、娇山湖公园、无名山公园等沿线景区，形成"两带"，即大运河文化旅游带和故黄河休闲旅游带。"园博 +"文化品牌效应和辐射带动效应，也将促进邳新睢、丰沛、铜山、贾汪"四板块"文旅大发展，邳新睢板块重点发展历史文化、红色文化和生态休闲旅游观光；丰沛板块重点发展两汉文化、乡村文化、生态休闲旅游；铜山板块重点发展以园博园、方特主题乐园、汉王乡村休闲度假和吕梁休闲度假区为主题的休闲度假旅游；贾汪板块重点提升国家全域旅游示范区整体水平，成为具有较强示范带动效应的全域旅游和乡村文化旅游样板（图 12.2.3-1）。

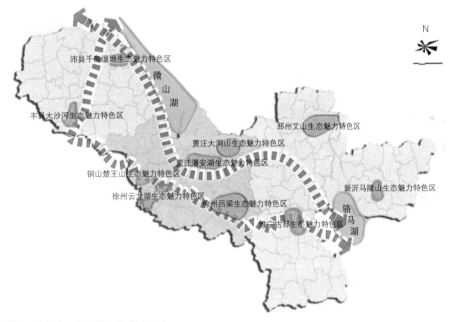

图 12.2.3-1　全域旅游模式示意图

借助园博园及其分园址加之"园博 +"效应，推进传统旅游产品提档升级，形成旅游新产品，并利用城市绿廊促进旅游线路提档升级，形成"绿廊—旅游线路"模式，依托吕梁山、潘安湖、微山湖、骆马湖、故黄河、大运河等山水河湖资源，规划建设一批省级及以上旅游度假区和休闲游、体验游、民宿等新兴旅游产品，重点打造两汉文化、大运河文化、红色文化和乡村文化四条旅游线路，集中力量抓好"大运河文化廊""南北历史文脉传承轴"等具有全局性和带动性的重大文旅项目，徐州大剧院、海洋极地世界、淮海战役纪念馆提升改造工程等重点文旅项目，以打造出更多、更优、更系统全面的旅游产品，带动区域经济蓬勃发展（图 12.2.3-2）。

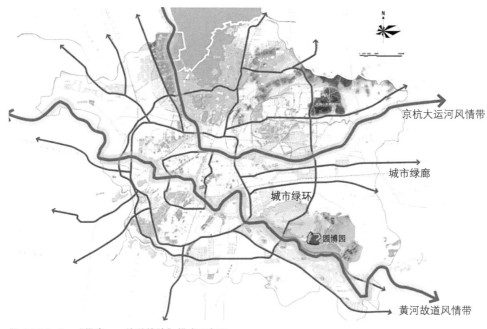

图 12.2.3-2　"绿廊——旅游线路"模式示意图

"园博"品牌与"国潮汉风"产品有机融合，以园博会吉祥物"徐徐""州州"为发起点，推动文化、旅游及相关产业融合发展，衍生新业态，拓宽产业面，拉长产业链，构建现代文旅产业体系。从产品研发设计、产业园区建设、骨干企业培育和展示体验营销等方面全面发力，打造一批"汉风园博"系列产品，形成基于"园博+"效应的徐州特色文旅产业。充分发挥汉文化的资源禀赋和特色优势，建立汉服、汉宴、汉演、汉锦鲤和"园博"结合的徐州特色伴手礼文创产业平台和汉文化研学基地。把汉服作为重要的文旅产业项目来抓，依托园博园场馆，办好汉服嘉年华和汉服产业博览会，努力形成上中下游衔接配套的全产业链条。从而，推动文化旅游、演艺娱乐、节庆会展、工艺美术、文博展销五大特色文旅产业高质量发展，实现品质、品牌双跃升，成为文化产业提质、增效和升级的领头羊。

4　推动淮海经济区文旅协同发展

打造淮海经济区中心城市、引领淮海经济区文旅协同发展是淮海经济区协同发展重要的一环。

一是发挥"园博平台"基础功能。搭建区域文旅行业联盟，推进"相互补充、相互支撑"的协同发展体制机制建设；打造区域文旅营销推介体系，实施整体营销推介，突出节庆活动营销推介，突出宣传推介的广度深度。创新智慧旅游服务体系，建立区域文旅信息交流平台，拓展智慧旅游发展领域，提升景区信息化水平。

二是整合开发文旅产品和文旅线路。用"文化园博"串联淮海经济区文旅资源，依托淮海经济区 10 市的红色文旅资源打造红色文旅；以徐州为枢纽，整合宿迁、商丘、济宁、宿州和菏泽等市的汉文化资源，打造两汉文旅；以京杭大运河和隋唐大运河济宁、枣庄、徐州、淮北宿州段为主体，打造大运河文旅。

三是推进区域文旅发展一体化基础配套。借助园博园庞大的场馆设施，打造区域合作文旅的交流平台和产业基地，协同推进区域文旅发展一体化，建设区域文旅集散中心，创建无障碍旅游区，完善旅游交通标识体系，完善公共交通集输运体系，逐步实现淮海经济区各市市民同城化待遇。加强文旅政策平衡对接，增加财政投入，平衡激励政策，积极发展政策性文旅。

放眼淮海经济区，"园博＋"效应将联动"大运河文化带"和"故黄河文化生态带"，形成"两高一极""两带两轴"的文旅融合发展新格局。即徐州、济宁两个文旅融合发展高地，连云港文旅融合发展特色增长极"一极"，沿东陇海线现代创意与设计产业融合发展轴、京杭大运河文化旅游与创意设计产业融合发展轴"两轴"以及故黄河文化旅游与生态休闲产业带、隋唐古运河文化旅游与创意农业产业带"两带"。同时，利用文化旅游涉及面广、带动性强、开放度高、综合功能强的特点，"园博＋"将放大"一业兴百业旺"的乘数效应，加快文旅全区域、全要素、全产业发展，形成全域共建、全域共融、全域共享的新型旅游发展格局，使文化旅游成为淮海经济区"五位一体"高质量发展的重要引擎。

附

录

第十三届中国（徐州）国际园林博览会组委会文件

徐园博组发〔2022〕1 号

关于第十三届中国（徐州）国际园林博览会
展园竞赛结果的通报

各参展城市、单位：

由住房和城乡建设部、江苏省人民政府共同主办，徐州市人民政府、江苏省住房和城乡建设厅承办的十三届中国（徐州）国际园林博览会（以下简称园博会），在各参展城市、单位和个人的共同努力下，顺利完成了各项展会任务，呈现了一届简约、精彩的园博盛会。本届园博会以习近平新时代中国特色社会主义思想为指导，紧紧围绕"绿色城市·美好生活"主题，深入践行"全城园博、百姓园博"理念，综合展示国内外城市建设和城市发展新理念、新技术、新成果，在展园建设、展陈形式等方

— 1 —

面作了积极探索和创新，受到社会各界广泛关注和认可。

为充分调动园博会参展各方积极性，提高园博会展览展示水平，提升规划设计、建设管理、科技创新能力，推广城市建设和发展中的新理念、新技术、新工艺和新成果，园博会组委会组织开展了展园竞赛，共57个展园（展项）和160个相关单位参加了竞赛。经组委会组织专家评审，现将室外展园综合竞赛、室外展园专项竞赛、园博会创新项目结果予以公布。希望各参展城市、单位深入贯彻落实党的二十大精神，完整、准确、全面贯彻新发展理念，坚持"人民城市人民建，人民城市为人民"，在推进城市高质量发展，打造宜居、韧性、智慧城市建设中作出更大的贡献。

附件：1. 第十三届中国（徐州）国际园林博览会展园竞赛结果

2. 第十三届中国（徐州）国际园林博览会展园竞赛相关单位名单

第十三届中国（徐州）国际园林博览会组委会
2022年12月8日

— 2 —

附件1

第十三届中国（徐州）国际园林博览会
展园竞赛结果

（按评分从高到低排名）

一、室外展园综合竞赛

（一）特别贡献展园（1个）

滑趣园

（二）最佳展园（14个）

上海园、杭州园、徐州园、重庆园、深圳园、贵阳园、北京园、湖南园、长沙、湖北园、武汉、河南园、福阳园、厦门、江苏园、苏州、广西园、南宁、浙江园、温州、岩秀园

（三）优秀展园（28个）

广东园、深圳、山西园、太原、江苏园、徐州园、宁夏园、银川、河南园、郑州、广东园、广州、青海园、西宁、河北园、石家庄、陕西园、西安、甘肃园、兰州、内蒙古园、鄂尔多斯、黑龙江园、黑河、山东园、烟台、四川园、成都、安徽园、合肥、西藏园、拉萨、杜万园、香港园、吉林园、长春、澳门园、大津园、

— 3 —

四川园、泸州、辽宁园、沈阳、海南园、海口

二、室外展园设计专项竞赛

（一）最佳设计展园（12个）

浙江园、杭州、上海园、广东园、深圳、徐州、上合组织友好园、浙江园、温州、徐州园、重庆园、河南园、福阳、湖北园、武汉、江苏园、苏州、湖南园、长沙、贵州园、贵阳、岩秀园

（二）优秀设计展园（18个）

广东园、广州、北京园、云南园、昆明/玉溪、滑趣园、儿童乐园、新疆园、壹屯、河南园、郑州、江西园、南昌、山西园、太原、河北园、石家庄、江苏园、徐州园、四川园、内蒙古园、鄂尔多斯、海南园、海口、福建园、厦门、黑龙江园、黑河、广西园、南宁

三、室外展园施工专项竞赛

（一）最佳施工展园（12个）

浙江园、杭州、上海园、北京园、湖北园、武汉、贵州园/安顺、新疆园、壹屯、岩秀园、江苏园、苏州、滑趣园、湖南园、长沙、河南园、福阳

（二）优秀施工展园（18个）

浙江园、温州、上海园、江苏园、徐州、宁夏园、银川、广东园、深圳、广西园、南宁、山西园、太原、河北园、石家庄、江西园、南昌、徐州、上合组织友好园、云南园、昆明/玉溪、蒙山坡谷园、广东园、广州、新疆园、壹屯、陕西园、西

— 4 —

安、河南园、郑州、黑龙江园、黑河、青海园、西宁

四、室外展园植物配置专项竞赛

（一）最佳植物配置展园（12个）

浙江园、杭州、上海园、武汉、广东园、深圳、贵州园、贵阳/安顺、河南园、洛阳、重庆园、湖南园、长沙、浙江园、温州、岩秀园、福建园、厦门、滑趣园

（二）优秀植物配置展园（16个）

北京园、徐州园、广西园、南宁、徐州、上合组织友好园、山西园、太原、江苏园、苏州、江苏园、徐州、青海园、西宁、河南园、郑州、广东园、广州、江西园、福阳、宁夏园、银川、内蒙古园、鄂尔多斯、甘肃园、美国摩根校园、杜万园

五、室外展园建筑小品专项竞赛

（一）最佳建筑小品展园（12个）

浙江园、杭州、上海园、滑趣园、徐州园、岩秀园、贵州园、贵阳/安顺、新疆园、壹屯、徐州、上合组织友好园、湖南园、长沙、武汉、湖北园、重庆园

（二）优秀建筑小品展园（18个）

河南园、洛阳、江苏园、苏州、福阳、温州、广东园、深圳、南宁、青海园、西宁、山西园、太原、吉林园、长春、黑龙江园、黑河、河南园、郑州、德国城尔福格特&克雷斯费尔德区、河北园、石家庄、四川园、成都、四川园、泸州、儿童乐园

— 5 —

六、室外展园室内布展专项竞赛
(一)最佳室内布展展园(12个)
浙江园·温州,浙江园·杭州,贵州园·贵阳/安顺,新疆园·景宅,西藏园·拉萨,河北园·石家庄,徐州·工合职权友好园,吉林园·长春,上海园,江苏园·苏州,河南园·郑州,河南园·洛阳

(二)优秀室内布展展园(12个)
内蒙古园·鄂尔多斯,青海园,宁夏园·银川,三西园·南昌,福建园·厦门,四川园·长沙,青海园·西宁,安徽园·合肥,广西园·南宁,广东园·深圳,徐州园

七、园博会创新项目
(一)最佳园博会创新项目(11个)
上海园,徐州·有秀园,广东园·深圳,徐州·工合相权友好园,云南园·昆明/玉溪,贵州园·杭州,重庆园,湖南园·长沙,内蒙古园,鄂尔多斯园,贵州园·贵阳/安顺

(二)优秀园博会创新项目(10个)
宁夏园·银川,广花园·南宁,河南园·洛阳,浙江园·温州,津建园,福建园·厦门,湖北园·武汉,儿童乐园,共享展览园,霞山纸托园

附件2

第十三届中国(徐州)国际园林博览会
展园竞赛相关单位名单

一、中华城市展园
(一)北京园
建设单位:北京市园林绿化局
设计单位:北京山水心源景观设计院暨曲成刚工作室
施工单位:北京金都园林绿化责任有限公司
监理单位:北京兰馨工程咨询有限公司
(二)天津园
建设单位:天津市城市管理委员会
天津市园林市政建设有限公司
设计单位:天津市园林规划设计研究总院有限公司
施工单位:天津市绿化有限公司
监理单位:天津市园林建设工程监理有限公司
(三)河北园·石家庄
建设单位:石家庄市园林局
设计单位:易景(河北)环境工程设计有限公司
施工单位:河北大丰景观有限公司
监理单位:石家庄新世纪建设监理有限公司

(四)山西园·太原
建设单位:太原市园林局
设计单位:太原市园林建筑设计研究院
施工单位:太原市康桥园林绿化工程有限公司
监理单位:太原市园林建设监理中心
(五)内蒙古园·鄂尔多斯
建设单位:鄂尔多斯市住房和城乡建设局
设计单位:北京中创新景园林设计有限责任公司
施工单位:内蒙古豫川园林绿化工程有限公司
监理单位:永州项目管理有限公司康巴什分公司
(六)辽宁园·沈阳
建设单位:沈阳市城市管理行政执法局
设计单位:沈阳市园林规划设计院
施工单位:沈阳市绿化园建集团有限公司
监理单位:辽宁华程工程管理有限公司
(七)吉林园·长春
建设单位:长春园林管理中心
设计单位:长春市园林规划设计研究院有限公司
施工单位:长春城投绿化(集团)有限公司
监理单位:长春园园工程管理有限公司
(八)黑龙江园·黑河
建设单位:黑河市城市管理综合执法局

设计单位:上海华汇工程设计集团股份有限公司
施工单位:绍兴市第一园林工程有限公司
监理单位:徐州天元项目管理有限公司
(九)上海园
建设单位:上海市绿化和市容管理局
上海市绿化管理指导站
设计单位:上海市园林设计研究总院有限公司
施工单位:上海园林绿化建设有限公司
监理单位:上海园鼎园林建设监理有限公司
(十)江苏园·扬州
建设单位:扬州市住房和城乡建设局
扬州市城市绿化养护管理处
施工单位:扬州市绿化工程建设有限责任公司
监理单位:扬州市建卫工程建设监理有限责任公司
(十一)江苏园·苏州
建设单位:苏州市园林和绿化管理局
设计单位:苏州市园林设计院有限公司
施工单位:苏州园林股份发展有限公司
监理单位:苏州建发工程建设咨询有限公司
(十二)浙江园·杭州
建设单位:杭州市园林文物局

杭州西湖风景名胜区管理委员会(花港管理处)
设计单位:浙江理工大学
杭州市园林绿化股份有限公司
施工单位:杭州市园林绿化股份有限公司
监理单位:浙江盛华工程建设监理有限公司
(十三)浙江园·温州
建设单位:温州市综合行政执法局
设计单位:中国美术学院风景建筑设计研究总院有限公司
施工单位:瑞园园林绿化有限公司
监理单位:江苏伟业设计管理有限公司
(十四)安徽园·合肥
建设单位:合肥市林业和园林局
设计单位:安徽省城建设计研究总院股份有限公司
施工单位:安徽鑫磊园林建设有限公司
监理单位:徐州天元项目管理有限公司
(十五)福建园·厦门
建设单位:厦门市市政园林局
厦门园林博览苑
设计单位:厦门市政园林建设工程有限公司
施工单位:厦门陶然景观工程有限公司
监理单位:厦门兴闽工程管理股份有限公司
(十六)江西园·南昌

建设单位:南昌市园林绿化服务中心
设计单位:华汇设计集团股份有限公司
施工单位:滁城市亚环境建设集团有限公司
监理单位:江苏运玛项目管理有限公司
(十七)山东园·烟台
建设单位:烟台市园林建设养护中心
设计单位:烟台市风景园林规划设计院
施工单位:烟台市园林绿化工程公司
监理单位:山东新世纪工程项目管理咨询有限公司
(十八)河南园·洛阳
建设单位:洛阳市城市管理局
设计单位:洛阳古建园林设计院有限公司
施工单位:洛阳德阳装饰工程有限公司
监理单位:河南路星工程管理有限公司
(十九)河南园·郑州
建设单位:郑州市园林局
设计单位:中衍郑州工程设计研究院有限公司
施工单位:河南城乡园林艺术工程有限公司
监理单位:河南民博工程管理有限公司
(二十)湖北园·武汉
建设单位:武汉市园林和林业局

设计单位:武汉市园林建筑规划设计研究院有限公司
施工单位:武汉市园林建筑工程有限公司
监理单位:武汉新和建设项目管理有限公司
(二十一)湖南园·长沙
建设单位:长沙市城市管理和行政执法局
设计单位:湖南省建筑设计集团股份有限公司
施工单位:湖南省园林设计集团股份有限公司
(二十二)广东园·广州
建设单位:广州市林业和园林局
设计单位:广州园林建筑规划设计研究总院有限公司
施工单位:广州市园林建设有限公司
监理单位:广州市翠峰工程管理有限公司
(二十三)广东园·深圳
建设单位:深圳市城市管理综合执法局
深圳市绿化管理处
设计单位:深圳市源景景观设计咨询有限公司
施工单位:虹越花卉股份有限公司
(二十四)广西园·南宁
建设单位:南宁市园林和绿化管理局
南宁市人民公园
设计单位:南宁市古今园林规划设计院有限公司

施工单位:广西泰霖园林工程有限公司
广西景际园林投资有限公司
监理单位:广西盟基建设工程咨询有限公司
(二十五)海南园·海口
建设单位:海口市园林和环境卫生工业管理局
设计单位:海口基合园景观规划设计有限公司
施工单位:海南奇杉景观工程有限公司
监理单位:徐州天元项目管理有限公司
(二十六)重庆园
建设单位:重庆市城市管理局
重庆市南山植物园管理处
设计单位:重庆市风景园林规划研究院
施工单位:重庆市花木有限公司
监理单位:重庆工程建设监理有限公司
(二十七)四川园·成都
建设单位:成都市城市园林管理局
成都市公园城市建设管理事务中心
设计单位:成都市园林景观规划设计院
施工单位:江苏建筑工程有限公司
监理单位:四川光耀工程建设项目管理有限公司
(二十八)四川园·泸州
建设单位:泸州市园林局

设计单位:泸州风景园林绿化有限责任公司
施工单位:泸州风景园林绿化有限责任公司
监理单位:四川元易工程技术有限公司
(二十九)贵州园·安顺
建设单位:贵阳市综合行政执法局
安顺市住房城乡建设局
贵阳市园林绿化中心
设计单位:贵阳市城乡规划设计研究院
施工单位:贵阳华园林绿化有限公司
监理单位:四川恒鑫工程管理咨询有限公司
(三十)云南园·昆明/玉溪
建设单位:昆明市城市管理局
玉溪市城市管理局
设计单位:云南省规划设计研究院有限公司
玉溪市规划设计有限公司
施工单位:云南永路林绿化工程有限公司
玉溪市规划设计研究院有限公司
监理单位:云南盛烁工程项目管理有限公司
(三十一)西藏园·拉萨
建设单位:徐州新藏园开发建设发展有限公司
设计单位:dEEP Architects 西藏堂皓文化传播有限公司
施工单位:江苏九州生态科技股份有限公司

监理单位:徐州天元项目管理有限公司
(三十二)陕西园·西安
建设单位:西安市城市管理和综合执法局
  西安城市基础设施建设投资集团有限公司
设计单位:西安市园林生态集团有限公司
施工单位:西安市园林生态集团有限公司
监理单位:西安旅游建设项目管理有限公司
(三十三)甘肃园·兰州
建设单位:兰州市林业局
设计单位:甘肃普天建筑园林工程设计有限公司
施工单位:甘肃新科建设环境集团有限公司
监理单位:徐州天元项目管理有限公司
(三十四)青海园·西宁
建设单位:西宁园博园西堡森林公园建设管理委员会
设计单位:西宁市园林规划设计院
施工单位:河北俊景智达园林雕塑工程有限公司
监理单位:河南汉博工程管理有限公司
(三十五)宁夏园·银川
建设单位:银川市园林管理局
设计单位:宁夏华林创园工程设计有限公司
施工单位:宁夏新润园绿化工程有限公司
监理单位:徐州天元项目管理有限公司

(三十六)新疆园·奎屯
建设单位:奎屯市住房和城乡建设局
  徐州市援疆(奎屯市)工作组
  徐州新盛园博园建设发展有限公司
设计单位:乌鲁木齐市园林科学研究院有限责任公司
  新疆北疆建筑规划设计研究院(有限责任公司)
  新疆安达实文物保护工程有限公司
施工单位:江苏九州生态科技股份有限公司
监理单位:徐州天元项目管理有限公司
(三十七)香港园
建设单位:徐州新盛园博园建设发展有限公司
设计单位:香港特别行政区政府康乐及文化事务署
  深圳翯道风景园林与城市规划设计有限公司
施工单位:江苏九州生态科技股份有限公司
监理单位:徐州天元项目管理有限公司
(三十八)澳门园
建设单位:徐州新盛园博园建设发展有限公司
设计单位:深圳翯道风景园林与城市规划设计院有限公司
施工单位:江苏九州生态科技股份有限公司
监理单位:徐州天元项目管理有限公司
(三十九)台湾园
建设单位:徐州新盛园博园建设发展有限公司

设计单位:上海骏纬建筑规划设计研究院股份有限公司
施工单位:江苏九州生态股份有限公司
监理单位:徐州天元项目管理有限公司
二、国际展园
(一)国际—上合组织友好园
建设单位:徐州新盛园博园建设发展有限公司
设计单位:上海市园林科学规划设计院张准劳横工作室
施工单位:上海上房园艺有限公司
监理单位:徐州天元项目管理有限公司
(二)法国圣臧菲安园
建设单位:徐州新盛园博园建设发展有限公司
设计单位:北京中外建建筑设计有限公司
施工单位:江苏九州生态科技股份有限公司
监理单位:徐州天元项目管理有限公司
(三)澳地利雷跃本园
建设单位:徐州新盛园博园建设发展有限公司
设计单位:北京中外建建筑设计有限公司
施工单位:江苏九州生态科技股份有限公司
监理单位:徐州天元项目管理有限公司
(四)俄罗斯装莫园
建设单位:徐州新盛园博园建设发展有限公司
设计单位:北京中外建建筑设计有限公司

施工单位:江苏九州生态科技股份有限公司
监理单位:徐州天元项目管理有限公司
(五)韩国异邑园
建设单位:徐州新盛园博园建设发展有限公司
设计单位:北京中外建建筑设计有限公司
施工单位:江苏九州生态股份有限公司
监理单位:徐州天元项目管理有限公司
(六)德国埃尔福特&克德弗尔特园
建设单位:徐州新盛园博园建设发展有限公司
设计单位:北京中外建建筑设计有限公司
施工单位:江苏九州生态股份有限公司
监理单位:徐州天元项目管理有限公司
(七)美国摩根园
建设单位:徐州新盛园博园建设发展有限公司
设计单位:北京中外建建筑设计有限公司
施工单位:江苏九州生态科技股份有限公司
监理单位:徐州天元项目管理有限公司
(八)芬兰拉彭兰塔园
建设单位:徐州新盛园博园建设发展有限公司
设计单位:北京中外建建筑设计有限公司
施工单位:江苏九州生态科技股份有限公司

(九)阿根廷萨尔塔园
建设单位:徐州新盛园博园建设发展有限公司
设计单位:北京中外建建筑设计有限公司
施工单位:江苏九州生态科技股份有限公司
监理单位:徐州天元项目管理有限公司
(十)日本平田园
建设单位:徐州新盛园博园建设发展有限公司
设计单位:北京中外建建筑设计有限公司
施工单位:江苏九州生态科技股份有限公司
监理单位:徐州天元项目管理有限公司
三、大师园
(一)清雅园
建设单位:徐州新盛园博园建设发展有限公司
设计单位:深圳翯道风景园林与城市规划设计院有限公司
  苏州园林设计院有限公司
施工单位:中建三局集团有限公司
监理单位:徐州天元项目管理有限公司
(二)徐州园
建设单位:徐州新盛园博园建设发展有限公司
设计单位:深圳翯道风景园林与城市规划设计院有限公司
  苏州园林设计院有限公司
施工单位:中建三局集团有限公司

监理单位:徐州天元项目管理有限公司
四、公共展园
(一)君秀园
建设单位:徐州新盛园博园建设发展有限公司
设计单位:深圳翯道风景园林与城市规划设计有限公司
  苏州园林设计院有限公司
施工单位:中建三局集团有限公司
监理单位:徐州天元项目管理有限公司
(二)杜月园
建设单位:徐州新盛园博园建设发展有限公司
设计单位:深圳翯道风景园林与城市规划设计院有限公司
  苏州园林设计院有限公司
施工单位:中建三局集团有限公司
监理单位:徐州天元项目管理有限公司
(三)望山依泓园
建设单位:徐州新盛园博园建设发展有限公司
设计单位:深圳翯道风景园林与城市规划设计院有限公司
  苏州园林设计院有限公司
施工单位:中建三局集团有限公司
监理单位:徐州天元项目管理有限公司
(四)守望园
建设单位:徐州新盛园博园建设发展有限公司

设计单位:苏州园林设计院有限公司
施工单位:中建三局集团有限公司
监理单位:徐州天元项目管理有限公司
(五)共享蔬菜园
建设单位:徐州新盛园博园建设发展有限公司
设计单位:深圳翯道风景园林与城市规划设计院有限公司
  苏州园林设计院有限公司
施工单位:中建三局集团有限公司
监理单位:徐州天元项目管理有限公司
(六)儿童乐园
建设单位:徐州新盛园博园建设发展有限公司
设计单位:深圳翯道风景园林与城市规划设计院有限公司
  苏州园林设计院有限公司
施工单位:中建三局集团有限公司
监理单位:徐州天元项目管理有限公司

第十二届中国(徐州)国际园林博览会组委会办公室　2022年12月8日印发

附录二 住房和城乡建设部关于表扬第十三届中国(徐州)表现突出城市、单位和个人的通报

住房和城乡建设部文件

建城〔2022〕83 号

住房和城乡建设部关于表扬第十三届中国(徐州)国际园林博览会表现突出城市、单位和个人的通报

各省、自治区住房和城乡建设厅,北京市园林绿化局、上海市绿化市容局、天津市城市管理委、重庆市城市管理局,新疆生产建设兵团住房和城乡建设局:

由住房和城乡建设部、江苏省人民政府共同主办,徐州市人民政府、江苏省住房和城乡建设厅承办的第十三届中国(徐州)国际园林博览会(以下简称园博会),在各参展城市、单位和个人的共同努力下,顺利完成了各项展会任务。本届园博会以习近平新时代中国特色社会主义思想为指导,紧紧围绕"绿色城市·

— 1 —

美好生活"主题,深入践行"全城园博、百姓园博"理念,综合展示国内外城市建设和城市发展新理念、新技术、新成果,是一届简约、精彩的园博盛会,受到社会各界广泛关注和认可。

为鼓励先进、推进工作,现决定对在本届园博会筹备和举办过程中表现突出的 39 个城市、222 个相关单位和 305 名个人予以表扬。希望受到表扬的城市、单位和个人深入贯彻落实党的二十大精神,完整、准确、全面贯彻新发展理念,坚持"人民城市人民建、人民城市为人民",在推进城市高质量发展,打造宜居、韧性、智慧城市建设中作出更大的贡献。

附件:1. 第十三届中国(徐州)国际园林博览会表现突出城市名单

2. 第十三届中国(徐州)国际园林博览会表现突出单位名单

3. 第十三届中国(徐州)国际园林博览会表现突出个人名单

2022 年 12 月 30 日

(此件主动公开)

— 2 —

附件 1

第十三届中国(徐州)国际园林博览会表现突出城市名单

1. 北京市人民政府
2. 天津市人民政府
3. 石家庄市人民政府
4. 太原市人民政府
5. 鄂尔多斯市人民政府
6. 沈阳市人民政府
7. 长春市人民政府
8. 冀河市人民政府
9. 上海市人民政府
10. 徐州市人民政府
11. 扬州市人民政府
12. 苏州市人民政府
13. 杭州市人民政府
14. 温州市人民政府
15. 合肥市人民政府
16. 厦门市人民政府

17. 南昌市人民政府
18. 烟台市人民政府
19. 洛阳市人民政府
20. 郑州市人民政府
21. 武汉市人民政府
22. 长沙市人民政府
23. 广州市人民政府
24. 深圳市人民政府
25. 南宁市人民政府
26. 海口市人民政府
27. 重庆市人民政府
28. 成都市人民政府
29. 泸州市人民政府
30. 贵阳市人民政府
31. 安顺市人民政府
32. 昆明市人民政府
33. 玉溪市人民政府
34. 拉萨市人民政府
35. 西安市人民政府
36. 兰州市人民政府
37. 西宁市人民政府

38. 银川市人民政府
39. 童屯市人民政府

— 3 — — 4 — — 5 —

第十三届中国（徐州）国际园林博览会
表现突出单位名单

一、北京市（4个）
1. 北京市园林绿化局城镇绿化处
2. 北京山水心源景观设计院有限公司
3. 北京金都园林绿化有限责任公司
4. 北京兰桂工程咨询有限公司

二、天津市（6个）
5. 天津市城市管理委员会
6. 天津市财政局
7. 天津市园林开发建设有限公司
8. 天津市园林规划设计研究院有限公司
9. 天津市园林建设监理中心
10. 天津市绿化工程有限公司

三、河北省（5个）
11. 河北省住房和城乡建设厅
12. 石家庄市园林局
13. 石家庄市植物园

14. 石家庄市广场管护中心
15. 石家庄市园林规划设计研究院有限公司

四、山西省（6个）
16. 山西省住房和城乡建设厅城市建设处
17. 太原市园林局
18. 太原市公园服务中心
19. 太原市园林建设设计研究院
20. 太原市园林建设监理中心
21. 太原市康泰园林绿化工程有限公司

五、内蒙古自治区（6个）
22. 内蒙古自治区住房和城乡建设厅城市建设处
23. 鄂尔多斯市住房和城乡建设局
24. 鄂尔多斯市城乡人居环境发展促进中心
25. 北京创都景观园林设计有限责任公司
26. 内蒙古康巴什园林绿化景观有限公司
27. 华咨项目管理有限公司康巴什分公司

六、辽宁省（6个）
28. 辽宁省住房和城乡建设厅
29. 沈阳市城市管理综合行政执法局
30. 沈阳市城市管理综合执法局园林处
31. 沈阳市绿化造园建设集团有限公司

32. 沈阳市园林规划设计院
33. 沈阳市政公用工程监理有限公司

七、吉林省（5个）
34. 吉林省住房和城乡建设厅
35. 长春市林业和园林局
36. 长春市绿化管理中心
37. 长春市园林规划设计研究院有限公司
38. 长春投城城建（集团）有限公司

八、黑龙江省（6个）
39. 黑龙江省住房和城乡建设厅城镇管理监督处
40. 黑河市城市管理综合执法局
41. 黑河市自然资源局
42. 徐州元光项目管理有限公司
43. 华汇工程设计集团股份有限公司
44. 绍兴第一园林工程有限公司

九、上海市（5个）
45. 上海市绿化管理指导站
46. 上海市园林设计研究院有限公司
47. 上海市园林绿化建设有限公司
48. 上海园鼎园林建设监理有限公司
49. 上海沪港建设咨询有限公司

十、浙江省（11个）
50. 浙江省住房和城乡建设厅城市建设处
51. 杭州市园林文物局
52. 杭州西湖风景名胜区管理委员会
53. 杭州市园林绿化发展中心
54. 杭州西湖风景名胜区花港管理处
55. 杭州市园林绿化股份有限公司
56. 温州市综合行政执法局
57. 温州市景山森林公园管理中心
58. 温州市园林绿化管理中心
59. 中国美术学院风景建筑设计总院有限公司
60. 温州三合文化传播有限公司

十一、安徽省（3个）
61. 安徽省住房和城乡建设厅城市建设处
62. 合肥市林业和园林局
63. 安徽省城建设计研究总院股份有限公司

十二、福建省（4个）
64. 福建省住房和城乡建设厅
65. 厦门园林博览苑
66. 厦门具山市政园林工程有限公司
67. 厦门欣陶然景观工程有限公司

十三、江西省（4个）
68. 江西省住房和城乡建设厅城市建设处
69. 南昌市城市管理和综合执法局
70. 南昌市园林绿化服务中心
71. 洪城市政环建建设集团有限公司

十四、山东省（6个）
72. 山东省住房和城乡建设厅
73. 烟台市城市管理局
74. 烟台市园林建设养护中心
75. 烟台市综合行政执法局
76. 莱阳市综合行政执法局
77. 莱州市住房和城乡管理局

十五、河南省（9个）
78. 河南省住房和城乡建设厅城市建设处
79. 洛阳市城市管理局
80. 元华建设有限公司
81. 洛阳古建园林设计院有限公司
82. 郑州市园林局
83. 郑州市园林规划设计院
84. 河南城乡园林艺术有限公司
85. 郑州市人民公园

86. 中冶郑州工程设计院有限公司

十六、湖北省（6个）
87. 湖北省住房和城乡建设厅
88. 武汉市园林和林业局
89. 武汉园林绿化建筑发展有限公司
90. 武汉市园林绿化工程有限公司
91. 武汉市园林建筑规划设计研究院有限公司
92. 武汉新纪建设项目管理有限公司

十七、湖南省（2个）
93. 湖南省住房和城乡建设厅
94. 长沙市城市管理和综合执法局

十八、广东省（8个）
95. 广东省住房和城乡建设厅城市建设处
96. 广州园林建筑规划设计研究总院有限公司
97. 广州市园林建设有限公司
98. 广州市卓艺工程有限公司
99. 深圳市城市管理和综合执法局
100. 深圳市绿化管理处
101. 深圳市海原景观旅游规划设计有限公司
102. 虹越花卉股份有限公司

十九、广西壮族自治区（6个）
103. 广西壮族自治区住房和城乡建设厅
104. 南宁市政和园林管理局
105. 南宁市人民公园
106. 南宁市古今园林规划设计有限公司
107. 广西慕霖园林工程有限公司
108. 广西恒基建设工程咨询有限公司

二十、海南省（4个）
109. 海南省住房和城乡建设厅
110. 海口市园林和环境卫生管理局
111. 海口圣泰园景观设计有限公司
112. 海南睿柏景观工程有限公司

二十一、重庆市（3个）
113. 重庆市城市管理局
114. 重庆山城植物园管理处
115. 重庆市风景园林规划研究院

二十二、四川省（6个）
116. 四川省住房和城乡建设厅景观园林处
117. 成都市公园城市管理局
118. 成都市公园城市建设管理局园林建设管理处
119. 成都市公园城市建设发展研究院

120. 泸州市住房和城乡建设局
121. 泸州兴旗园林绿化有限责任公司

二十三、贵州省（7个）
122. 贵州省住房和城乡建设厅
123. 贵阳市综合行政执法局
124. 贵阳市城市绿化服务中心
125. 贵阳展华园林绿化有限公司
126. 安顺市住房和城乡建设局
127. 安顺市园林局
128. 贵州大道风景园林研究院

二十四、云南省（8个）
129. 云南省住房和城乡建设厅
130. 昆明市城市管理局
131. 昆明市园林绿化局
132. 昆明市财政局
133. 昆明世博园公司
134. 玉溪市住房和城乡建设局
135. 玉溪市国建投资发展有限公司
136. 玉溪市规划设计研究院有限公司

二十五、西藏自治区（1个）
137. 拉萨市园林局

二十六、陕西省（5个）
138. 陕西省住房和城乡建设厅
139. 西安市城市管理和综合执法局
140. 西安市城市管理和综合执法局城市绿地建设处
141. 西安市城市管理和综合执法局宣传教育处
142. 西安市园林生态集团有限公司

二十七、甘肃省（4个）
143. 甘肃省住房和城乡建设厅
144. 兰州市林业局
145. 甘肃景天建筑园林工程设计有限公司
146. 甘肃新科建设环境集团有限公司

二十八、青海省（4个）
147. 青海省住房和城乡建设厅
148. 西宁国博园西西堡森林公园建设管理委员会
149. 西宁市园林规划设计院
150. 河北众盛智达园林雕塑工程有限公司

二十九、宁夏回族自治区（5个）
151. 宁夏回族自治区住房和城乡建设厅
152. 银川市园林管理局
153. 宁夏润园园林绿化工程有限公司
154. 宁夏华麓创工程设计有限公司

（第15页）

155.银川市绿化养护管理站

三十、新疆维吾尔自治区（5个）

156.新疆维吾尔自治区住房和城乡建设厅
157.奎屯市生房和城乡建设局
158.乌鲁木齐园林设计研究院有限责任公司
159.新疆北疆建筑规划设计有限（责任公司）
160.江苏九州生态科技股份有限公司

三十一、江苏省（62个）

161.江苏省住房和城乡建设厅
162.江苏省人民政府办公厅秘书六处
163.江苏省发展和改革委员会
164.江苏省财政厅
165.江苏省自然资源厅
166.江苏省交通运输厅
167.江苏省水利厅
168.江苏省农业农村厅
169.江苏省外事办公室
170.江苏省林业局
171.中共徐州市委办公室
172.中共徐州市委宣传部
173.中共徐州市委统战部

（第16页）

174.徐州市人民政府办公室
175.中共徐州市委台湾工作办公室
176.徐州市发展和改革委员会
177.徐州市工业和信息化局
178.徐州市财政局
179.徐州市自然资源和规划局
180.徐州市生态环境局
181.徐州市住房和城乡建设局
182.徐州市城市管理局
183.徐州市交通运输局
184.徐州市水务局
185.徐州市商务局
186.徐州市文化广电和旅游局
187.徐州市卫生健康委员会
188.徐州市审计局
189.徐州市外事办公室
190.徐州市市场监督管理局
191.徐州市农业农村局
192.徐州市司法局
193.徐州市人力资源和社会保障局
194.徐州市总工会

（第17页）

195.徐州市民族宗教事务局
196.徐州市教育局
197.徐州市民政局
198.徐州市医疗保障局
199.徐州市科学技术局
200.徐州市国有资产监督管理委员会
201.徐州市退役军人事务局
202.徐州市体育局
203.徐州市公安局治安支队
204.徐州市园林绿化管理中心
205.徐州市铜山区人民政府
206.徐州市云龙区住房和城乡建设局
207.徐州经济技术开发区综合行政执法局
208.徐州市新盛投资控股集团有限公司
209.徐州新盛园博园建设发展有限公司
210.徐州市新业工程项目管理有限公司
211.徐州市吕梁山旅游度假区管委会
212.徐州市铜山区伊庄镇人民政府
213.苏州市园林和绿化管理局
214.苏州市狮子林管理处
215.苏州市世界文化遗产古典园林保护监管中心

（第18页）

216.苏州园林设计院股份有限公司
217.苏州园林发展股份有限公司
218.扬州市人民政府
219.扬州市住房和城乡建设局
220.扬州市城市绿化养护管理处
221.扬州城市绿化工程建设有限责任公司
222.扬州兴业园林建设有限公司

（第19页）

附件3

第十三届中国（徐州）国际园林博览会
表现突出个人名单

一、北京市（4个）

1.代元军　北京市园林绿化局
2.孙子平　北京市金都园林绿化有限责任公司
3.聂成钢　北京山水心源景观设计有限公司
4.任泽华　北京兰顿工程咨询有限公司

二、天津市（4个）

5.张　守　天津市城市管理委员会
6.李晓辉　天津市城市园林绿化服务中心
7.赵振宇　天津市城市绿化服务中心
8.陶　鑫　天津市园林开发建设有限公司

三、河北省（4个）

9.毕　晓　河北省城市绿化服务中心
10.王　璟　石家庄市园林局
11.王原博　石家庄市园林局
12.李　红　石家庄市园林规划设计研究院有限公司

（第20页）

四、山西省（4个）

13.葛光云　山西省住房和城乡建设厅
14.李志光　太原市公园服务中心
15.韩小昌　太原市园林建筑设计研究院
16.段莉莉　太原市康培园林绿化工程有限公司

五、内蒙古自治区（4个）

17.李星墨　内蒙古自治区住房和城乡建设厅
18.余水泉　鄂尔多斯市住房和城乡建设厅
19.徐前勇　鄂尔多斯市住房和城乡建设局
20.李　静　鄂尔多斯市城乡人居环境发展促进中心

六、辽宁省（4个）

21.袁　野　辽宁省住房和城乡建设厅
22.田　伟　沈阳市城市管理综合行政执法局
23.张春涛　沈阳市城市管理综合行政执法局
24.王　飙　沈阳市绿化造园建设集团有限公司

七、吉林省（4个）

25.刘国营　吉林省住房和城乡建设厅
26.王向阳　长春市林业和园林局
27.徐金明　长春市林业和园林局
28.张红兴　长春市园林规划设计研究院有限公司

（第21页）

八、黑龙江省（4个）

29.崔永杰　黑龙江省住房和城乡建设厅
30.吴立臣　黑河市城市管理综合执法局
31.何晨峰　黑河市城市管理综合执法局
32.胡呈瑞　黑河市城市管理综合执法局

九、上海市（3个）

33.顾晋平　上海市住房和城乡建设管理委员会
34.陈　伟　上海市园林设计院股份有限公司
35.朱端磊　上海园林绿化建设有限公司

十、浙江省（7个）

36.沙　洋　浙江省住房和城乡建设厅
37.钱　桦　杭州市园林绿化发展中心
38.景　红　杭州市西湖风景名胜区管理委员会金区园林局
39.王雪芬　杭州市西湖风景名胜区花港管理处
40.董　珊　温州市综合行政执法局
41.潘晓峰　温州市数字城市信息中心
42.王春霞　温州市景山森林公园管理中心

十一、安徽省（4个）

43.王　萍　安徽省住房和城乡建设厅
44.贾　焕　合肥市林业和园林局
45.倪少君　合肥市林业和园林局

（第22页）

46.邓　慧　合肥市林业和园林局

十二、福建省（4个）

47.周　琳　福建省住房和城乡建设厅
48.张碧城　厦门市园林博览苑
49.钟　纲　厦门市园林博览苑
50.傅朝闻　厦门市园林博览苑

十三、江西省（4个）

51.陈　林　江西省风景园林学会
52.吴剑平　南昌市园林绿化服务中心
53.文净贝　南昌市园林绿化服务中心
54.鲁清明　南昌市园林绿化服务中心

十四、山东省（4个）

55.石　峰　山东省住房和城乡建设厅
56.于卫红　烟台市园林建设养护中心
57.宫广增　烟台市园林建设养护中心
58.王锐志　烟台市城市管理局

十五、河南省（7个）

59.刘邦遥　河南省住房和城乡建设厅
60.赵继涛　洛阳市城市管理局
61.张琴峰　洛阳市城市绿化服务中心
62.胡亚丽　洛阳古建园林设计院有限公司

（第23页）

63.冯屹东　郑州市园林局
64.樊夕冲　郑州市植物园
65.乔　磨　郑州市园林规划设计院

十六、湖北省（4个）

66.杜　伟　湖北省住房和城乡建设厅
67.王　琛　武汉市园林和林业局
68.郭　馨　武汉园林绿化建设发展有限公司
69.刘明宏　武汉市园林建筑工程有限公司

十七、湖南省（4个）

70.康冠琳　湖南省住房和城乡建设厅
71.胡　阳　长沙市城市管理和综合执法局
72.陈　智　长沙市城市管理和综合执法局
73.申　飞　长沙市城市管理和综合执法局

十八、广东省（7个）

74.林伟兵　广东省住房和城乡建设厅
75.叶树荣　广州市林业和园林局
76.房婉珠　广州市园林建设有限公司
77.谢楚龙　广州市园林建筑规划设计总院有限公司
78.黄隆建　深圳市城市管理和综合执法局
79.吴泽胜　深圳市绿化管理处
80.林俊英　深圳市造源景观旅游规划设计有限公司

十九、广西壮族自治区（4个）

81. 吴 创　广西壮族自治区住房和城乡建设厅
82. 张彩玉　南宁市市政和园林管理局
83. 唐水明　南宁市人民公园
84. 伍连军　南宁市人民公园

二十、海南省（4个）

85. 李 渊　海南省住房和城乡建设厅
86. 吴红英　海口市园林和环境卫生管理局
87. 王家允　海口市园林和环境卫生管理局
88. 王 玫　海口圣合园景观规划设计有限公司

二十一、重庆市（4个）

89. 谢礼国　重庆市城市管理局
90. 王晓敏　重庆市城市管理局
91. 陈森林　重庆市南山植物园管理处
92. 郑 军　重庆市园林绿化管理中心

二十二、四川省（6个）

93. 宋人地　四川省住房和城乡建设厅
94. 贺利利　成都市公园城市建设管理局
95. 唐 良　成都市公园城市发展研究院
96. 李云泰　泸州市住房和城乡建设局
97. 谢晓蒙　泸州市公园城市建设发展中心

98. 冷亚丽　泸州兴绿园林绿化有限责任公司

二十三、贵州省（7个）

99. 徐 睪　贵州省住房和城乡建设厅
100. 丁思志　贵州省综合行政执法局
101. 陈振声　贵阳市城市绿化服务中心
102. 杨 帆　贵阳市城市绿化管理中心
103. 蓼前犀　安顺市园林局
104. 刘 洁　安顺市园林局
105. 黄用萍　安顺市园林局

二十四、云南省（7个）

106. 周 凯　云南省住房和城乡建设厅
107. 保艳碧　昆明市园林绿化局
108. 丁春艳　昆明市园林绿化局
109. 刘冰梅　昆明市大观公园
110. 宁 伟　玉溪市住房和城乡建设局
111. 夏倩熹　玉溪家园建设投资有限公司
112. 毛贤文　玉溪市规划设计研究院有限公司

二十五、西藏自治区（1个）

113. 赵亚萍　拉萨市园林局

二十六、陕西省（4个）

114. 李湘希　陕西省住房和城乡建设厅

115. 樊建为　西安市城市管理和综合执法局
116. 高淑琳　西安市城市管理和综合执法局
117. 周新鹏　西安市园林生态集团有限公司

二十七、甘肃省（4个）

118. 张 成　甘肃省住房和城乡建设厅
119. 徐洋祥　兰州市林业局
120. 杨治宙　兰州市林业局
121. 张 喆　银川市园林管理局

二十八、青海省（4个）

122. 冶姿祎　青海省住房和城乡建设厅
123. 邸熙泽　西宁园博园和西堡森林公园建设管理委员会
124. 李万元　西宁园博园和西堡森林公园建设管理委员会
125. 罗如珊　西宁园博园和西堡森林公园建设管理委员会

二十九、宁夏回族自治区（4个）

126. 王昌杰　宁夏回族自治区住房和城乡建设厅
127. 刘加鹏　银川市园林管理局
128. 张建东　银川市园林管理局
129. 王 超　银川市绿化养护管理站

三十、新疆维吾尔自治区（4个）

130. 张 元　新疆维吾尔自治区住房和城乡建设厅
131. 胡家柱　奎屯市住房和城乡建设局

132. 李雪霞　奎屯市住房和城乡建设局
133. 刘国庆　新疆北疆建筑规划设计研究院

三十一、江苏省（166个）

134. 陈 威　江苏省人民政府办公厅秘书六处
135. 于 春　江苏省住房和城乡建设厅
136. 张 成　江苏省住房和城乡建设厅
137. 叶精明　江苏省住房和城乡建设厅
138. 赵秀玲　江苏省住房和城乡建设厅
139. 张 林　江苏省住房和城乡建设厅
140. 黄锋进　江苏省自然资源厅
141. 黄文娟　江苏省自然资源厅
142. 王 栋　江苏省自然资源厅
143. 王泽云　江苏省林业局
144. 徐 扬　中共徐州市委办公室
145. 刘天宇　中共徐州市委办公室
146. 董现荣　中共徐州市委研究室
147. 张理旭　中共徐州市委组织部
148. 徐 京　中共徐州市委宣传部
149. 蔡志伟　中共徐州市委统战部
150. 王 栋　中共徐州市委台湾工作办公室
151. 曾立民　中共徐州市委市级机关工委

152. 陈 刚　徐州市人民政府
153. 田中厝　徐州市人民政府办公室
154. 田连明　徐州市人民政府办公室
155. 贾思捷　徐州市人民政府办公室
156. 李 剑　徐州市人民政府办公室
157. 邱祥碧　徐州市人民政府办公室
158. 孔德庆　徐州市人民政府办公室
159. 李 泽　徐州市人民政府办公室
160. 尹晓东　徐州市人民政府办公室
161. 朱 静　徐州市人民政府外事办公室
162. 曹文山　徐州市人大常委会环境资源城乡建设委员会
163. 喻道彰　中国人民政治协商会议徐州市委员会
164. 陈 刚　徐州市纪委监委第三监督检查室
165. 吴尚童　徐州市发展和改革委员会
166. 唐 超　徐州市工业和信息化局
167. 栗广宇　徐州市财政局
168. 李亚东　徐州市财政局评审中心
169. 张 宁　徐州市自然资源和规划局
170. 蒯玲娟　徐州市自然资源和规划局
171. 吴 猛　徐州市自然资源和规划局
172. 白潇潇　徐州市自然资源和规划管理服务中心

173. 谢进才　徐州市住房和城乡建设局
174. 纵培柱　徐州市住房和城乡建设局
175. 刘建鹰　徐州市住房和城乡建设局
176. 万成伟　徐州市住房和城乡建设局
177. 杨启民　徐州市住房和城乡建设局
178. 王毓银　徐州市住房和城乡建设局
179. 马晓力　徐州市住房和城乡建设局
180. 静昔祥　徐州市住房和城乡建设局
181. 田 颖　徐州市住房和城乡建设局
182. 马占元　徐州市住房和城乡建设局
183. 张 斌　徐州市住房和城乡建设局
184. 王逸玲　徐州市住房和城乡建设局
185. 李 昊　徐州市住房和城乡建设局
186. 秦啟波　徐州市住房和城乡建设局
187. 陈 沛　徐州市住房和城乡建设局
188. 单春生　徐州市园林建设管理中心
189. 何付川　徐州市园林建设管理中心
190. 刘星元　徐州市园林建设管理中心
191. 李耀奥　徐州市园林建设管理中心
192. 马 明　徐州市园林建设管理中心
193. 耿 磊　徐州市园林建设管理中心

194. 刘守臣　徐州市园林建设管理中心
195. 邵桂芳　徐州市园林建设管理中心
196. 赵利业　徐州市园林建设管理中心
197. 邱本军　徐州市园林建设管理中心
198. 刘扬彤　徐州市园林建设管理中心
199. 郑美新　徐州市公园管理中心
200. 刘小萌　徐州市公园管理中心
201. 李先祥　徐州市公园管理服务中心
202. 程玉勇　徐州市公园管理服务中心
203. 田立柱　徐州市市政建设工程管理中心
204. 李 顺　徐州市住房公积金收市房产保障管理中心
205. 王 震　徐州市住房和城乡建设执法监察支队
206. 单 野　徐州市生态环境局
207. 李 涛　徐州市城市管理局
208. 李 阳　徐州市交通运输局
209. 尤 亮　徐州市公路事业发展中心
210. 王 剑　徐州市水务局
211. 朱 丹　徐州市商务局
212. 赵会曾　徐州市文化广电和旅游局
213. 杨 琼　徐州市卫生健康委员会
214. 姚步松　徐州市审计局

215. 鹿 刚　徐州市审计局
216. 王 军　徐州市市场监督管理局
217. 沈建清　徐州市农业农村局
218. 周 威　徐州市司法局
219. 王 超　徐州市人力资源和社会保障局
220. 王 龙　徐州市教育局
221. 阮 帅　徐州市民政局
222. 贺景雄　徐州市医疗保障局
223. 龚严峰　徐州市科学技术局
224. 马云山　徐州市国有资产监督管理委员会
225. 朱洪志　徐州市退役军人事务局
226. 袁立峰　徐州市公安局治安支队
227. 惠存银　徐州市应急管理局
228. 闫 海　徐州市档案局
229. 李 晨　徐州市体育局
230. 刘光岩　徐州市机关事务管理局
231. 王庆庆　江苏省工人徐州疗养院
232. 楼德涛　徐州市旅游教育学校
233. 李全国　徐州市消防救援支队
234. 孙海燕　徐州报业传媒集团
235. 肖 冰　徐州广播电视传媒集团

236. 马良清　徐州市鼓楼区园林工程处
237. 张广东　徐州市泉山区城市管理局
238. 刘 敏　徐州市铜山区人民政府办公室
239. 邵 博　徐州市铜山区人民政府办公室
240. 李 楠　徐州市铜山区人力资源和社会保障局
241. 马 波　徐州市铜山区交通运输局
242. 权太庆　徐州吕梁山旅游度假区管委会
243. 王建熙　徐州市铜山区公安局治安大队
244. 王 晶　徐州市铜山区人大农经工委
245. 闫国金　徐州市铜山区伊庄镇人民政府
246. 闫德胜　徐州市铜山区农业农村局
247. 张星岩　徐州市铜山区自然资源和规划局
248. 张宇岗　徐州市铜山区水务局
249. 朱笑天　徐州市铜山区住房和城乡建设局
250. 董 飞　徐州润铜农村投资发展有限公司
251. 高 坤　国网徐州市铜山区供电公司
252. 李 楠　徐州市顺源交通投资集团有限公司
253. 张丽海　徐州市云龙区城市管理局
254. 风 杰　徐州市云龙区大龙湖街道办事处
255. 程 鑫　徐州经济技术开发区国有资产经营责任有限公司
256. 王文化　徐州经济技术开发区住房和城乡建设局

257. 市 晨　徐州新盛园博园建设发展有限公司
258. 杨 娥　徐州新盛园博园建设发展有限公司
259. 刘兆宏　徐州新盛园博园建设发展有限公司
260. 祁化明　徐州新盛园博园建设发展有限公司
261. 赵一凯　徐州新盛园博园建设发展有限公司
262. 孙 强　徐州新盛园博园建设发展有限公司
263. 张训光　徐州新盛园博园建设发展有限公司
264. 吴伟顺　徐州新盛园博园建设发展有限公司
265. 尚文浩　徐州新盛园博园建设发展有限公司
266. 韩大象　徐州新盛园博园建设发展有限公司
267. 刘 敏　徐州新盛园博园建设发展有限公司
268. 李明诗　徐州新盛园博园建设发展有限公司
269. 朱晓霞　徐州新盛园博园建设发展有限公司
270. 李 祥　徐州新盛园博园建设发展有限公司
271. 李夏光　徐州新盛园博园建设发展有限公司
272. 郑百顺　徐州新盛园博园建设发展有限公司
273. 鼎克光　徐州新盛园博园建设发展有限公司
274. 史 涛　徐州新盛园博园建设发展有限公司
275. 张 琪　徐州新盛园博园建设发展有限公司
276. 陈 宇　徐州新盛园博园建设发展有限公司
277. 王俊甫　深圳蜡墙风景园林与城市规划设计院有限公司

—33—

278. 沈贯成　苏州园林设计院有限公司
279. 夏守闻　徐州市风景园林设计院有限公司
280. 李 培　徐州市风景园林设计院有限公司
281. 张欣敏　徐州市政设计院有限公司
282. 周 冲　中建科技集团有限公司
283. 罗晓东　中建科技集团有限公司
284. 伍志明　中建科技集团有限公司
285. 陶 欣　中建三局集团有限公司
286. 袁润显　中建三局集团有限公司
287. 杜国祥　中建交通集团有限公司
288. 刘根平　中建交通集团有限公司
289. 孟庆华　江苏九州生态科技股份有限公司
290. 袁钰泽　江苏九州生态科技股份有限公司
291. 方忠年　中国矿业大学工程咨询研究院（江苏）有限公司
292. 纪 冬　徐州市天元项目管理有限公司
293. 骆 威　徐州市睿业工程项目管理有限公司
294. 周 达　苏州市园林和绿化管理局
295. 柏灵芝　苏州市园林和绿化管理局
296. 曹建飞　苏州市桂花公园管理处
297. 杨 震　扬州市住房和城乡建设局
298. 包智勇　扬州城市绿化工程建设有限责任公司

—34—

299. 曹 磊　扬州市城市绿化养护管理处
三十二、中国风景园林学会（2个）
300. 刘艳梅　中国风景园林学会
301. 任 敏　中国风景园林学会
三十三、中国公园协会（2个）
302. 傅 玲　中国公园协会
303. 张 莉　重庆市园博园管理处
三十四、中国建筑学会（2个）
304. 李存东　中国建筑学会
305. 孟建民　中国建筑学会

—35—

附录三 第十三届中国（徐州）国际园林博览会建设规划设计施工单位和
主创人员

1 投资单位

徐州市新盛投资控股集团有限公司
徐州市文化旅游集团有限公司
徐州市铜山区人民政府

2 建设单位

徐州新盛园博园建设发展有限公司

3 规划设计单位

3.1 总体规划设计
孟兆祯院士工作室、深圳媚道风景园林与城市规划设计院有限公司
孟兆祯 何昉 锁秀 王筱南 严廷平 谢晓蓉
苏州园林设计院有限公司 贺风春 杨家康 刘露

3.2 园林景观工程设计
徐州市风景园林设计院有限公司 李培 邵瑜 平原 刘建 代弯弯
徐州市源景园林设计有限公司 蔡枫 张旭
上海市园林科学规划研究院 张浪 臧亭 李晓策
北京中外建建筑设计有限公司 杨梅 陈晓晖 张浩东 傅伟豪 吴浪
上海经纬建筑规划设计研究院股份有限公司 冯潇慧 陈锡琛 陆伟
浙江瑞林光环境集团有限公司 陈连飞 金园园 李琦

3.3 市政基础设施工程设计
徐州市水利建筑设计研究院 滕红梅 李栋梁 董雷
徐州市市政设计院有限公司 甄琦 张欢敏 杜杰

4 场馆建筑设计

4.1 中国建筑西北设计研究院有限公司
张锦秋院士工作室 张锦秋 王涛 闫鹏超 徐泽文

4.2 中国建筑设计研究院有限公司

崔愷院士工作室　崔　愷　关　飞　董元铮

4.3 东南大学建筑设计研究院有限公司

王建国院士工作室　王建国　葛　明　徐　静
韩冬青大师工作室　韩冬青　刘佩鑫　赵　卓　葛文俊　石峻垚　陈东晓

4.4 深圳市建筑设计研究总院有限公司

孟建民院士工作室　孟建民　徐昀超　刘　玮　肖　松　王志清　易　豫　刘　玮
　　　　　　　　　唐大为　白　凡　彭　鹰　赵　津　胡　凯

4.5 杭州中联筑境建筑设计有限公司

程泰宁院士工作室　程泰宁　王大鹏　蓝楚雄

4.6 中建科技集团有限公司

樊则森大师团队　柴裴义　樊则森　徐牧野　于春茹　徐卫国　何　哲　罗传伟　何　川

4.7 中衡设计集团股份有限公司

冯正功大师团队　冯正功　蓝　峰

4.8 君衡装饰设计工程（上海）有限公司

薛衡山　吉雅君　史日春

5 智慧园博设计

中国通信建设集团设计院有限公司　吴守阳　曹学成　张志武

6 施工单位

中国建筑第三工程局有限公司　李仕利　周　欣　闫文胜　王　辉
中建科技集团有限公司　孙小华　罗晓东　董　震　漆昌勇　漆佳宏
中建交通建设集团有限公司河南公司　杜国祥　刘根平　吕新兵　武国威　郭汝存
江苏九州生态科技股份有限公司　孟庆华　刘万斌　袁铭泽
中电鸿信信息科技有限公司　燕宪宏　高行书　王凌飞
中通服咨询设计研究院有限公司　朱　强　陈　曦　唐　欣

7 省级行政区展园单位

北京园
建设单位：北京市园林绿化局　廉国钊　刘明星　代元军
设计单位：北京山水心源景观设计院　夏成钢　赵新路　张英杰

施工单位：北京金都园林绿化有限责任公司　袁学文　戴　刚　陈子平

天津园

建设单位：天津市园林开发建设有限公司　陶　金　朱　洁　李子夜

设计单位：天津市园林规划设计研究总院有限公司　陈晓晔　郭　鑫　王大任

施工单位：天津市绿化工程有限公司　陈丽丽　庄　磊　冯　涛

河北（石家庄）园

建设单位：石家庄市园林局　赵素校　王　璟　王慧博

设计单位：易景（河北）环境工程设计有限公司　薛　儒　李　红

施工单位：河北大华景观有限公司　马丽娟　张　军　钟卫华

山西（太原）园

建设单位：太原市公园服务中心　李志龙

设计单位：太原市园林建筑设计研究院　韩小晶

施工单位：太原市康培园林绿化工程有限公司　张玉昌

内蒙古园

建设单位：鄂尔多斯市园林绿化研究所　余永崇　陈丽琴　李　静

设计单位：北京创新景观园林设计有限责任公司　檀　馨　费中方　林雪岩

施工单位：内蒙古康巴什园林绿化景观工程有限公司　张回珍　刘学楠　赵　一

辽宁（沈阳）园

建设单位：沈阳市城市管理行政执法局　李晓东　田　伟　张春涛

设计单位：沈阳市园林规划设计院　李　涛　王　威　王　超

施工单位：沈阳市绿化造园建设集团有限公司　徐　凯　辛国富　林　楠

吉林（长春）园

建设单位：长春市绿化管理中心　康富军　高　明　于天明

设计单位：长春市园林规划设计研究院有限公司　滕喜峰　隋海英　秦　旋

施工单位：长春城投城建（集团）有限公司　吕大威　李　安　王连兴

黑龙江（黑河）园

建设单位：黑河市城市管理综合执法局　吴立臣　何岚峰　胡亚楠

设计单位：华汇工程设计集团有限公司　徐一鸣　胡　铮　钟逸筱

施工单位：绍兴市第一园林工程有限公司　边　健　梁军峰　陈鹏达

上海园

建设单位：上海市绿化和市容管理局　方　岩　许东新

上海市绿化管理指导站　陈志华

设计单位：上海市园林设计研究总院有限公司　魏亿凭　陈　伟　王学伟

施工单位：上海园林绿化建设有限公司　朱熠磊　钱　恺　唐　婕

江苏（苏州）园

建设单位：苏州市园林和绿化管理局　张亚君　柏灵芝　沈　峰

设计单位：苏州园林设计院有限公司　潘　静　邱雪霏　孙丽娜

施工单位：苏州园林发展股份有限公司　左春银

江苏（扬州）园

建设单位：扬州市住房和城乡建设局　常冬花　曹　磊　刘　欣

设计单位：扬州市建投园林设计有限责任公司　张骁虎　薛佩佩　朱　伟

施工单位：扬州城市绿化工程建设有限责任公司　陈　强　杨　帆　吴成金

　　　　　江苏兴业环境集团有限公司　胡正勤　惠立新

浙江（杭州）园

建设单位：杭州西湖风景名胜区花港管理处　徐克艰

设计单位：浙江理工大学　高　博

施工单位：杭州市园林绿化股份有限公司　吴小成

浙江（温州）园

建设单位：温州市综合行政执法局　潘晓锋

设计单位：中国美院风景建筑设计研究总院有限公司　周　俭　沈实现

施工单位：中国移动浙江有限公司温州分公司　仇添祥

　　　　　湖州园林绿化有限公司　徐　达

安徽（合肥）园

建设单位：合肥市林业和园林局　张世军　蒋兴川　郑　慧

设计单位：安徽省城建设计研究总院股份有限公司　刘　基　鹿雷刚　杨　洋

施工单位：安徽鑫盛园林建设有限公司　邹　骅　季　昀　卞真强

福建（厦门）园

建设单位：厦门园林博览苑　陈碧娥　钟　娴　傅朝周

设计单位：厦门员当市政园林工程有限公司　陈宏伟　黄张红　殷华丽

施工单位：闽园集团旗下厦门欣陶然景观工程有限公司　陈聪明　陈锡和　连景文

江西（南昌）园

建设单位：南昌市绿化管理处　鲁海昉　文浩岚　邓碧娟

设计单位：华设设计集团股份有限公司　曾利军　徐街军　曾　鹏

施工单位：洪城市政环境建设集团有限公司　徐小春　谈家元　武嘉斌

山东（烟台）园

建设单位：烟台市城市管理局　徐仲伟　周玉魁　范国跃

　　　　　烟台市园林建设养护中心　李炳志　丁海伶　孙　明

设计单位：烟台市风景园林规划设计院　门志义　陶颖颖　张亚娜

施工单位：烟台市园林绿化工程公司　于卫红　宫广清　吕世涛

河南（郑州）园

建设单位：郑州市园林局　冯屹东　王鹏飞　林　恒

设计单位：中衍郑州工程设计研究院有限公司　孙　彦　王会芳　孟思含

施工单位：河南城乡园林艺术工程有限公司　赵　希　杨　亮　曹占民

河南（洛阳）园

建设单位：洛阳市城市管理局　张华锋　高延峰　姚孝祺

设计单位：洛阳古建园林设计院有限公司　胡亚丽　张明军　张　钊

施工单位：元华建设有限公司　付亚军　李玉顶　端木晓明

湖北（武汉）园

建设单位：武汉园林绿化建设发展有限公司　郭　睿

设计单位：武汉市园林建筑规划设计研究院有限公司　盛聂铭

施工单位：武汉市园林建筑工程有限公司　章　磊

湖南（长沙）园

建设单位：长沙市城市管理和综合执法局　胡　刚　申　飞　陈　智

设计单位：湖南省设计院集团有限公司　王小保　简天佐　许海南

施工单位：湖南嘉原景观建设有限公司　毛红强　陈开林　盛涛涛

广东（广州）园

建设单位：广州市林业和园林局　陈　迅　马　燕　叶树荣

设计单位：广州园林建筑规划设计研究总院有限公司　李　青　黎英杰　邹思茗

施工单位：广州市园林建设有限公司　房晓峰　马丽雅　吴梓杰

广东（深圳）园

建设单位：深圳市城市管理和综合执法局　张国宏　周瑶伟　吴泽胜

设计单位：深圳市造源景观旅游规划设计有限公司　林俊英　郑春明　陈弋蝉

施工单位：虹越花卉股份有限公司　赵世英　张本杰　戴永兵

广西（南宁）园

建设单位：广西南宁市人民公园　伍进军　林智南　唐水明

设计单位：南宁市古今园林规划设计院有限公司　王亦青　梁明嘉　陈舒婷

施工单位：广西泰霖园林工程有限公司　梁　程　梁　甫　韦红宇

海南（海口）园

建设单位：海口市园林和环境卫生管理局　林　青　王家龙　肖博太

设计单位：海口圣合园景观规划设计有限公司　王　欢　张　娜　廖海玲

施工单位：海南香柏景观工程有限公司　符庆志　郭　檀　陈少华

重庆园

建设单位：重庆市城市管理局　时　坚　陈森林

设计单位：重庆市风景园林规划研究院　秦　江　唐　瑶　宋秋明

施工单位：重庆市花木公司　舒仕勇　王玉梅　罗冬柏

四川（成都）园

建设单位：成都市公园城市建设服务中心　薛常兵　夏祖华　陈　友

设计单位：成都市风景园林规划设计院　唐　兵

施工单位：江苏建航工程有限公司　庄明强　王　艳　张国水

四川（泸州）园

建设单位：泸州市公园城市建设发展中心　徐　靖　王　懿　许冀涛

设计单位：泸州兴绿园林绿化有限责任公司　黄修华　吴永红　唐　琴

施工单位：泸州兴绿园林绿化有限责任公司　冷亚丽　石　军

贵州园

建设单位：贵州省住房和城乡建设厅　苗理会

设计单位：贵阳市城乡规划设计院　陆　兰

施工单位：贵阳市综合行政执法局　于惠志　万　林

　　　　　贵阳市城市绿化服务中心　柯余婷　陈振声　杨　帆

云南园

建设单位：昆明市城市管理局　陈剑平　邓卫东　董建平

设计单位：昆明市规划设计研究院　王　军　卫　力　朱　文

施工单位：云南永烨环境建设工程有限公司　艾俊超　刘　鹏　和　磊

西藏园

建设单位：徐州市新盛园博园建设发展有限公司

设计单位：拉萨市设计院　王慧琳　多庆巴珠　李　昆　次仁扎西　于梦璇

施工单位：江苏九州生态科技股份有限公司　孟庆华　刘万斌　袁铭泽

陕西园

建设单位：西安市城市管理和综合执法局　高琳琳

　　　　　西安城市基础设施建设投资集团有限公司　包　磊

设计单位：西安市园林绿化有限公司　刘双月

施工单位：西安市园林绿化有限公司　商选利

甘肃园

建设单位：兰州市林业局　王立吉　徐进祥　杨治宙

设计单位：甘肃景天建筑园林工程设计有限公司　张　莉　刘雅飞

施工单位：甘肃新科建设环境集团有限公司　刘福成　张向阳　徐汉平

青海（西宁）园

建设单位：西宁园博园和西堡森林公园建设管理委员会　王海洪　肖海东　邵熙泽

设计单位：西宁园林规划设计院　郭云光　马　彬　罗海欧

施工单位：河北荣盛智达园林雕塑工程有限公司　杨书涛　田　硕　原汉林

宁夏（银川）园

建设单位：银川市园林管理局　孟仿英　钟建元　王　超

设计单位：宁夏华林融创工程设计有限公司　邱小军　田　艾　陶佳俊

施工单位：宁夏新润园绿化工程有限公司　安　然　孟凡玉　崔晓芳

新疆园

建设单位：徐州新盛园博建设发展有限公司

设计单位：乌鲁木齐市园林设计研究院有限责任公司　王　斌　陈梦莹　朱珍珍

施工单位：江苏九州生态科技股份有限公司　孟庆华　刘万斌　袁铭泽

香港园

建设单位：徐州新盛园博园建设发展有限公司

设计单位：深圳媚道风景园林与城市规划设计院　何　昉　沈　悦　刘　楠

施工单位：江苏九州生态科技股份有限公司　孟庆华　刘万斌　袁铭泽

澳门园

建设单位：徐州新盛园博园建设发展有限公司

设计单位：深圳媚道风景园林与城市规划设计院　何　昉　沈　悦　刘　楠

施工单位：江苏九州生态科技股份有限公司　孟庆华　刘万斌　袁铭泽

台湾园

建设单位：徐州新盛园博园建设发展有限公司

设计单位：上海经纬建筑规划设计研究院股份有限公司　涂秋风　冯萧慧　黄　申

施工单位：江苏九州生态科技股份有限公司　孟庆华　刘万斌　袁铭泽

后 记

　　第十三届中国（徐州）国际园林博览会在住房和城乡建设部、江苏省人民政府的领导下，在各参展城市的共同支持下，经参建院士、大师的专业工作和全体规划设计、施工单位的共同努力，圆满完成展园建设任务。根据住房和城乡建设部的要求，本届园博会从以往的"园林绿化行业层次最高、规模最大的国际性盛会"，转型为"以习近平新时代中国特色社会主义思想为指导，贯彻落实新发展理念和以人民为中心的发展思想，推动形成绿色发展方式和生活方式，综合展示国内外城市建设和城市发展新理念、新技术、新成果的国际性展会。"

　　本书即是对本届园博会工作实践和探索的初步总结。全书共分 4 篇 12 章：第 1 篇谋划篇共 4 章：第 1 章时代新歌：从园博会到"城博展"，从"园博新使命""'1+1+N'全城园博""百姓园博" 3 个方面总结介绍本届园博会的理念创新和方法创新；第 2 章心象自然：园博园总体规划，从"意在笔先，明旨立意""人与天调，其气宽舒""徐风汉韵，锦绣华夏" 3 个方面总结介绍园博园的规划创新和文化特色；第 3 章鸿图华构：院士大师展风流，从"专园规划设计""展馆建筑设计""配套服务设施建筑设计" 3 个方面介绍院士大师的精彩华章；第 4 章陟遐自迩：园博园专项规划，重点从"绿色道路系统规划""水韧性规划""基础植物景观与生态系统规划设计" 3 个方面总结介绍园博园的市政基础设施、生态基础设施特色。第 2 篇创新篇共 2 章：第 5 章智慧赋能：畅享美好生活，从"智慧创新 动态监管""物联智能 科学养护""互联互通 共享服务""固废利用 助力双碳" 4 个方面总结介绍园博园 AI 和绿色科技应用成果；第 6 章向新而生：引领未来建筑，从"智慧建筑 降本增效""绿色建筑 低碳生态""装配式建筑 节能环保" 3 个方面总结介绍园博园最新建筑科技应用成果；第 3 篇特色篇共 4 章：第 7 章徐风汉韵：波澜壮阔谱华章，从"厚重清越徐派园林""溯源之旅徐州园"概要介绍徐派园林的历史、东道主园的营造特色和徐州汉韵的全园文化基调；第 8 章守正出新：中华一脉展千姿，按中国传统园林地域流派总结介绍参展园对地域文化的传承与艺术表现，其中，第 1 节浑厚典雅中原园林，介绍北京、河北、山西、山东、河南（郑州、洛阳）、陕西、甘肃展园的文化艺术特色；第 2 节水韵灵秀长江园林，介绍江苏（苏州、扬州）、浙江（杭州、温州）、安徽、江西、湖北、湖南展园的文化艺术特色；第3节畅朗玲珑岭南园林，介绍福建、广西、海南、台湾展园的文化艺术特色；第4节自然清幽西南园林，介绍重庆、四川（成都、泸州）、贵州、云南展园的文化艺术特色；第5节林海雪原东北园林，介绍辽宁、吉林、黑龙江展园的文化艺术特色；第6节长风万里西北园林，总结宁夏、新疆、内蒙古、青海、西藏展园的文化艺术特色；第9章披沙拣金：寰宇辉耀新玉珠，重点总结介绍国外园林文化在园博园中的表现。其中，第1节花宫清敞现代园林，介绍上海、天津、广东（广州、深圳）、香港、澳门等吸收现代西方园林艺术基础上，兼收并蓄的中国现代园林艺术特色；第2节异域风情国际园，介绍法国、奥地利、俄罗斯、德国、芬兰、美国、阿根廷、韩国、日本等国的园林文化艺术特色。第10章"四新"应用：科技之翼显神通，介绍了本届园博会园博园建设中的"四新"应用实践。第4篇可持续发展篇共2章：第11章自我造血：源头活水滚滚来，从"筑牢配套支撑——通途翠舍添飞翼""用好园博品牌——大鹏一日同风起""周谋功能转化——满眼生机转化钧"介绍园博园增强内生动力、实现可持续发展的做法；第12章缀玉联珠：星火燎原谋发展，从"助力乡村振兴——美丽田园驻乡愁""提升文旅品质——千秋文脉显芳华"两个方面介绍园博园的建设，对促进所在城市片区经济发展、城乡协同发展、城市转型发展的作用。最后，附录收录了第十三届中国（徐州）国际园林博览会组委会文件《关于第十三届中国(徐州)国际园林博览会展园竞赛结果的通报》(徐园博组发〔2022〕1号）、住房和城乡建设部文件《住房和城乡建设部关于表扬第十三届中国（徐州）国际园林博览会表现突出城市、单位和个人的通报》（建城〔2022〕83号），并记录了第十三届中国（徐州）国际园林博览会建设、规划、设计、施工单位和主创人员，以示对他们杰出工作的崇高敬意！

　　本书具体编著人员分工如下：全书由赵立群、仇玲柱、刘浩鹰、方成伟、申晨提出编著原则，整体结构要求，并对书稿进行审定；第1章到第4章、第7章文字由秦飞撰著，第5章、第6章和第10章文字由董彬撰著，第8章第1节文字由种宁利撰著，第2节、第5节文字由刘禹彤撰著，第3节、第4节文字由刘晓露撰著，第6节文字由种宁利、言华撰著，第 9 章第 1 节文字由刘晓露、刘禹彤、种宁利撰著，第 9 章第 2 节文字由言华撰著，第 11 章至第 12 章文字由李旭冉撰著，附录由邵桂芳整理。本书编著过程中，各设计、施工单位帮助提供了相关资料。总规单位"媚道设计"的专家们分别撰写了下列初稿并提供部分图片：何昉、沈悦、马晓玫、吴佳馨·第 2 章生生不息大美大舒：第十三届中国（徐州）园博园总体规划设计；万凤群、郭威·第 3 章第 1 节之清趣园；夏媛、卢晓·第 3 章第 1 节之运河文化廊；郭威、周忆·第 4 章第 1 节道路系统规划设计；林蕊德、周明星·第 4 章第 2 节水韧性系统规划设计；谢晓蓉、徐晓娟·第 4 章第 3 节植物规划设计；何昉、黄燎原·宕口花园；吴泰毅、李宇浩·望山依泓；郑雅婧、罗茹霞·儿童活动中心（植物）；陈宇、吴泰毅·牡丹园。梁爽撰写了第 3 章之儿童友好中心、创意园、吕梁阁、综合馆及美食广场、一云落雨、游客中心、宕口酒店、主题酒店初稿。本书引用了《徐州市植物多样性调查和多样性保护规划》《徐风汉韵徐派园林文化图典》《徐派园林导论》等著作、成果，少量插图引用网络公开图片，希望这些作者见书后与我们联系，我们将按国家有关规定酌致谢忱。

本书初稿完成后，编著委员会成员分别审阅了书稿，并提出了十分有益的意见建议。中国建筑工业出版社的编辑们就本书编辑、校对和出版等做了大量细致的工作。在此特向他们表示由衷的感谢。

编著者
2022 年 12 月

图书在版编目（CIP）数据

第十三届中国（徐州）国际园林博览会园博园观止 /
申晨等著 . —北京：中国建筑工业出版社，2022.11
　　ISBN 978-7-112-28128-2

　　Ⅰ.①第⋯　Ⅱ.①申⋯　Ⅲ.①园艺—博览会—概况—
徐州　Ⅳ.① S68-282.533

　　中国版本图书馆CIP数据核字（2022）第206168号

责任编辑：李　杰　陈冰冰
责任校对：芦欣甜
书籍设计：强　森

第十三届中国（徐州）国际园林博览会　园博园观止

申晨　等著
*
中国建筑工业出版社出版、发行（北京海淀三里河路9号）
各地新华书店、建筑书店经销
北京海视强森文化传媒有限公司制版
北京富诚彩色印刷有限公司印刷
*
开本：880毫米×1230毫米　1/16　印张：22¼　字数：536千字
2023年6月第一版　2023年6月第一次印刷
定价：**268.00**元
ISBN 978-7-112-28128-2
　　　（40219）